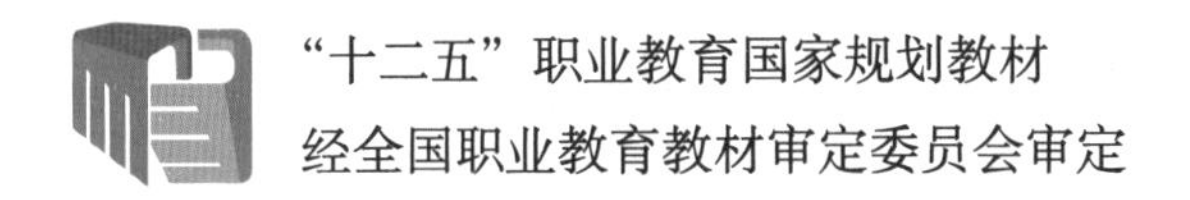

"十二五"职业教育国家规划教材

经全国职业教育教材审定委员会审定

互动媒体产品艺术设计

谭　坤　吕悦宁　编著

中国纺织出版社

内 容 简 介

本书是国家级民族传承与创新教学资源库建设项目成果之一。全书共三章，分别为“基础理论：认识互动媒体产品艺术设计”“案例学习：互动媒体产品编创软件应用”“项目实践：互动媒体产品项目实战”。全书的主要内容包括：互动媒体产品的相关基本概念介绍、行业认知、发展趋势、互动媒体产品编创软件的应用、脚本策划与项目实战等。

全书注重理论阐释与案例讲解示范相结合、知识讲述与项目实战相结合，可作为互动媒体设计制作类专业培养高级技术技能型人才的教学用书，以及互动类企业设计人员的专业参考书及培训用书，也是互动媒体设计爱好者的有益读物。

图书在版编目（CIP）数据

互动媒体产品艺术设计 / 谭坤，吕悦宁编著．—北京：中国纺织出版社，2015.6

“十二五”职业教育国家规划教材

ISBN 978-7-5180-1052-3

Ⅰ．①互…　Ⅱ．①谭…　②吕…　Ⅲ．①多媒体技术　Ⅳ．① TP37

中国版本图书馆 CIP 数据核字（2014）第 225497 号

责任编辑：杨美艳　　责任校对：寇晨晨

责任设计：何　建　　责任印制：储志伟

中国纺织出版社出版发行

地址：北京市朝阳区百子湾东里 A407 号楼　邮政编码：100124

销售电话：010 － 67004422　传真：010 － 87155801

http://www.c-textilep.com

E-mail:faxing@c-textilep.com

中国纺织出版社天猫旗舰店

官方微博 http://weibo.com/2119887771

北京佳诚信缘彩印有限公司　各地新华书店经销

2015 年 6 月第 1 版第 1 次印刷

开本：889×1194　1/16　印张：12

字数：250 千字　定价：49.80 元

出版者的话

全面推进素质教育，着力培养基础扎实、知识面宽、能力强、素质高的人才，已成为当今教育的主题。教材建设作为教学的重要组成部分，如何适应新形势下我国教学改革要求，与时俱进，编写出高质量的教材，在人才培养中发挥作用，成为院校和出版人共同努力的目标。2011年4月，教育部颁发了教高[2011]5号文件《教育部关于“十二五”普通高等教育本科教材建设的若干意见》（以下简称《意见》），明确指出“十二五”普通高等教育本科教材建设，要以服务人才培养为目标，以提高教材质量为核心，以创新教材建设的体制机制为突破口，以实施教材精品战略、加强教材分类指导、完善教材评价选用制度为着力点，坚持育人为本，充分发挥教材在提高人才培养质量中的基础性作用。《意见》同时指明了“十二五”普通高等教育本科教材建设的四项基本原则，即要以国家、省（区、市）、高等学校三级教材建设为基础，全面推进，提升教材整体质量，同时重点建设主干基础课程教材、专业核心课程教材，加强实验实践类教材建设，推进数字化教材建设；要实行教材编写主编负责制，出版发行单位出版社负责制，主编和其他编者所在单位及出版社上级主管部门承担监督检查责任，确保教材质量；要鼓励编写及时反映人才培养模式和教学改革最新趋势的教材，注重教材内容在传授知识的同时，传授获取知识和创造知识的方法；要根据各类普通高等学校需要，注重满足多样化人才培养需求，教材特色鲜明、品种丰富。避免相同品种且特色不突出的教材重复建设。

随着《意见》出台，教育部于2012年11月21日正式下发了《教育部关于印发第一批“十二五”普通高等教育本科国家级规划教材书目的通知》，确定了1102种规划教材书目。我社共有16种教材被纳入首批“十二五”普通高等教育本科国家级教材规划，其中包括了纺织工程教材7种、轻化工程教材2种、服装设计与工程教材7种。为在“十二五”期间切实做好教材出版工作，我社主动进行了教材创新型模式的深入策划，力求使教材出版与教学改革和课程建设发展相适应，充分体现教材的适用性、科学性、系统性和新颖性，使教材内容具有以下几个特点：

（1）坚持一个目标——服务人才培养。“十二五”职业教育教材建设，要坚持育人为本，充分发挥教材在提高人才培养质量中的基础性作用，充分体现我国改革开放30多年来经济、政治、文化、社会、科技等方面取得的成就，适应不同类型高等学校需要和不同教学对象需要，编写推介一大批符合教育规律和人才成长规律的具有科学性、先进性、适用性的优秀教材，进一步完善具有中国特色的普通高等教育本科教材体系。

（2）围绕一个核心——提高教材质量。根据教育规律和课程设置特点，从提高学生分析问题、解决问题的能力入手，教材附有课程设置指导，并于章首介绍本章知识点、重点、难点及专业技能，增加相关学科的最新研究理论、研究热点或历史背景，章后附形式多样的习题等，提高教材的可读性，增加学生学习兴趣和自学能力，提升学生科技素养和人文素养。

（3）突出一个环节——内容实践环节。教材出版突出应用性学科的特点，注重理论与生产实践的结合，有针对性地设置教材内容，增加实践、实验内容。

（4）实现一个立体——多元化教材建设。鼓励编写、出版适应不同类型高等学校教学需要的不同风格和特色教材；积极推进高等学校与行业合作编写实践教材；鼓励编写、出版不同载体和不同形式的教材，包括纸质教材和数字化教材，授课型教材和辅助型教材；鼓励开发中外文双语教材、汉语与少数民族语言双语教材；探索与国外或境外合作编写或改编优秀教材。

教材出版是教育发展中的重要组成部分，为出版高质量的教材，出版社严格甄选作者，组织专家评审，并对出版全过程进行过程跟踪，及时了解教材编写进度、编写质量，力求做到作者权威，编辑专业，审读严格，精品出版。我们愿与院校一起，共同探讨、完善教材出版，不断推出精品教材，以适应我国高等教育的发展要求。

中国纺织出版社

教材出版中心

PREFACE 前言

互动媒体已经成为一个全球范围炙手可热的名词，不管是专业人士还是非专业人士，不管是考究过其内涵的专家还是从街谈巷议中刚听到的普通人，也不管用户喜欢还是厌憎，它已经堂而皇之地成为时代生活的指示器。从大数据时代给经济社会带来的改变来看，设计将越来越依靠数据和分析，而非基于经验和直觉。互动媒体产品的应用从最初的教育领域已经渗透到日常生活中的方方面面，并从关注设计层面转向关注人文层面。

艺术与科学，在人类历史的漫漫长路中结伴而行，互相提供灵感与推动力，共同映射着人类文明进步的光芒。科学和艺术是不分家的，然而，艺术与科学在思维方式、表达中又各不相同，感性和理性的不同色彩在对比中彰显个性，启示着生命创造力的无限可能。互动媒体产品设计极大地融合了艺术与科学在思维、语言方面的特点，包容了艺术与科学的技术、形式表达方面的共同点，将传统艺术中的艺术语言与科学中的科技手段高度融合，带给使用者以全新、愉悦的用户体验。

本书立足于互动媒体设计行业，针对全国高职设计类院校互动媒体设计、数字媒体艺术、多媒体设计与制作专业教学，通过进阶式的案例讲解、练习及项目实战，由浅入深地介绍了互动媒体产品艺术设计的基本知识、软件应用方法、真实项目实战流程及方法。本书共分为三章，分别为课程体系介绍和学习互动媒体产品艺术设计之前的导入知识、编创软件案例教学、项目实战。从分析互动媒体产品设计行业的典型工作任务转化为学习领域的课程，根据人才培养需要和高职学生的特点采用案例教学和项目教学相结合的教学方式，为学生下一步顶岗实习奠定了坚实的基础。

本书由北京电子科技职业学院“国家教育体制改革试点建设项目——开展地方政府促进高等职业教育发展综合改革试点”中的子项目——《文化创意人才培养创新》项目（项目代码：PXM2013_014306_000092）和“职业教育民族文化传承与创新专业教学资源库项目”（编码：06272010501）共同支持。本书由谭坤、吕悦宁编著，作者通过多年的互动媒体产品设计及教学实践经验总结而成，其中，第1章基础理论和第2章案例学习由谭坤撰写，第3章项目实践由吕悦宁撰写。刘正宏、陈淑姣、李颖、康海英、陈金梅、唐芸莉、王淼等人也参与了本书部分章节的编写工作。特别感谢百度阳光行动为本书提供互动游戏——“网络骗子庭审会”案例用于项目实践教学内容，感谢苏航、梦宪竹、金健、蔡金涛、张满、李迎、赵玥、邓立营等同学提供用于教材中案例编写的作品。感谢在编写过程中提供其他案例的作者的大力支持。

限于作者水平有限，加之时间仓促，本书难免有不足之处，敬请读者批评指正！

作者

2015年1月

教学内容及课时安排

章 / 课时	课程性质 / 课时	节	课程内容
第 1 章 （12 课时）	理实一体课程 （12 课时）		**第 1 章　基础理论：认识互动媒体产品艺术设计**
		一	互动媒体产品艺术设计的基本概念
		二	互动媒体产品艺术设计的内容
		三	互动媒体产品艺术设计的流程
		四	互动媒体产品艺术设计的应用领域
		五	互动媒体产品艺术设计发展的新趋势
第 2 章 （24 课时）	理实一体课程 （24 课时）		**第 2 章　案例学习：互动媒体产品编创软件应用**
		一	Flash 动画设计
		二	Director 编创软件应用
		三	Director 案例学习
		四	综合案例：《中国山水画》
第 3 章 （36 课时）	理实一体课程 （36 课时）		**第 3 章　项目实践：互动媒体产品项目实战**
		一	互动媒体产品的项目策划与脚本设计
		二	互动媒体产品项目教学学习指导书
		三	综合实战项目：《灵感广告》宣传类互动媒体产品设计
		四	综合实战项目：提醒喝水 APP——iDrinkwater
		五	综合实战项目："绿萝缺水啦！"物理交互设计
		六	综合实战项目：交互式网络视频设计制作

注　各院校可根据自身的教学特点和教学计划对课程时数进行调整。

目录 CONTENTS

第1章 | 基础理论

认识互动媒体产品艺术设计

学习目标

（1）了解互动媒体产品艺术设计在整个课程体系中的定位，包括从事本专业的就业岗位、岗位能力要求、典型工作任务等，从而帮助学生对本专业的就业方向及知识结构有一个快速认识，并对目标就业行业的专业定位、状况、职业能力要求及运作规律有直接而感性的了解及感受。

（2）理解交互的概念、互动媒体产品艺术设计的应用领域及表达的关键要素。

学习重点

- 互动媒体行业的工作流程和典型工作任务。
- 互动媒体产品设计领域发展的新趋势。

教学建议

通过教师案例点评和分析，使学生具备对行业特征的分析能力，对客户定位及客户需求分析的能力；教师通过案例分析、提问、设问等形式，引导学生掌握基本概念、知识；可以邀请行业专家座谈、讲座。

学习建议

多关注最新的互动媒体产品案例，从产品信息架构、结构设计、视觉内容进行分析。

1.1 互动媒体产品艺术设计的基本概念

多媒体？数字媒体？交互媒体？新媒体？

人类的生活进入“富媒体”时代，各式各样的媒体模式改变了我们的生活状态，它们的名称已经成为全球范围炙手可热的名词：“多媒体”、“数字媒体”、“互动媒体”、“新媒体”，等等。不管是深考过其内涵的专业人士还是从街谈巷议中刚听到它们的非专业人士，都不可避免地受到这些时代生活指示器影响。理清各媒体形式之间的区别与联系，对于从事互动媒体设计行业而言是很有必要的。

1.1.1 认识媒体类型

（1）多媒体

“多媒体”一词是英文“Multimedia”的译文，而“Multimedia”主要由词根“Multi”和“media”构成的复合词，直译为多媒体。“Multi”译为多重的、复合的，“media”译为媒体，其核心词也就是“媒体”。“多媒体”事实上是指信息媒体的多样化，常见的形式主要有：文字、图形、图像、声音、动画、视频等形式，还有一些可承载信息的程序、过程或活动。

整合

多媒体是从传播、美术、艺术设计、计算机应用技术等相关学科综合发展而来的，多媒体的出现将文字、图形、视频等各种表现媒体集为一体，并加入了交互功能，为人类的信息传播带来深刻的变化。因此，“多媒体”这一名称的侧重点在于单一媒体与整合多种媒体的关系上。

（2）数字媒体

信息与数字化表现形式

数字媒体是当代电子计算机技术发展中出现的一种与艺术相关的信息革命成果，随着数字化的发展和计算机的普及，数字媒体的概念又成为人们探讨的话题。特别是人类已经进入信息时代的今天，一条全新的、立体化、全方位的信息高速路的诞生，正体现出了现代技术应用发展的必然。数字媒体是以二进制数的形式记录、处理、传播、获取过程的信息载体。这些载体包括数字化的文本、图形、图像、声音、视频影像和动画等感知媒体。数字媒体的概念侧重于数字化的媒体表现形式上。

（3）交互媒体

按照字面意思理解，一切可以交互的媒体都可以称之为“交互媒体”。“交互”这个词已经在很多领域中得到广泛应用，并且成为当今时代设计领域最时尚的词语之一。交互媒体是在传统媒体的基础上加入了交互功能，通过交互行为并以多种感官来呈现信息，受众不仅可以看得到、听得到，还可以触摸到、感觉到、闻到，而且还可以与之相互作用，它带给人们的是一种全新体验的崭新媒介形式。也许我们不难理解游戏设计、交互网站、触摸屏甚至ATM机，这些都是我们日常生活中应用交互因素的常见设备。但是，也许就会有人提出质疑，比如追溯到最早的媒体，在人类未出现语言之前，人们只能靠肢体语言或者动作来传递哪里有危险或哪里有食物的信息，这时候的手语媒体也是一种交互，因为它实现了发出者和接受者之间的双向信息传递。因此，交互媒体的概念侧重于媒体之间互动的行为上。

任何媒体都是交互媒体吗？

（4）新媒体

由于“Media”已经音译为“媒体”并固定下来，所以，国内通常将“New Media”译为“新媒体”。中文语境下，一般倾向认为“媒体”是指报刊、广播和电视等传媒机构。

事实上，如果我们把“新媒体”仅仅定位在形式上的新旧和时间出现的早晚，你会很快发现我们已经置身于自设的陷阱中无法自拔。因为这些曾经“新”过的媒体很快归于“旧”的目录,“新”与“旧”只是相对的概念：对于手语动作而言，语言算得上新媒体；对于语言而言，文字算得上新媒体；对于书籍而言，报纸又算得上新媒体；对于报纸而言，广播电视又算得上新媒体；对于广播电视而言，网络又算得上新媒体，明天的新媒体是什么，也许没人能说得清楚。

因此，讨论命名并不重要，了解其内涵为设计服务才是我们应该探讨的重心。绝对地割裂媒体的新与旧、媒体形式的多与少都是非常危险的。任何一种新的媒体出现都以旧的媒体为基础内容：书面语言以口头语言为内容，广播以书面语言为内容，电视又以广播为内容。网络媒体的独特之处是它以所有之前出现的媒介为内容：网络游戏以现实游戏为内容，网上聊天以口语为内容，电子书以书籍为内容，E-mail以书信为内容，播客以电视、电影为内容，博客以日记为内容。新媒体从来就没有打算将传统媒体扔进历史的垃圾桶，尽管它将取代传统媒体的主体地位，但是新媒体在完成自身转变的过程中，根据需求，它“整合”了旧媒体的诸多优点，并赋予了新的尺度。因此，新媒体只是一个相对的概念，不管用何种形式的媒体出现，它总在尝试用各种可能的方式向用户传递信息。

现在的“新媒体”是指什么？

1.1.2 互动媒体产品设计的特征

（1）互动媒体的综合性

人脑能够处理大量的不同类型的复杂信息，“视、听、味、触、嗅”五大感官系统是沟通人脑与外部环境的信息通道。在这五大信息通道里面，目前在设计领域应用最广泛的是视听觉通道，但每种通道都有其各自的优势和特点。据科学研究，嗅觉是记忆最深刻的感觉通道，触觉给人最直观的体验，味觉在设计中的应用最少，设计师越来越认识到在设计中综合各种感觉通道的重要性。

互动媒体产品设计极大地发挥了综合人的感觉通道应用到设计中的优势。文本、图形图像、音频、视频、动画、解说、触摸甚至味嗅觉等丰富的感觉元素运用到互动媒体产品的设计中，大大丰富了互动媒体产品的表现力和感染力，满足和丰富了浏览者对信息交流的更高要求。

（2）技术与艺术结合的紧密性

设计是主观与客观共同作用的结果，是在自由与不自由之间进行的，设计者不能超越自身已有经验和所处环境所提供客观条件的限制。互动媒体产品设计通常不是单独由设计师完成，需要将设计师的艺术创意通过技术人员的技术实现表达出来。在这个设计过程中，设计师的艺术创意决定互动媒体产品的整体风格。因此，设计师也必须了解现有技术手段可以达到的交互效果，才能更好地在掌握客观规律的基础上进行创意设计。交互技术表现为客观因素，艺术创意表现为主观因素，互动媒体产品设计师应该积极主动地了解现有多媒体的技术规律，注重艺术与技术的紧密结合，这样才能满足浏览者高质量用户体验的需求。

如何理解技术与艺术的区别？

（3）交互性与多维性

传统媒体（如广播、电视节目、报纸杂志等）都是以线性的方式将信息传递给浏览者，即按照信息提供者的感觉、体验和事先确定的格式来传播。在多媒体的环境下，浏览者是以一个参与者的身份加入到信息的双向交互中去的，而不再是一个传统媒体环境下的信息被动接受者。由于导航的设计，互动媒体产品的组织结构更丰富，浏览者可以在各个栏目中自由跳转，信息的接受方式是非线性的。这种多维的交互，使得互动媒体产品设计者必须根据用户的反馈信息及时地调整和修改系统设计。交互性是互动媒体产品设计最重要的特征，在后面的章节将重点展开介绍。

1.2 互动媒体产品艺术设计的内容

互动媒体产品艺术设计是一项综合了信息架构（IA）、工业设计（ID）、视觉图形界面（GUI）、用户体验（UX）及人类行为模式等多门学科的交叉内容设计。

其中，信息架构主要关注如何将产品内容组织好并进行标注，以便让用户容易地找到所需信息；视觉设计与如何利用视觉语言来传递信息有关；工业设计主要研究形式，要以一种既能表达系统如何使用又能让其实用的方式来塑造一个物品；人类行为模式分析可以使产品满足使用者的一些限制性需求。尽管互动媒体产品艺术设计是独立的学科，却存在着学科之间的重叠和交叉，最佳的产品是多个学科协调工作的结果。就互动媒体产品艺术设计流程中所包含的工作内容而言，包括概念设计、交互设计、可用性研究、视觉内容设计等几个主要方面。如图1-1所示。

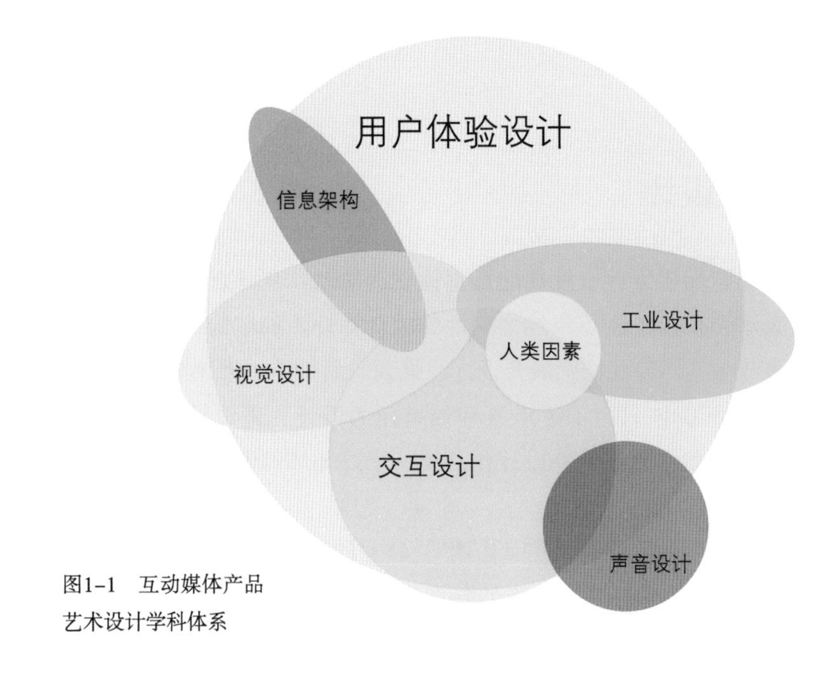

图1-1　互动媒体产品艺术设计学科体系

1.2.1 概念设计

概念设计是由了解用户需求到形成概念产品的一系列有策划、有组织、有目标的设计活动，它表现为一个由大范围到小细节、由模糊到清晰、由抽象到具体的不断改进的过程。概念设计利用设计概念并以其为主线，贯穿全部设计过程的设计方法。概念设计是完整而全面的设计过程，它通过设计概念将设计者反复的感性感知和瞬间思维上升到统一的理性思维，从而完成整个设计。

在概念设计阶段，设计者必须对将要进行设计的方案作出周密的调查与策划，分析出客户的具体要求以及整个方案的目的意图、地域特征、文化内涵等，再加之设计师独有的思维素质产生一连串的设计想法，才能在诸多的想法与构思上提炼出最准确的设计概念。也许他们还不能将概念设计阶段的产品构思马上变为产品或商品，但是当设计师在做概念设计或者寻找灵感的时候，概念设计依然可以带给人们启迪。这些设计也许有点不切实际，但我们可以通过概念设计看到一个设计的理念是如何逐渐演化和成长的。任何一款成功的应用产品都需要以坚实的产品概念作为基础，概念决定了产品最终完成的潜力。

试举一例产品分析其概念设计的思路。

寻找空白点是产品概念设计的切入点。比如工作列表应用Clear，在成千上万的待办事项应用中，Clear填补了同类产品在交互方式及用户界面上的空白点。进入一个充满竞争的领域似乎不是一种聪明的做法，但市场越大，提供的机遇也就越多，关键在于是否能够提出新的解决方案。Twitter收购了Tweetie，并采用免费政策来取悦大众，Tweetbot通过更加强大的功能填补了Twitter用户人群上的空缺。

每项新技术的诞生都会随之带来新的机遇和空白。微软Surface最初的概念原型是开发一款介于平板电脑和笔记本电脑之间的中间产品。iPad已经成了平板电脑的代名词，销量已经不是其他平板电脑简简单单就能撼动的，微软如果直接出一款和iPad一样纯粹的平板电脑，很难正面与iPad竞争。于是就有了Surface这个平板与笔记本结合的折中产物。

1.2.2 交互设计

设计是人类在自然界生存、发展的自觉性创造活动，互动媒体产品设计的一个显著趋势就是不再局限于进行单纯物理性的组合和外表的堆饰，而是越来越强调对用户使用该产品的体验及情感展开设计，强调产品系统的组织结构、智能化、交互体验等。我们不应该只为了追求某种效果而去设计，把设计师当作是一个“化妆师”，我们也不能单就某一件设计作品给一个好与坏的评论，任何设计离开了它的环境都无从谈起。

Interactive在英文中的原意是“相互作用”，随着计算机的发展，它被率先应用到计算机科学的理论术语中，并被赋予了新的含义——“交互的，互动的，具有人机交互信息功能的”，理解为基于电子计算机应用平台的信息共享和信息交流。追根溯源，“交互”指的是基于技术平台的信息即时转换。实际上，交互早已处处应用在我们的日常生活中。每一天我们都生活在交互过程中，可定制早上起床时间的闹钟，加热早餐的微波炉，到办公室的考勤刷卡，可应用的电脑网络，各种应用软件，手机、平板电脑中的各种App产品应用，银行服务、查号、急救、报警、投诉等我们经常拨打的服务热线，使用这些产品的过程都是一个交互的过程。

简单地说，交互是两个实体之间的事务，通常涉及信息的交换，也包括实物和服务的交换。交互过程很顺利，使用户毫不费劲完成各种事情，甚至给用户带来不少的惊喜，这是良好的用户体验。而哪些产品会让用户感觉很难用，甚至敬而远之呢？复杂的操作和容易出错的操作都属于这一类，比如在网上注册一些信息时，老提示错误，但又没告诉用户错在哪里，这种恶劣的感受就归因于失败的交互设计。在使用网站、软件、消费产品、各种服务（同它们产生交互）的时候，使用过程中的感觉就是一种交互体验。随着网络和新技术的发展，各种新产品和交互方式越来越多，人们也越来越重视对交互体验的优化。

（1）交互设计的内涵

① 技术层面的交互。

交互设计师使得技术（特别是数字技术）变得可用、易用，并且让用户愉悦地使用，这也是交互设计最初在软件设计和网络服务等领域得到迅速发展的原因。交互设计师将软件工程师和程序员的技术产品塑造为深得用户喜爱的产品。

② 行为层面的交互。

交互设计强调功能和反馈，即在用户使用产品时分析产品如何工作、如何反馈，是一种有关定义人造物、环境和系统的行为。

图1-2　互动媒体作品《灵感广告》
设计者：蔡金涛
　　　　金　健

③ 社会交往层面的交互。

交互的本质具有社会性，利用产品来促进人与人之间的沟通。从这个层面讲，交互不再单纯强调技术，任何设备和产品都可用于人与人之间的交际与沟通。

（2）互动媒体产品交互设计的原则

① 以信息的准确沟通作为交互设计的核心。

互动媒体产品交互设计的关键是使人与产品之间能够准确地交流信息。不管交互方式如何丰富、视觉效果如何美观，首先要做到的是产品所传达信息的准确性。因此导航式需要简洁明了，尽量采取自然的导航方式。另一方面，产品向人传递的信息必须准确，不致引起误解或混乱，使阅读、导航与主体内容明确，充分体现人机的交互功能。这样设计出来的互动媒体作品不但能够突出主题，而且易于读者的阅读。如图1-2的互动媒体作品《灵感广告》中，导航设计采用了虚拟现实的交互处理手法，给用户一种身临其境的感觉，用户的阅读犹如在一间屋子里看展览，极大方便了用户的浏览和相关信息的获取。

② 交互功能的相对稳定性。

产品系统内，稳定一致的交互方式不致增加阅读者的负担，让阅读者始终用同一种方式思考与操作。统一一致的交互方式还可以给用户建立一个学习型的系统，操作完当前的页面，用户可以联想到后面的内容。最忌讳的操作是每换一个界面，用户就需要换一套操作方法。如图1-3的互动媒体产品《中国传统节日》中，设计师就注意了交互方式的一致性。在作品中，基本导航工具都处于相同的造型和位置。

③ 交互设计必须随时给予浏览者以反馈。

反馈是控制科学和信息理论中一个常用的概念，其含义是向用户提供信息，让用户知道某一操作是否已经完成以及该操作所产生的结果。反馈是向用户提供操作信息的重要方面，也是保证用户继续进行当前操作的前提。系统应该在合理

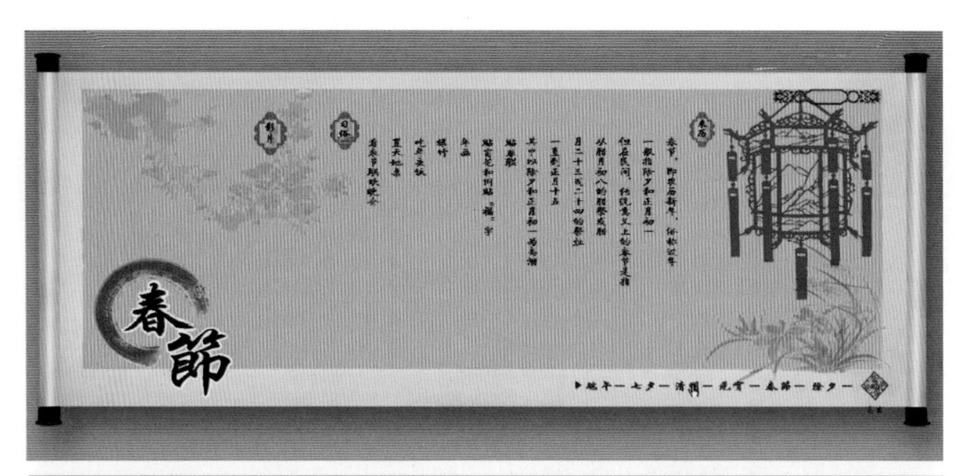

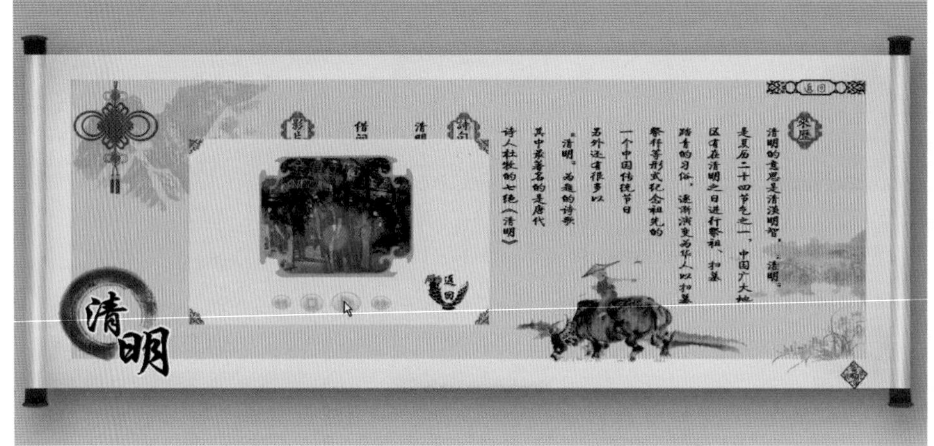

图1-3 互动媒体产品《中国传统节日》
设计者：王文君
左天宇
李静怡

的时间内，通过适当的反馈信息让用户了解系统和用户本身正在干什么。回想一下你上一次按了电梯按钮之后灯却不亮的情景，你就能体会到感知和反馈有多么重要了。电梯也许是灯泡烧坏了，但是你的心理上一定会万分沮丧，并开始怀疑：“电梯听到我的指示了吗？”交互设计应该能够告诉读者当前所阅读内容在整个节目中的具体位置，尤其是在需要复杂导航的时候，必须让读者了解目前的阅读情况，如目前操作的同级项目关系、上下级项目关系等。切不可让用户面对着一个没有反应的屏幕操作，以致怀疑是否出现了死机现象。

④ 在交互设计中植入容错的设置，减少用户挫败感。

好的设计应帮助人们在操作中避免出错，如果确实出错，应把负面影响减少到最低。设计人员必须考虑到所有可能出现的错误，在设计时，尽量降低错误发生的可能性或减轻差错所造成的不良后果。用户应该很快发现操作的失误，如果可能的话，应该便捷纠正这些错误。

容错设置有助于预防失误，在出现失误之后，用户可以在系统的帮助下及时纠正失误，帮助用户建立正确的导向；在用户容易出现失误的环节上设置有效的防错设计，防止用户出现重大失误，造成严重后果；保证用户进行正确的操作，在用户出现失误的情况下应及时纠正错误。容错的设计给人以安全感、稳定感，可以帮助人们去学习、探索、使用此设计。在制作互动媒体作品的时候，绝不可以认为用户都是电脑高手，无需提供帮助。有关的文字、图形提示、信息、说明应该放在随手可得的位置。

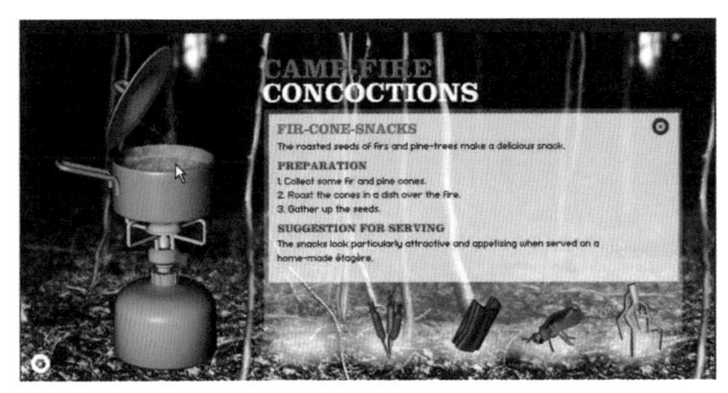

图1-4　户外生存网站

挫败感的范围从轻微的不满到极度的愤怒有很多种，例如达不到用户的预期期望；错误的信息；界面过于杂乱、艳丽、花招百出、没头没脑；按钮和导航的跳转有问题，点击长时间得不到反馈；引导用户执行了许多步骤之后报错，导致用户要从头开始，等等。

⑤ 交互方式的丰富性。

一个互动媒体节目里交互性是否丰富直接影响用户的兴趣，丰富的交互性可以最大限度的吸引用户注意力，达到充分传递信息的目的。根据不同的题材选择适合主题的交互设计，如图1-4所示，在介绍户外生存的网站中，通过虚拟的交互设计，将一些诸如取火、煮食物、防止动物的偷袭等实际的户外生存技巧介绍给用户，综合了点击、拖拽、滑过等鼠标交互行为，用户浏览的过程就是一个学习和体验的过程。

⑥ 交互方式的情感关怀。

行为的设计是关于产品视觉和体验带来的感受——使用产品的全部体验，而反应性则是用户体验之后的想法，比如这个产品给用户怎样的一种感觉，它所描绘的图像传达给其他人的品位形象等。如图1-5所示，互动媒体作品《中国山水画》中，设计师充分利用了中国山水画的元素来设计交互和转场，达到引起用户情感共鸣的目的。作品以笔墨纸砚的具象图像作为导航设计元素，以中国画的绘画特点作为动画表达的元素主题，既直观的与主题相符，又满足了产品的互动性需求。

图1-5　互动媒体产品《中国山水画》
设计者：张　满
李　迎
赵　玥

1.2.3 可用性设计

“可用性”作为产品的一个核心竞争力，已经受到越来越多企业的重视。Nielsen and Norman Group（NNG）是国外知名的咨询公司代表，NNG总结出“由于内部网络可用性差，1万人规模的企业每年因工作效率低下而造成的亏损约达1500万美元”。当对某种旋转拨号电话进行第一次测试时，发现用户的拨号速度很慢。一位人类因素学专家花了一个小时设计出一种简单的图形界面部件，用户拨每位号码的时间缩短了0.15秒，每年在减少中央交换机需求方面可以节约1,000,000美元。可见，通过可用性的设计可以极大地帮助企业节约资本。每年的11月3日被定为“世界可用性日”，由可用性专业协会（Usabiity Professional Association）组织的世界可用性日（World Usability Day）活动，在全球范围内的近25个国家75个地区同时举行活动，向人们宣传可用性的重要性。可用性的研究内容由原来的产品设计领域扩展到设计的其他各个方面，从可用性的角度关注设计将是现代设计发展的趋势。

人们经常会出错，诺曼在《设计心理学》一书中提到了很多由于操作员按错一个键酿成重大事故的例子。其实，大多数事故并不是由于产品出现功能性错误，而是由于产品的可用性设计不合理导致人为失误造成的。失误是由于动作之间的相似性造成的，因习惯行为引起，本来想做某件事情，用于实现目标的下意识行为却在中途出了问题。有时因为外部发生的事件引发了一个动作，或是因为我们手中所做的事情触发了我们原本无意去做的动作，而通过可用性设计可以帮助用户建立正确的操作导向，减少无意中的失误。如果交互设计师的工作做得很好，那么，使用者就不会感觉到设计者的存在。就如同门的设计，如果通过视觉方式能够有效地传达开门的交互方式，那么根本不用写上‘推’或‘拉’这样的字样了。

“可用性”（Usability）如果按照中文的字面意思理解，很容易理解为“是否可用”，其实“可用性”的概念不在于“是否可用”的层面上，而在于是否好用。“可用性”讲的是产品对于用户而言是否方便易用，是否符合用户的需求和期望。可用性是交互式产品/系统的重要质量指标，即用户能否用产品完成他的任务，效率如何，主观感受怎样。在《可用性工程》一书中，Jakob Nielsen曾提出可用产品的五个质量标准：可学习性、效率、可记忆性、容错率（低错误率、出现错误也容易修复）、满意度，如图1-6所示。

互动媒体产品的可用性设计是以用户为中心的设计方法的组成部分，它可以帮助设计人员避免出现明显违背人类因素学原则的问题，提高互动媒体产品的可用性质量。根据互动媒体产品自身的特点，在设计过程中一定要充分考虑相关的人类因素，需遵循以下设计原则：

① 完整性：系统应满足所有交互要求，并支持所有必要的任务。

② 可控性：让用户在任何时候都可以对程序进行控制，完成停止、重复等操作，而且这些控制在设计上应与真实的物理设备类似，以便于用户使用。

③ 一致性：界面布局要保持一致，相同的功能或部件总是放在相同的地方，同样的操作总是产生同样的结果。

④ 冗余性：对同一条信息采用不同的程序从不同侧面进行表达，以有利于用

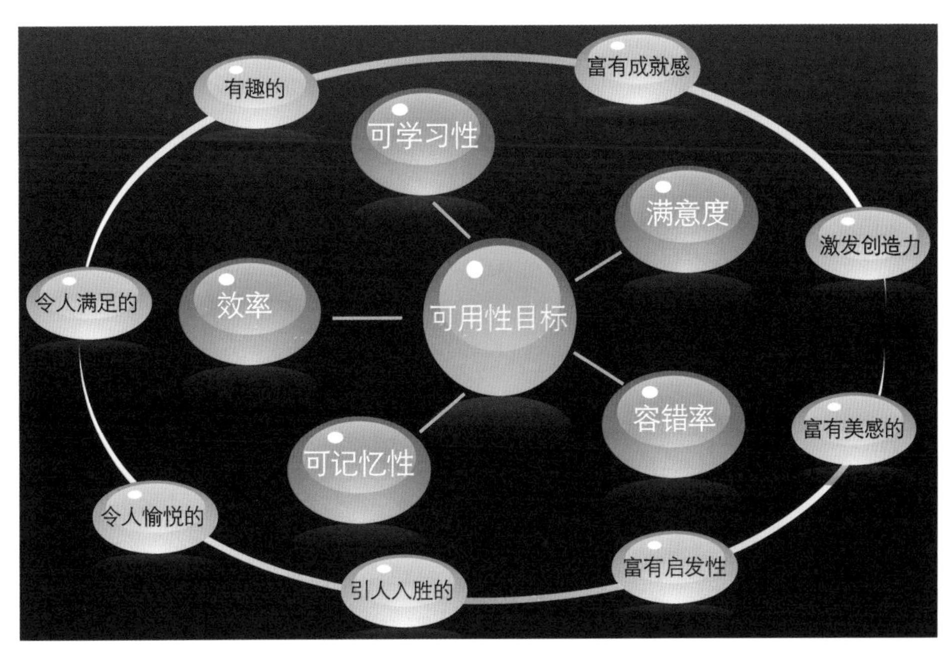

图1–6　可用性目标图

户对信息的理解。

⑤ 方位性：任何时候都让用户明白他们在程序中所处的位置，以及怎样找到他们所想要的信息，可以采用索引、广角镜、导航图、目录表等手段来实现这一功能。

⑥ 反馈性：应提供适当的反馈信息，让用户明白系统是否正确地接受了输入的信息，对语音输入更应如此。

⑦ 灵活性：应提供多种可选程序，让用户根据自己的经验、知识应用领域和目标来选择合适的程序。

⑧ 可逆性：应提供撤销功能，允许用户以简单的方式完成后退操作，并可在任何时候退出系统。

1.2.4 视觉内容设计

谈到视觉设计时，有两种截然相反的观点，可用性倡导者们一直认为产品应该更便于使用，而非外观漂亮。他们认为几乎所有为实现视觉效果而做的事情，都会对可用性产生妨碍，彻底地将功能简单化才是终极目标。反对的观点则是将产品视为纯粹的视觉刺激品，以刺激、吸引浏览者为设计目标，许多设计是为了视觉效果而进行的。例如很多商业的网站设计，商家为了吸引消费者的眼球，盲目要求一个色彩华丽、导航动态感强的站点，也导致了导航模糊、下载速度慢、结构不清晰等问题。

形式与功能之间其实并不冲突，视觉效果也是为用户的交互体验服务的。视觉设计是内容、功能和美学的汇集，整合了图形设计和以用户为中心的设计原则。若不能将以上三个要素做到很好的平衡，设计师可能设计一款视觉上漂亮，但是用户不知道怎么使用的产品，这样的产品很快就会遭到遗弃。一个好的产品视觉设计者应该履行的职责是运用视觉元素形象地表达产品功能，为产品创造符合产品特点的风格，同时配合相关的显示载体和图形合理安排、展示信息，让用户能够轻松愉悦的享受功能。

1.3 互动媒体产品艺术设计的流程

通过对互动媒体产品的界面和行为进行交互设计，让产品和它的使用者之间建立一种有机关系，从而可以有效实现使用者的使用目标，这就是互动媒体产品交互设计的目的。对于这些设计原则，美国西北大学教授唐纳德·诺曼一言概之为："设计必须反映产品的核心功能、工作原理、可能的操作方法和反馈产品在某一特定时刻的运转状态。"交互设计的实质意义就是通过产品"可用性"和"易用性"的完美结合，在产品和用户之间架起一座沟通的桥梁，使用户体验达到深层次的生理舒适、心理愉悦的层面。

（1）了解问题：充分了解用户需求

在产品分析阶段，应该缩小目标和规范项目说明。你真正让这个产品做哪些事情？为谁而制作？在什么平台上运行？客户如何得到互动媒体产品所传达的娱乐、教育、宣传、体验的内容？

通过深入的用户调查，调查现有产品存在的问题，将存在的问题归类分析；了解用户的期望需求、使用习惯及目标用户群的整体特点；对于用户调查问卷要及时总结和反馈信息，形成用户调查总结报告。

（2）定义目标

在目标定义的第一步自问："这个产品要完成什么事情，为什么要完成它？"另一种进行目标定义的方法就是定义你想要传达的信息：产品试图讲述一个什么故事？为什么顾客想使用这个产品？这个产品的亮点在哪里？

（3）定义观众

要定义项目的观众，需要建立典型用户的统计表。这个产品是为了十一二岁的游戏者，还是为未经计算机方面专门训练的年长者开发的？这些典型的观众想从你的产品中得到什么？他们会有什么态度？

（4）定义交付平台和媒体

确定互动媒体产品的使用平台：电脑平台还是移动终端？手机还是平板电脑？充分了解不同使用平台的设计原则和内容规范。

（5）主逻辑设计

根据用户研究和分析的结果，设计出交互任务流程图，把任务需求由文档的形式落地为界面设计草图，绘制出界面信息结构框架图。

（6）产品原型设计

与用户反复沟通后，深度了解用户需求，使用Axure、Visio等原型交互软件形成较为完整的交互演示Demo，与客户做进一步沟通，确保设计完稿的交互体验呈现。

（7）动态交互设计展示

应用Flash、Director等相关交互设计软件动态交互Demo展示，直观地展现设计师的交互创意，并邀请目标用户进行可用性评估，为产品迭代设计奠定基础。

1.4 互动媒体产品艺术设计的应用领域

随着社会的进步与计算机的普及，互动媒体已逐渐从一个特殊的技术层面渗透到社会生活的诸多领域。

（1）教学与展示

学校的教师通过多媒体可以非常直观地清晰讲述过去很难描述的课程内容，而且学生可以更形象地去理解和掌握相应教学内容。学生还可以通过多媒体进行自学、自考等。它改变了我们传统的课堂教学形式，具有形式新颖、表现丰富、资源共享等优点。多媒体课件成为教学活动的核心组成要素，课件的质量就直接影响到课堂教学的效果。如图1-7所示，一个优秀的多媒体课件是教师教学、学生学习的高效工具。教学领域是最适合应用多媒体进行辅助工作的，多媒体的辅助和参与将使教学领域产生一场质的革命。

除学校外，各公司培训在职人员或新员工时，也可以通过多媒体进行教学培训、考核等，非常形象直观，同时也可解决师资不足的问题，从某种意义上说，一张光盘可以替代一个老师。

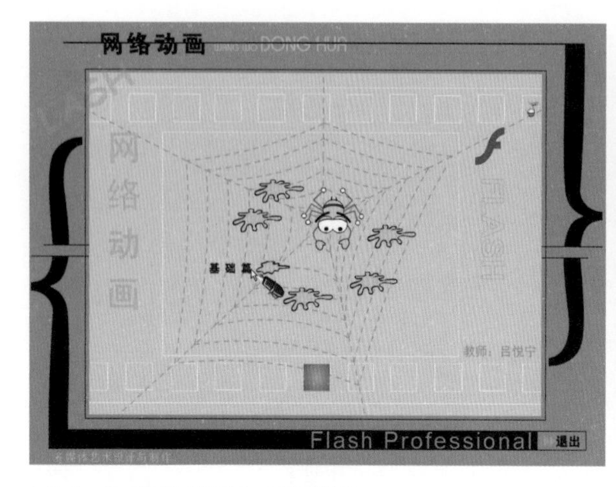

图1-7 《网络动画设计》多媒体课件

作者：吕悦宁

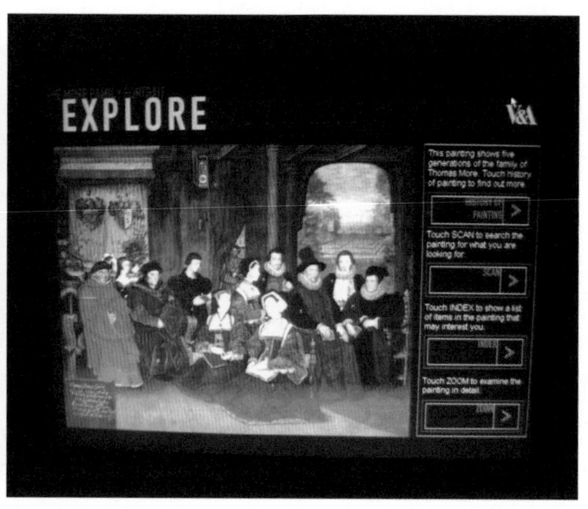

图1-8 英国阿尔伯特博物馆内的展品演示系统

博物馆内的多媒体展示器可以帮助用户方便、快速、准确地查询到藏品的信息，如图1-8所示。虚拟数字博物馆的设计使用户不出家门就能浏览博物馆的信息，数字化虚拟技术给用户搭建了一个身临其境的平台。卢浮宫是第一个把藏品从展厅搬上网络的博物馆。在博物馆的四大传统功能中，虚拟博物馆强化了大众教育和自我学习的部分。打开卢浮宫官方网页，下载指定的媒体播放器之后，就能在网上完成一次3D“虚拟参观”，可以浏览古代东方、古埃及、古罗马和希腊艺术、绘画、素描、雕刻、工艺美术七大馆。在这个虚拟博物馆里，卢浮宫发布了1500件重要藏品的详尽背景资料介绍，这是观众实地到访卢浮宫也未必能够了解的信息。“数字展示”跨越了地理界限。

（2）商业宣传

很多公司为宣传自己的产品投入了许多资金去做传统广告，例如电视、报纸等，以多媒体技术制作的产品演示光盘为商家提供了一种全新的广告形式，商家通过多媒体演示盘可以将产品表现得淋漓尽致，客户则可通过多媒体演示盘随心所欲地观看产品信息，这种展示方式直观、经济、便捷，效果非常好，可用于房

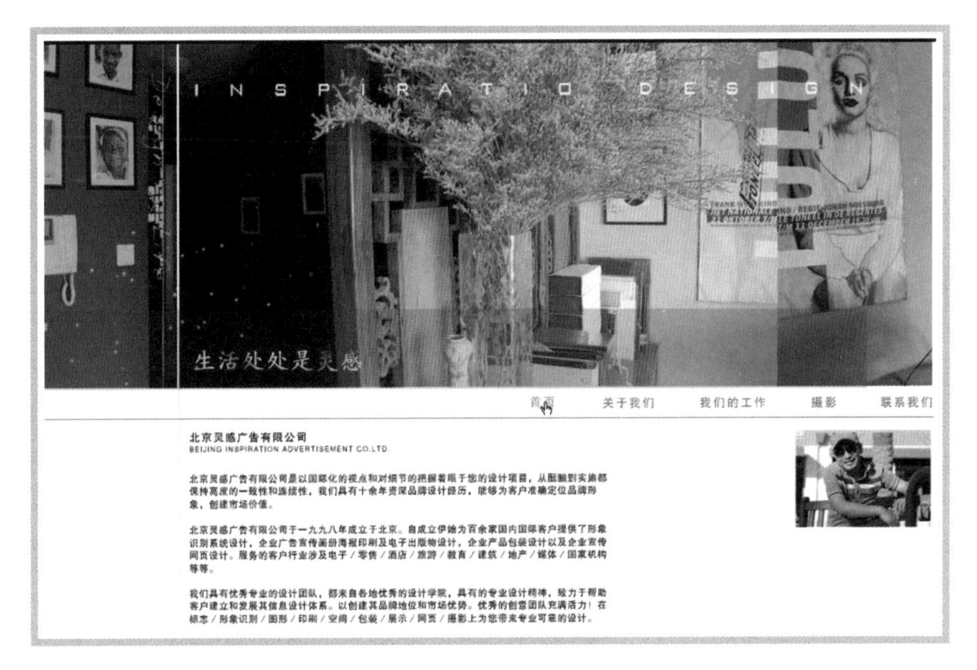

图1-9　北京灵感广告公司宣传类互动媒体光盘设计

地产公司、计算机公司、汽车制造厂商等众多领域。互动媒体产品独特的传播方式成为商业竞争的重要选择，基于互动技术的娱乐产品也很快成为新兴的产业，拥有着强大的商业竞争力，占据着日渐扩展的商业市场。如图1-9所示，北京灵感广告公司宣传类互动媒体光盘设计，以虚拟现实的360°环绕场景展示为互动手段，让客户在浏览的过程中对公司的整体环境有一个直观的了解，对于企业形象的建立起到了很好的宣传作用。

（3）电子出版

在数字、网络化时代，人们的阅读方式逐步发生根本性转变，早在2010年我国数字阅读的人群已经超过了2.5亿。据国内首份权威中文数字阅读报告《2012年度中文数字阅读数据报告》显示，有超过90%的用户使用移动设备阅读。这表明数字阅读用户的移动互联趋势更明显，数字阅读正成为一种新的阅读方式和阅读时尚。

电子出版物的载体变革正沿着纸质化——电子化——数字化——网络化——智能化的方向发展。电子出版物是以互联网和其他数据传输技术为流通渠道，以数字内容为流通介质，综合了文字、图片、动画、声音、视频、超链接以及网络交互等表现手段，同时以拥有大容量存储空间的数字化电子设备为载体，以电子支付为主要交换方式的一种具有独立性、原创性、完整性的新型读物形态。电子类出版物从一般阅读开始，逐渐渗透到学校教育，甚至改变了人们的阅读习惯、阅读方式、阅读时间、阅读形式、阅读内容等范畴和时空局限，例如互动式光盘、电纸书、下载文本、互联网、手机报等多种多样的、立体的、多维度的时空，提供了广阔的阅读视野和阅读时空范畴。由于电子类出版物的形态、阅读载体、阅读习惯和方式的转变，对其有别于纸质类出版物的设计，要求简洁、图形化、碎片化、方便、易用，在情感上考虑读者的归属感和欲求感、消费观，不仅满足人们长久以来的阅读与消费习惯，同时也满足其在阅读感官上的心理需求，使读者感觉亲切、愉悦、便捷、明了。

图1-10 安利新姿电子杂志设计
http://www.amway.com.cn/about/amagram/201312/

如图1-10所示，电子出版物及电子杂志设计都属于电子出版物的范畴，不仅可以运用多种媒体的表达形式来呈现产品内容，而且符合用户对于信息碎片化、跨平台阅读的要求。

（4）装置艺术设计

在20世纪70年代早期，很多艺术家离开工作室和画廊，走上街头，走进各种环境，用新的表现形式拓宽了他们的疆域，创造了新的艺术派别和门类。装置艺术就是其中之一，它通常利用设计表现批判性的、引起争议的社会方面的问题，将设计实验性的边界向外拓展，为设计师们提供了探索的机会。

“互动装置”这个词源于英文的“Interactive Installation”，意为相互作用或能相互作用的设备。互动装置艺术是基于计算机的信息编辑、处理、交流、共享和影像采集技术，以及外挂的软硬件设备，并且利用综合材料安装设置好的展示场景为平台，进行以互动信息交流为主的艺术表现形式。互动装置艺术设计通过多媒体交互形式来传达所要表现的情感，不仅改变了以往的信息传播方式，也改变了人们的阅读方式、思维方式，甚至生活方式。互动装置设计以设计师的创意为主导，需要与程序员、工程师及一些相关专业人员组成创作团队，进行协作式创作才能使作品最终顺利完成。互动的方式可以是人与人之间进行，也可以是人与装置之间进行，更可以通过言语、文字、动作、触碰等方式来进行。

互动装置设计不仅是一个具有独特方法和实践的综合体，也是一种将科学与艺术进行完美结合的载体，脱离了鼠标键盘，使科技的强大创造力和艺术的无限想象力得到完美的结合。如图1-11所示的以色列设计师作品，设计师利用Arduino来研究交互设计中的极简主义。设计师将收音机和使用者体验等元素全部剥离，仅留下必要部分——收音机的AM/FM（调幅/调频）系统，设计师甚至把物理上的调节按钮也去掉了。使用者通过将收音机左右倾斜来实现波段和频道调节，实现体感交互，省去了传统的调频按钮。

相对于传统的电脑游戏，Will体感游戏是一种脱离鼠标键盘而直接带给玩家肢体体验的健康类游戏。许多家长反对孩子玩游戏，其中一个原因是因为孩子沉

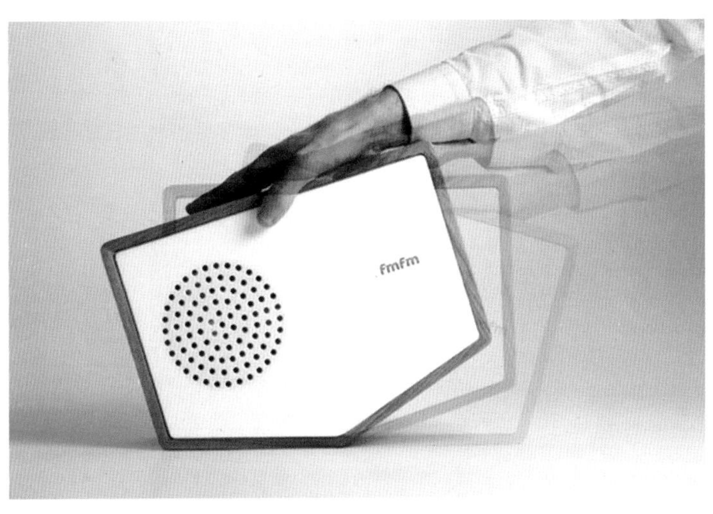

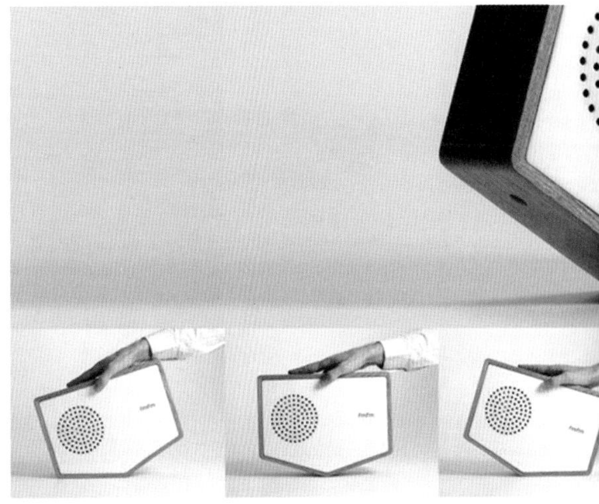

图1-11　体感交互收音机

沦于游戏荒废学业，另外一个重要的原因是孩子长时间坐在电脑前面不运动，不利于孩子的健康。而体感游戏是一种通过肢体动作变化来进行操控的新型电子游戏，突破以往单纯以手柄、鼠标、按键输入的操作方式，通过无线手柄、摄像头等设备捕捉身体移动的每个细节，将人体动作映射到游戏当中，实现人体对游戏角色的操控。互动装置艺术作为新媒体艺术的一个重要分支，也在其中扮演着重要的角色。互动装置艺术拉近了人与艺术作品之间的关系，改变了人们的传统观看方式，并且艺术家依托其高科技性，运用电脑与一定的交互技术设备，营造出一些能使观众广泛参与和多角度体验、交互的作品，从而给人们创造出一种全新的审美体验。

（5）多媒体戏剧、舞台

关于多媒体戏剧概念的界定至今仍存争议。有论者认为，传统意义上的戏剧是由编、导、演、音、舞美的合力完成。这本身就体现了多种媒介的运用，而中国戏曲讲究唱念做打、载歌载舞，就是现成的多媒体舞台剧。如上说法，从宽泛的角度理解似乎有一定道理。但随着技术的发展，面对不断更新的舞台形式，我们有理由认为，多媒体是一种相对概念，每个时代都有不同的认定。传统舞台戏剧中，在导演的调度下多种元素并行加入舞台演出之中，但这些不同媒体或形式，只能算是平面上的组装和并列，是各个元素的偶遇和单向相加，意在使戏剧锦上添花，为人物的表演做出补充和说明。尽管较好地发挥了戏剧的综合性功能，产生的效果却是$1+1+1\leq3$，还不是严格意义上的多媒体戏剧。

由于作为一种特殊介质的影像对戏剧的介入，正悄然地改变着传统的戏剧舞台，更新着戏剧艺术的观念和形态。它拓展了戏剧艺术的自由空间，将传统意义上的戏剧形式带入一种全然有别的境界。视觉京剧《新白蛇传》，运用现代音乐剧的结构与节奏，强化京剧“唱、念、做、打”的综合表演艺术魅力，通过与多媒体影像、中国古典舞、杂技、交响乐等多种艺术元素的嫁接，形成极具艺术感染力的“音乐剧京剧”这一崭新的戏剧样式。把中国京剧艺术由传统延伸到一个全新的境界，给观众带来了极强的震撼力。如图1-12所示。

图1-12 视觉京剧《新白蛇传》剧照

（6）移动终端App产品设计

随着手持终端设备和移动互联网的发展，App以其便捷、迅速、可个性化定制推送等特点在信息服务和知识传播领域得到广泛应用。智能手机的App应用程序已经代替了个人电脑处理日常事务，比如个人信息管理、电子商务、多媒体应用和在线购物、银行交易、便民服务等。

《胤禛美人图》是故宫博物院发布的第一款iOS App应用，其功能是向大众介绍故宫的《胤禛美人图》。软件由中央美术学院交互设计实验室制作，以著名的清代工笔仕女图《胤禛美人图》为创作素材，开发了一款极具交互性的展示与科普平台。App主体是9幅《胤禛美人图》的立轴画卷展现，伴随着悠扬典雅的乐声，用户可以观赏《胤禛美人图》的作品细节。画面不但可以全屏观赏，也可以用"鉴赏"模式激活一个虚拟的放大镜进行细节观赏，每一幅图片还带有画面构图以及绘画的鉴赏文字，整个布局的应用程序脉络清晰，互动媒体辅助工具恰到好处，整体画面设计精美且有比较强的交互性。

该产品应用虚拟三维展示系统，画面中出现的重要文物旁边都有一个3D的小花标记在不断旋转和闪动，点击它们就能激活一个子页面，专门介绍画面中出现器物的背景资料——文字、图像、历史，甚至还带有全景360°的物体展示，充分展现了交互技术为现代电子读物带来的特殊阅读体验。

从学习的角度看，整个App的文案撰写非常到位，既介绍了美人屏风的所属出处，又有雍亲王胤禛的生平简介以及人物之间的关系，还有专家们对《胤禛美人图》的研究过程及点评。文字简洁易懂，符合普通用户的习惯。《胤禛美人图》的App应用既带来了耳目一新的用户体验，又是对传统文化新潮的推广手段，它体现了趣味的操作，多样的展示与呈现，细节的梳理和苛求，视听融合的交互方式，传统文化和现代技术的相结合，如图1-13所示。

（7）可穿戴智能交互

可穿戴技术是20世纪美国麻省理工学院媒体实验室提出的一项创新技术，利用该技术把多媒体、传感器和无线通信等技术嵌入人的衣着穿戴中，可支持语音、

图1-13 《胤禛美人图》的App产品界面

手势和眼动操作等多种交互方式。随着谷歌推出Google Glass后，可穿戴智能交互产品快速更新成为互动媒体产品设计的重要载体。有市场研究公司预测，预计2017年智能可穿戴设备年销量将从目前的1500万件增至7000万件。现有的智能可穿戴设备基本可以按照功能特点分为几大类：生活健康类、信息资讯类、体感控制类等；如果按照产品外型，则可以分为手表、手环、眼镜、挂件、衣物、鞋子、背包等不同类型。但也有一些产品综合了数项功能。

Google Glass是由谷歌公司发布的一款智能交互式眼镜，它具有和智能手机同样的功能，可以通过声音控制拍照、视频通话和识别方向，以及上网聊天、查询信息、处理文字信息和电子邮件等。Google Glass将集智能手机、电脑、GPS、相机于一身，在用户眼前展现实时信息，只要眨眨眼就能拍照上传、收发短信、查询天气路况等操作。让用户可以通过语音指令，拍摄照片，发送信息，以及实施其他功能。例如，如果用户对着谷歌眼镜的麦克风说："发出指令"，一个菜单立即在用户右眼上方的屏幕上出现，显示多个菜单和图标，用户可以拍照片、录像、使用谷歌地图或打电话。如图1-14所示。

诸如Jawbone Up 2腕带设备等生活健康类产品最主要的功能就是记录人体运

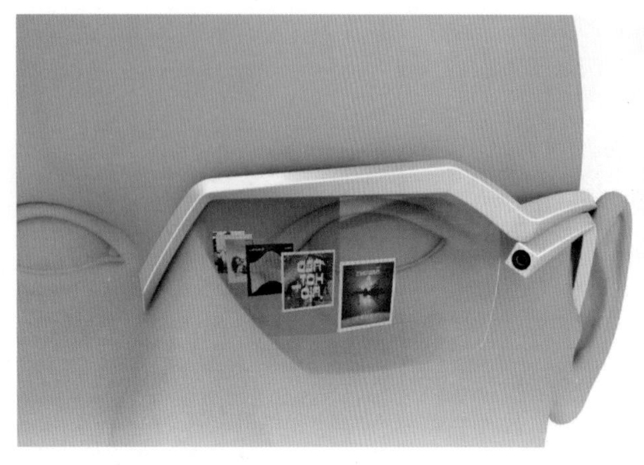

图1-14 Google Glass

图1-15 Jawbone Up 2腕带设备

动、睡眠、饮食等各种健康相关数据，通过配套的应用软件，帮助消费者调整作息规律，督促加强锻炼，实现健康生活。虽然这些产品外型差别巨大，但都带有GPS、陀螺仪、加速计等各种传感器，可以测出佩戴者的运动量、消耗热量等数据，并将数据传输到智能手机以及云端。如图1-15所示。

除了谷歌眼镜、智能手表计算器这些我们熟悉的设备外，还有其他一些智能交互穿戴设备，比如智能运动鞋、发光裙子、挂饰摄像头、键盘裤子、传感器智能服等。可穿戴设备能为人们提供即时的反馈信息，实现更好的人机交互体验，更深入地融入到每个人的日常生活中，改变人们的生活方式。可穿戴设备不仅是硬件，它还蕴含了其他的构想和希望。许多智能穿戴设备跟微信充分绑定，通过数据分享和讨论，让用户在微信上形成新的人际关系。可穿戴设备的趋势是智能穿戴设备主动去适应人，主动用人类习惯的方式去采集人的信息，然后学习记忆，以便更加适应人的需求。更适合穿戴、如何处理和手机的关系、智能化和实现最有效的信息交流将是未来可穿戴智能设备发展的趋势。

（8）360°幻影成像

360°幻影成像系统是指将三维画面悬浮在实景舞台中的半空中成像。由柜体、分光镜、射灯、视频播放设备组成，基于分光镜成像原理，通过对产品实拍后进行三维成像的后期处理，将拍摄的产品影像或产品的三维模型影像叠加进场景中，构成了动静结合的产品展示系统。简单来说，就是利用光学原理使影像在空中浮现，呈现立体效果。360°幻影成像是真正虚拟呈现3D的影像，可以从360°的任何角度观看影像的不同侧面，给人以视觉上的冲击，具有强烈的纵深感。产品与系统可以完全模拟一个真实人物，也可添加触摸屏实现与观众的互动。产品的呈现形式可做成全息幻影舞台、产品立体360°的演示、展览馆虚拟展示、真人和虚幻人同台表演、科技馆的梦幻舞台等。

360°幻影成像平台适合表现细节或内部结构较丰富的个体物品，比如车、表、首饰、数码产品、工业产品，也可表现人物、卡通等，给观众呈现物体完全浮现在空气中的感觉，具体尺寸可以根据客户的要求灵活设置。

幻影成像人物是通过事先制作好的场景与灯光、音响的配合，将拍摄好的人物影像通过全息投影技术原理融入场景之中表演节目的过程。“初音未来”是世界第一个应用全息技术的虚拟歌手，全息投影技术在音乐领域中得到越来越广泛的应用。2013年，周杰伦的“摩天轮”世界巡回演唱会上，幻影成像特效让“邓丽君”重登舞台。当《你怎么说》的前奏轻轻响起，一身白色旗袍的“邓丽君”从小巨蛋舞台的“雕花门庭”前缓缓升起，惟妙惟肖的虚幻影像如真人般缓缓走来，幻影可以随着歌曲起舞，更是带给观众一种真实的错觉。幻影成像人物的影像逼真，立体动感，经常应用于制作舞台特效，效果显著，尤其在这场周杰伦与邓丽君隔空对唱的表演中，将幻影成像效果展现得淋漓尽致。如图1–16所示。

图1–16　演唱会上隔空对唱的场景

1.5 互动媒体产品艺术设计发展的新趋势

（1）“大数据”的时代背景推动互动媒体产品设计向着更多的可能性发展

从设计发展的历史来看，设计活动的重心是随着社会生产力的发展而不断变化的。在农业占主导地位的时代，由于生产力水平的限制，设计与单件产品的加工是密不可分的，这个时候的设计以手工艺的形式出现。在以机器大工业占主导地位的时代，由于机器大生产极大地促进了社会生产力的发展，大量的产品被批量生产，原先的单件产品制作转变为设计出一个模型，进行大量的拷贝。

在信息社会，数字化的生活方式使人类进入了一个前所未有的生存状态。如何使信息得到有效的交换？如何使人们能够有效、快速、准确地获得信息？这些都是我们需要解决的问题。信息时代的设计活动集中在对信息的分析与处理上，我们已经悄无声息的进入到大数据时代，“大数据”（Big Data）是继云计算、物联网之后IT产业又一次颠覆性的技术变革。

由于互联网的出现及发展，大数据是信息数据带来的无法想象的爆发式增长的结果。大数据可能带来的巨大价值正渐渐被人们认可，它通过技术的创新与发展，以及数据的全面感知、收集、分析、共享，为人们提供了一种全新的看待世界的方法。从大数据时代给经济社会带来的改变来反思设计，很多设计也将基于数据和分析作出判断，而不再仅仅基于经验和直觉。

在互动媒体产品设计的最初环节，通常需要对市场进行调查和分析，了解消费者的消费需求、消费习惯、价值取向，以及存在的竞争因素等，以确定产品定位和把握设计方向，这在整个设计过程中至关重要。然而，在大数据时代企业或设计师可以通过对海量数据的提取和加工处理，来获得对市场现状的把握。这些工作今后将由专门的机构进行，数据科学家在具体指向的引导下，从茫茫数海中提取有用的数据，加以分析处理，最后得出相应的结论，从而协助设计师做出决策。大数据时代改变了过去市场调查的方式，调研方式由被动变为主动，主动挖掘海量数据中有用的信息，而被调查者则在日常使用互联网服务过程中自然而然的产生数据。通过对数据的处理，我们可以进行更为全面、细致、准确的分析，洞察大众物质、生理、心理需求、价值取向、生活观念的转变，从而可以从更高的视角去把握设计的走向。从这个意义上来说，整个设计领域都会或多或少受到“大数据”的影响。

对大数据时代的思考，会促进个人或社会间不同元素的能量交换。大数据时代的信息交互设计同样也为“美学城市”的构建、城市的优化升级提供条件，设计走向了前端，更具话语权和可能性，设计者的直觉和想象从关注设计技术层面逐渐转向人文关怀层面。

（2）产品设计围绕智能终端

物联网把物品与网络相连接，物与物之间、人与物之间就可以进行自由的信息交换和通信。而在云计算所支持的环境里，人们可以随时随地通过各种终端与网络连接，并进行信息的获取与处理。手持移动终端设备的便携性和智能性使之成为一个绝佳的终端，与其互动的电子产品纷纷出炉，比如松下、飞利浦公司都提出了智能“云家电”的概念，为洗衣机、电冰箱、微波炉和空调等家电装上无线通讯的模块，以实现通过手机进行远程的家电控制。福特公司也推出了汽车接受移动手持终端联系和操控的设计。虚拟现实技术将虚拟空间和物理空间结合在一起，扩展人们在真实空间中的感知和体验。

随着移动终端系统和硬件配置的完善，借助上述技术，人们不仅可以随时随地通过手机了解、控制真实世界中的物品，还可以借助移动终端打开通向虚拟世界的窗口，在它的观察区域中，所有内涵的信息都显露无遗。在未来，手机也可以植入人体，不仅能采集人体相关数据，还能辅助人们进行信息处理，调整部分身体机能。更为强大的感知系统结合新型材料，“智能”两个字已经无法涵盖未来互动媒体产品设计所具有的特征。在传统设计流程中，产品设计师的工作局限于对产品的功能、造型及其他与生产制造相关的内容，在物联网、大数据和虚拟现实技术的影响下，互动媒体产品设计必将转向服务设计，更加关注用户体验设计和城市生态的发展。

思考与练习

- 你如何理解交互设计？
- 上课期间，每天搜集一个优秀的互动作品案例，从正反方面进行剖析。
- 尝试用一些软件设计一套系统面板或图标，体会设计的一致性原则。
- 如何避免互动媒体产品设计中的认知负担？
- 大数据时代给我们的设计带来了怎样的思考？

第2章 案例学习

互动媒体产品编创软件应用

学习目标

通过本课程的学习，使学生具备胜任互动媒体产品设计类企业中互动媒体产品制作员、互动装置设计师和电子杂志设计师核心岗位及交互体验设计师、互动媒体光盘程序员等拓展岗位的基本专业能力，熟练掌握互动媒体编创软件的应用方法。通过学习，能够完成以下工作：

（1）了解互动媒体设计行业的动态、分类特点、行业广告行为习惯、客户需求特点及工作流程，能够对用户习惯和信息结构进行分析。

（2）初步掌握简单动画制作和交互快速实现方法，能较灵活地实现简单的交互方案。

（3）根据项目实际情况和客户要求，进行项目规划、总体框架设计、模块划分及选用优化的交互技术方案。

（4）了解ActionScript语言和Lingo语言编程原理，与程序员配合，为完成综合交互项目的开发奠定基础。

（5）能在同一平台上整合多种媒体。

学习重点

- 用ActionScript语言设计制作片头动画，并设计交互式导航。
- 运用行为和Lingo语言进行多媒体元素整合。

教学建议

以案例教学为主，通过典型的案例将每个知识点不断深入，循序渐进地掌握知识点。

学习建议

◎ 互动编创软件只是一个工具而已。

◎ 学会软件并不难，难的是真正做出作品。

◎ 不要试图掌握软件的每一个功能，熟悉和工作最相关的部分就可以了。

◎ 时常总结，学习自己和其他人在工作中的小窍门、技巧。

◎ 出现问题先自己分析，查看帮助，1个小时后没有结果再问别人。

◎ 学会使用搜索引擎，很多知识在网上可以轻松得到。

完成一部优秀的互动媒体产品，通常需要很多软件和硬件设备的相互配合，包括计算机、各种传感器、投影仪、编辑软件及一些载体的包装综合材料。本书介绍的主要应用软件有：

- PhotoShop、Illustrator等图形图像编辑软件，用于互动媒体产品界面设计
- Flash等动画编辑软件，用于片头片尾的动画及交互式导航设计
- Premire AfterEffects等视音频编辑软件，用于数字视音频处理
- Flash、Director等互动媒体产品编创平台，用于互动媒体产品整体交互整合

在互动媒体产品的设计制作过程中，需要以上软件相互配合共同完成，其中用于互动媒体编创平台的Flash、Director是产品设计的关键，本章将重点讲述。

2.1 Flash动画设计

Flash动画艺术设计主要是以Flash为主要表现手段，来完成一部既可以运行于互联网、又可以应用于本地设备和光盘的多媒体、动画作品。使用Flash这一交互式动画工具，可以将音乐、声音、动画及富有创意的界面融合在一起，创建基于网络流媒体技术的带有强大交互功能的矢量动画。由于Flash动画效果好、文件小、带有交互功能，因此，Flash应用领域非常广泛，不仅可以用来制作网络卡通动画，而且还可以用来制作MV音乐动画、交互式游戏、多媒体教学课件、网络广告，甚至用于完成动态网站页面。

在互动媒体产品艺术设计中，主要用Flash来设计制作产品的片头片尾动画及交互式导航设计。此外，Flash ActionScript语言与Director Lingo语言的强大互动功能也是将这两个软件放在一起讲述的原因。由于书中介绍的案例具有普遍性和广泛性，Flash以Flash Pro CS6为例，Director的版本以Director11.5为例，学习者的版本不做要求。需要说明的是，ActionScript3.0（以下简称AS3.0）已经成为交互程序员使用的主流Flash脚本语言，然而，AS3.0是面向对象的标准化脚本语言，它由JAVA衍生出来，所以它拥有JAVA的编写特点。

互动媒体艺术设计领域的从业人员有超过半数为设计专业出身，设计师对于交互程序的需求有别于程序员，目前市面上一些完全以讲解ActionScript3.0编程的书籍对于没有任何编程基础的设计师来说，并不完全适合。侧重艺术设计的初学者运用AS3.0快速实现交互设计构思有一定的难度，而AS2.0更适合设计师快速将交互设计的构思实现，进而冲破编程的瓶颈，最大限度地发挥设计师的设计创意。因此，本书在ActionScript脚本讲解方面分为两个板块，将互动媒体艺术设计产品中的常用动作归类，一个板块讲述AS2.0脚本的实现方法，用于设计师快速实现交互创意构思，完成交互demo展示。另一个板块讲述ActionScript3.0基本编程方法，让设计背景出身的读者对ActionScript3.0语法有基

本的了解，为项目实践中与程序员合作打下良好的基础。

2.1.1 Flash线性动画——补间动画

图2-1 创建新元件

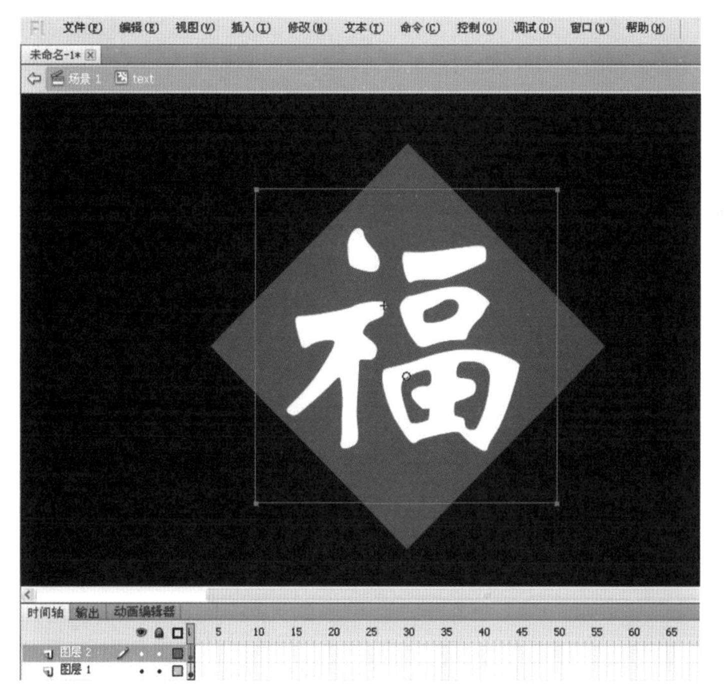

图2-2 编辑元件内容

实现效果

场景中的物体在位置、大小、旋转、色彩、滤镜属性之间的变化，以“福”字动画效果的处理为例。

操作步骤

（1）新建Flash场景文档，选择“插入”>“创建新元件”按钮，如图2-1所示。

（2）在新建元件舞台上绘制一个矩形，填充红色，并用旋转工具旋转45°，在新建图层上，用文本工具写上“福”字，调整其位置和大小，鼠标左键单击回到场景1。如图2-2所示。

（3）从库中将影片剪辑拖拽到场景1，并放置在屏幕左上角。如图2-3所示。

（4）选中40帧，鼠标右键单击【插入帧】，选中第1~40帧中间的任何一帧，右键单击创建【补间动画】。如图2-4所示。

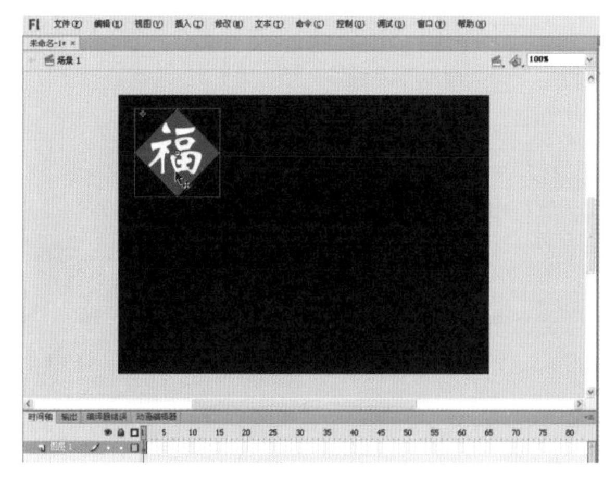

图2-3 编辑影片剪辑首帧位置

图2-4 创建补间动画

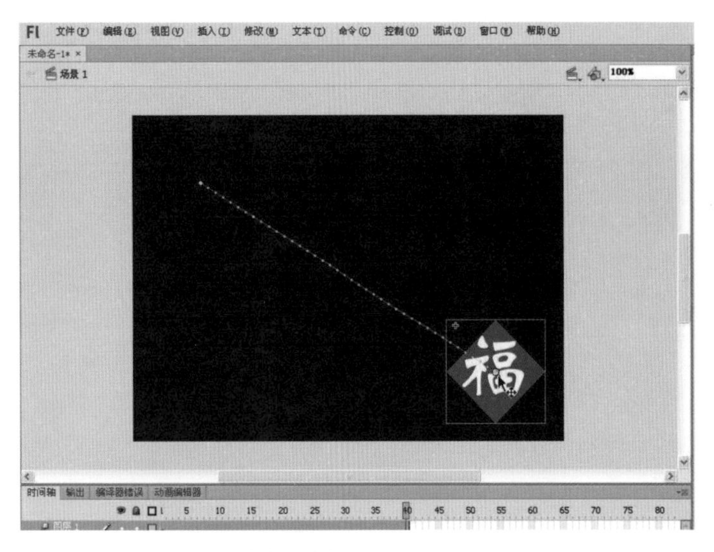

图2-5　调整补间动画尾帧位置及大小

（5）将鼠标放至40帧，移动影片剪辑至右下角，完成补间动画创建。如图2-5所示。通过缩放工具、色彩和效果属性、滤镜属性分别改变起始帧物体的大小、透明度、模糊值，可以实现物体在位置、大小、旋转、色彩、滤镜属性之间的变化。如图2-6、图2-7所示。

注意事项

补间动画要求补间之间的关键帧放置的必须是组合或元件。

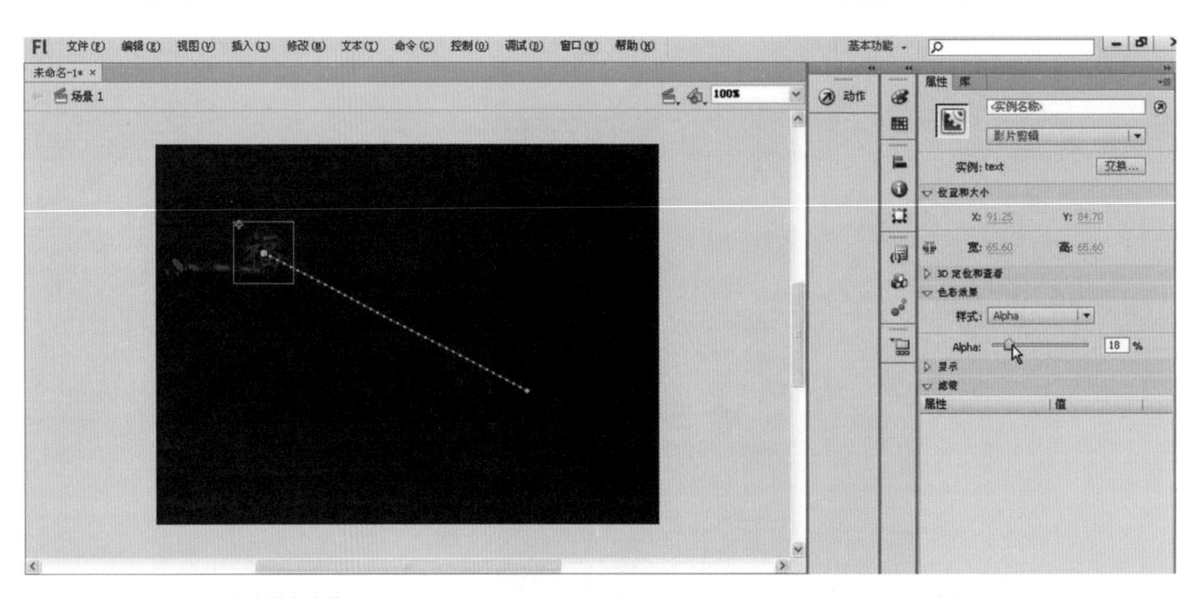

图2-6　调整补间之间的透明度变化

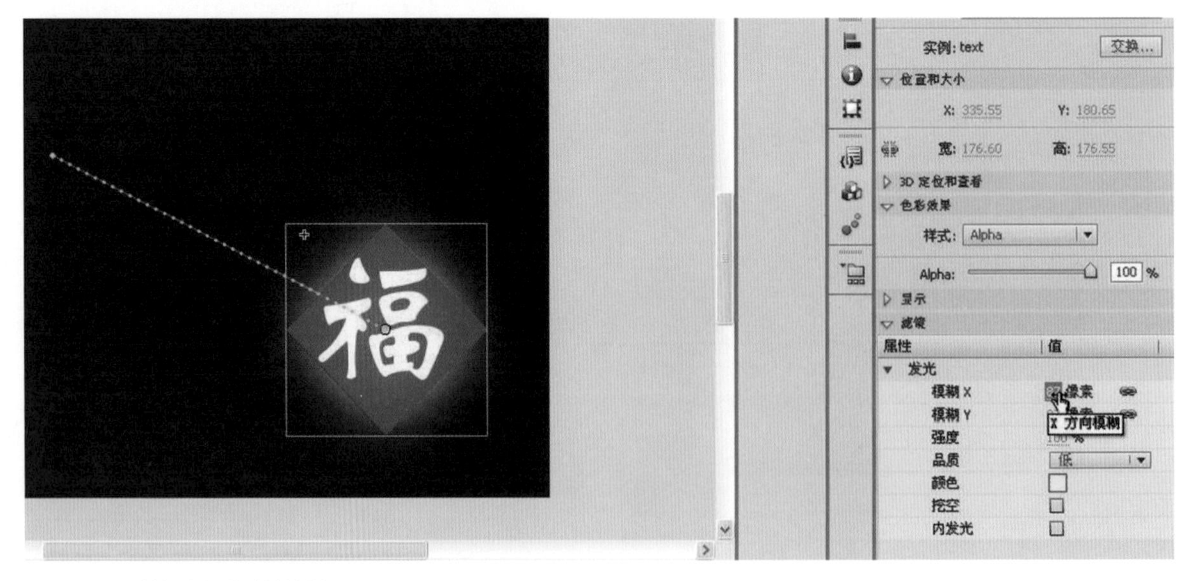

图2-7　调整补间之间的滤镜效果

2.1.2 Flash线性动画——补间形状

实现效果

场景中物体在位置、形状、色彩之间的变化。

操作步骤

（1）选择刷子工具，将笔刷调整为圆形，调整笔刷大小，选取低纯度、低明度的色彩用刷子工具在场景中画出繁星。如图2-8所示。

（2）选择第40帧，鼠标右键单击选择【插入空白关键帧】。如图2-9所示，选取刷子工具，选择黑色至蓝色放射状放射，在天空中画出繁星。

（3）选中第1~40帧中间的任何一帧，右键单击【创建补间形状】。完成补间形状动画创建。如图2-10所示。

（4）通过调整关键帧上物体的大小、位置、填充色，可实现场景中物体在位置、形状、色彩之间的变化。

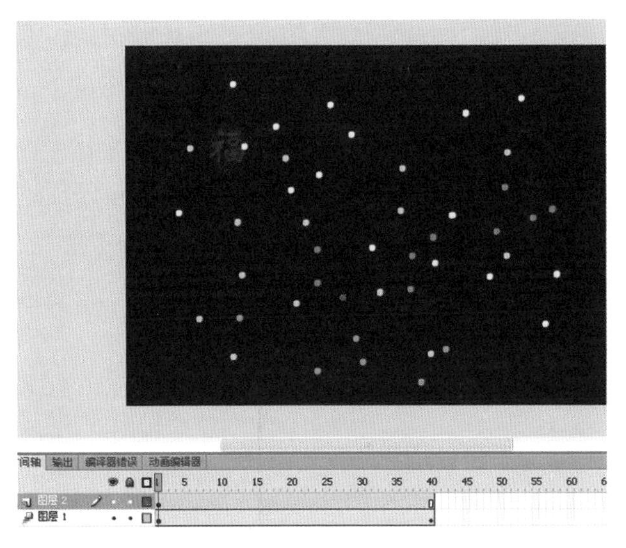

图2-8　场景中画出繁星

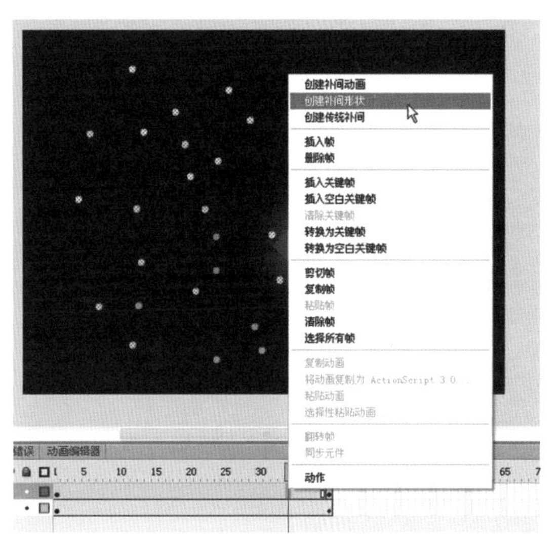

图2-9　在40帧处插入空白关键帧

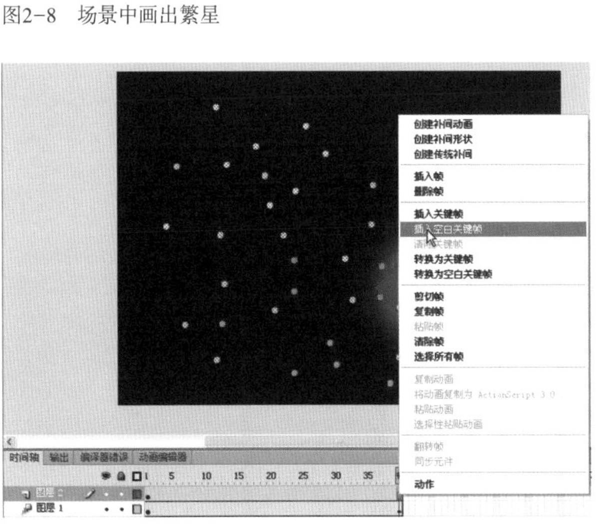

图2-10　在第1~40帧之间创建补间形状

注意事项

补间形状求补间之间的关键帧放置的必须是形状，鼠标左键单击后呈现点状，如关键帧上放置的是文字、元件或组合，必须选择【修改】菜单下的【分离】之后，才可以创建补间形状。

2.1.3 Flash线性动画——引导层动画

实现效果

引导层动画由引导层和被引导层组成，引导层的线条轨迹引导被引导层上补间动画运动轨迹。

操作步骤

（1）在场景1中，画出蓝色线性渐变背景，新建影片剪辑，在影片剪辑中绘制黄色星星。回到场景1，新建一层，将影片剪辑星星放在新图层上。如图2-11所示。

（2）在背景层第50帧插入帧，在图层星星的第50帧处，鼠标右键单击，选择【插入关键帧】。如图2-12所示。

（3）选择星星图层第1~50帧之间的任何一帧，右键单击【创建传统补间】。调整首尾帧星星的位置，确定首帧处于屏幕上方，尾帧处于屏幕下方。如图2-13所示。

（4）选中星星图层，鼠标右键单击，选择【添加传统运动引导层】。如图2-14所示。

（5）在新建的引导层上，选取铅笔工具，选择与画面背景对比度较强的色彩，将铅笔的属性改为【平滑】，在场景中绘制引导线，保证引导线的流畅性与闭合性。如图2-15所示。

（6）分别选取星星图层的首尾帧，将首尾帧的星星影片剪辑的中心点吸附在引导线上。如图2-16所示。

图2-11 将影片剪辑星星放在新图层上

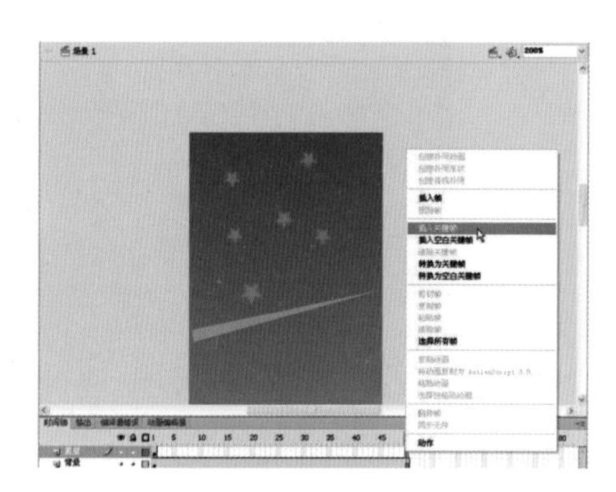

图2-12 第50帧处插入关键帧

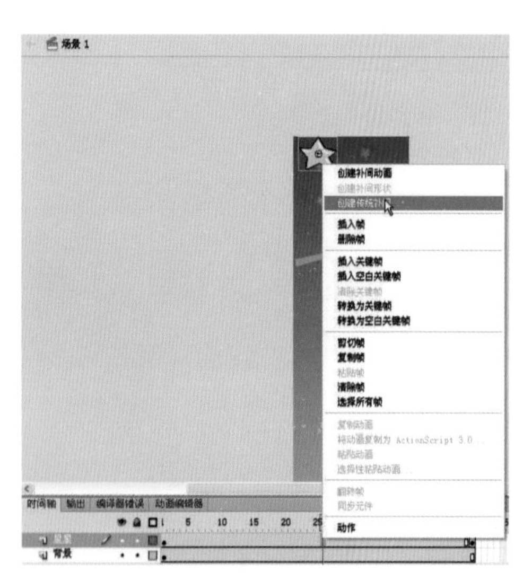

图2-13 选中第1~50帧创建传统补间

图2-14 添加引导层

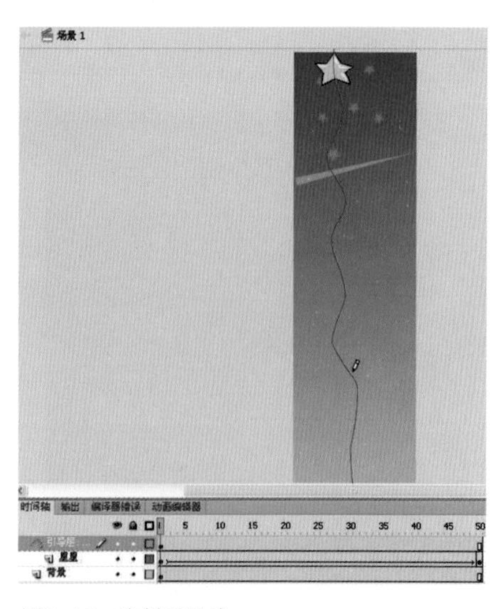

图2-15 绘制引导线

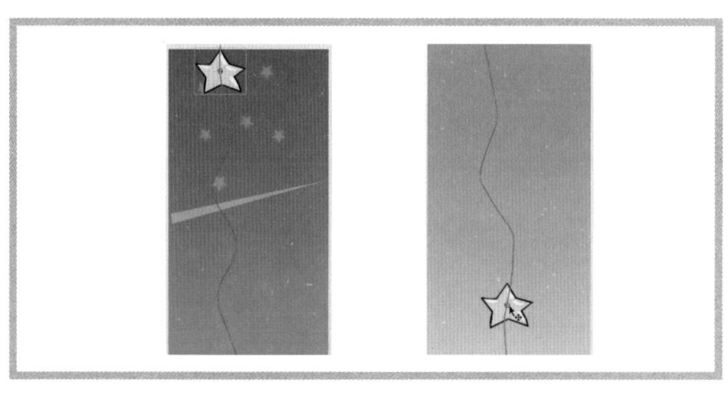

图2-16 中心点对齐引导线

注意事项

◎ 实现引导层动画，首先保证补间之间是“补间动画”或“传统补间”。

◎ 在创建补间动画的情形下，不用单独添加【传统运动引导层】，可直接在补间之间选取锚点进行引导线的曲度操作。

2.1.4 Flash线性动画——遮罩层动画

实现效果

通过设置遮罩层及其关联图层中对象的位移、形变来产生一些基于外形、色彩遮罩的动画效果。

图2-17 绘制矩形

形状遮罩主要操作步骤

（1）新建Flash文档，在图层1中输入文本，并在第30帧处，鼠标右键单击【插入帧】，新建一层。在新建的图层上，用矩形工具在文本的左边画出矩形，如图2-17所示。在第25帧处【插入关键帧】，将矩形覆盖整个文本，选中第1~25帧之间的任何一帧，鼠标右键单击【创建补间形状】，如图2-18所示。在第30帧处，选择【插入帧】。

（2）将鼠标移至【图层2】，右键单击选择【遮罩层】，即可完成遮罩层动画创建。如图2-19所示。

图2-18 创建补间形状

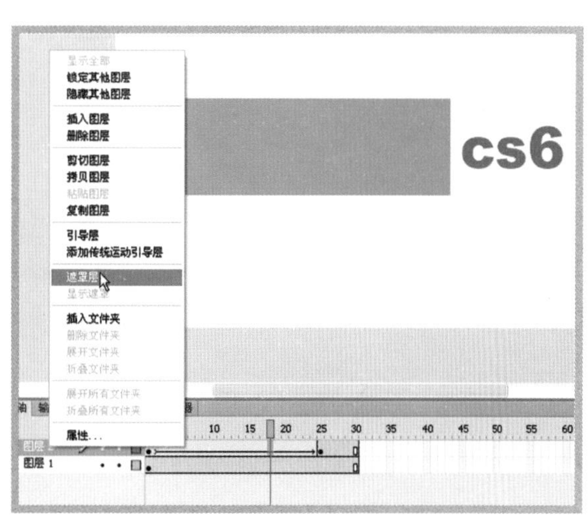

图2-19 遮罩层动画创建

说明 以上操作是针对被遮罩物体的外形，如果想修改物体的填充色，可以做遮罩处理。主要操作步骤如下：

（1）修改背景色为黑色，在图层1中输入文本，并在第30帧处鼠标右键单击【插入帧】，新建一层。在新建的图层上，用矩形工具在文本的左边画出矩形，将矩形填充为彩色渐变。如图2-20所示。

（2）在第25帧处点击【插入关键帧】，将矩形覆盖整个文本，选中第1~25帧之间的任何一帧，鼠标右键单击【创建补间形状】，并在第30帧处选择【插入帧】。如图2-21所示。

（3）将图层1移至顶层，鼠标右键单击，选择【遮罩层】即可完成遮罩层动画创建。

图2-20 画出彩色渐变矩形

图2-21 创建补间形状

小结

遮罩层动画由遮罩层与被遮罩层组成，如图2-22所示。用文字来遮罩色彩变化丰富的图像，可以实现文字填充色变化多样的效果。如图2-23所示。遮罩层的原理很简单，需要学习者融会贯通，活学活用，本书在后面的综合案例应用中，附有遮罩综合应用案例的讲解。

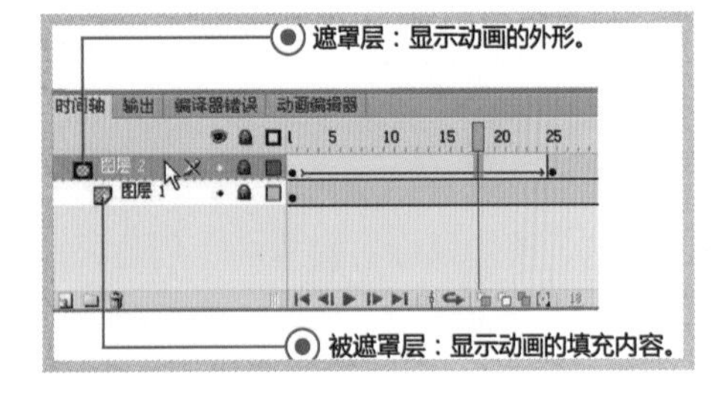

图2-22 遮罩动画层之间的显示原理

图2-23 其他文字遮罩效果

2.1.5 Flash线性动画——骨骼动画

实现效果

Adobe Flash CS4 之后的版本提供了一个全新的骨骼工具，可以很便捷地把元件连接起来，形成骨架。你可以把骨架应用于一系列影片的剪辑上，可以通过在不同的时间把骨架拖到不同的位置来操纵它们，从而形成灵活的骨骼动画，经常应用于动物或人物某一重复动作的动画应用中。

操作步骤

（1）创建一个新的Flash文档，并选择ActionScript 3.0。骨骼工具只和AS 3.0文档配合使用。如图2-24所示。

图2-24　在“新建文档”面板中选择ActionScript 3.0文件

（2）选择【插入】【新建元件】【影片剪辑】，在新创建的影片剪辑中绘制矩形，从库中将新创建的影片剪辑拖拽至场景1中，复制4个影片剪辑。如图2-25所示。

（3）把这些对象连接起来创建骨架。在工具面板中选择骨骼工具（）。如图2-26所示。

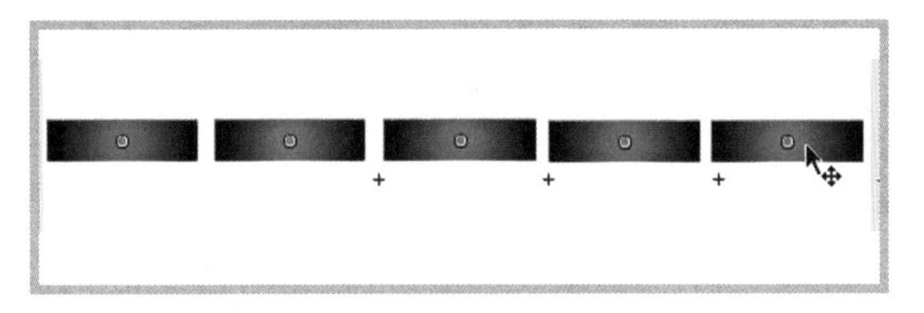

图2-25　水平对齐的5个影片剪辑

（4）鼠标左键单击自左而右添加骨骼，直至把所有影片剪辑都链接起来。如图2-27所示。

（5）在工具面板上选择选取工具，并拖动链条中的最后一节骨骼。通过在舞台上拖动它，整个骨架就都能够实时控制了。如图2-28所示。

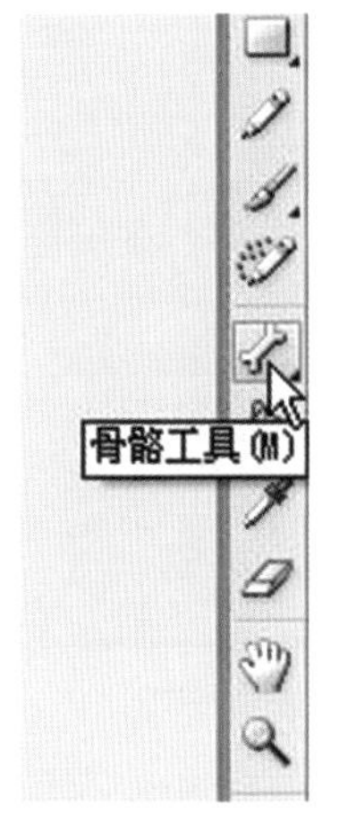

图2-26　工具面板中的骨骼工具

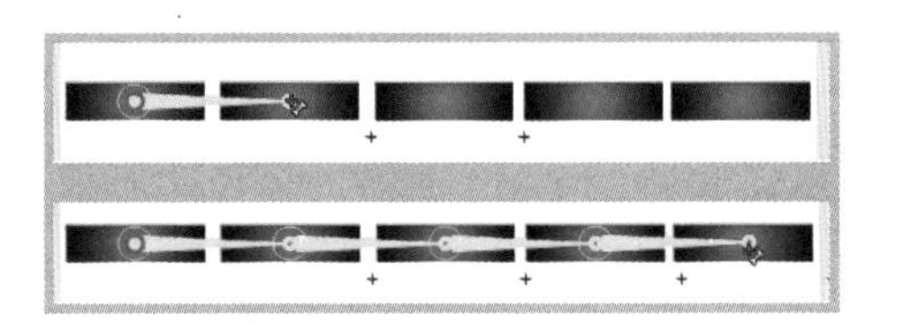

图2-27　为影片剪辑添加骨骼

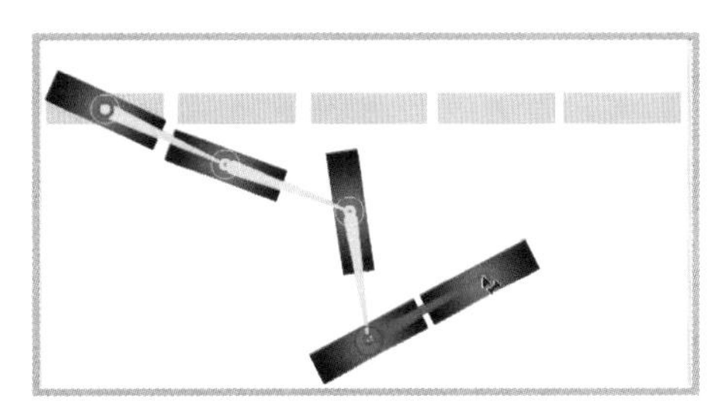

图2-28　控制骨骼

（6）通过鼠标右键单击【插入姿势】，调整关键帧动作。如图2-29所示。关键帧的动作设定完成后，鼠标右键单击，选择【转化为逐帧动画】完成骨骼动画创建。如图2-30所示。

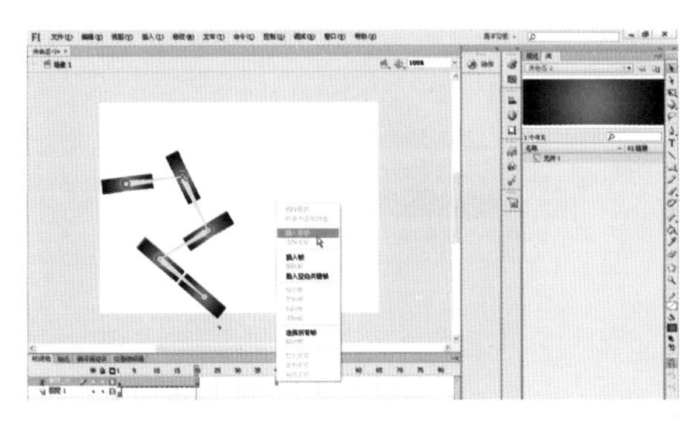

图2-29　插入姿势

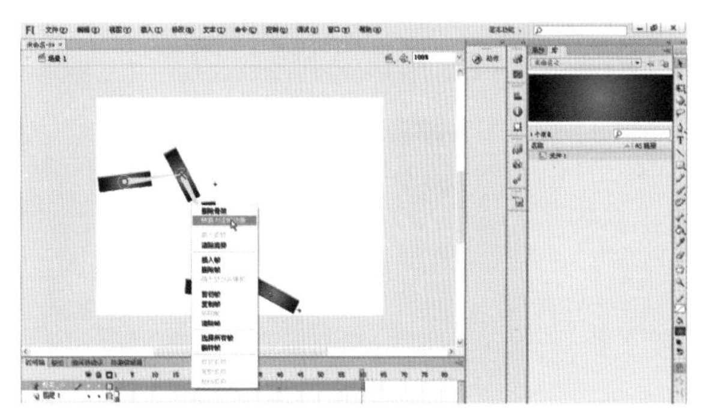

图2-30　转化为逐帧动画

2.1.6 Flash线性动画综合应用案例1：汽车新品发布网络广告

情景化描述

本实例是一则汽车动画广告。首先，一辆汽车从风景如画的金色树林之外缓慢开到树林前，然后加速开过这片树林。汽车进入画面和离开画面的节奏较快，经过画面中间时，动画节奏较慢，此时起到展示作用。

学习重点

- 熟练使用补间动画效果制作汽车的滑动效果。
- 利用Flash的缓动效果制作加速度及减速度的效果。
- 熟练使用影片剪辑和影片剪辑之间的套用关系。
- 图像之间的对比形成视觉运动效果的学习。

制作流程

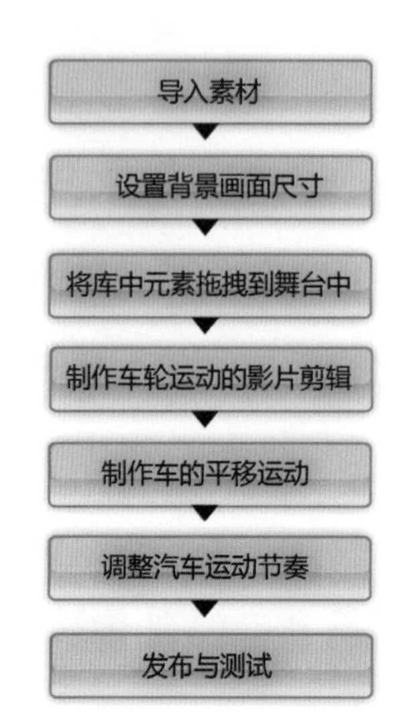

操作步骤

步骤1　导入素材

（1）鼠标选择【文件】>选择【导入到舞台】或者选择直接【导入到库】的选项，如图2-31所示。

（2）在弹出的对话框中选择需要素材，如图2-32所示。

步骤2　设置背景画面尺寸

（1）将库中的【images4.jpg】设置为893×270像素，设置为背景的尺寸，如图2-33所示。

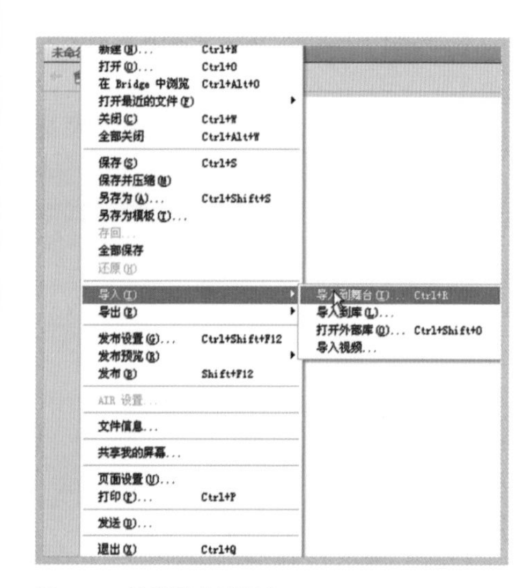

图2-31　选择导入到舞台

图2-32　选择需要素材

图2-33　【images4.jpg】直接拖拽到舞台中

（2）用鼠标单击舞台中的空白区域，在打开属性栏【属性】选项卡中，单击【编辑】按钮。如图2-34所示。

图2-34　属性设置单击【编辑】按钮

图2-35　文档属性对话框中设置尺寸

（3）在弹出的【文档属性】对话框中，将尺寸设置为893×270像素，如图2-35所示，并将属性栏中的位置和大小设置x值为0、y值为0。

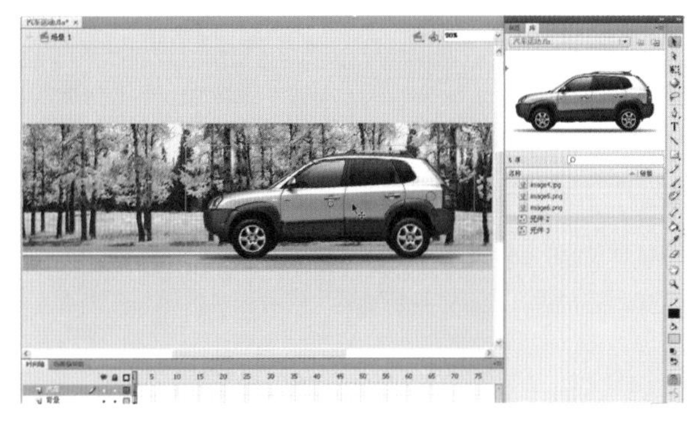

图2-36　图像元件【元件2】拖拽到新建图层之上

步骤3　将库中元素拖拽到舞台中

在时间轴上将原来背景的图层名称更改成背景的名字，以便更好的管理图层。将【元件2】拖拽到场景1中，如图2-36所示。

图2-37　选择【转化为元件】的选项

步骤4　制作车轮运动的影片剪辑

说明　车轮是要和车一起运动的，所以我们将汽车和车轮要做在一个影片剪辑中，将车的元件转化为影片剪辑。

（1）将鼠标右键点击车的元件，在弹出的对话框中选择【转化为元件】的选项；在弹出的对话框中，将元件的类型转化为【影片剪辑】，名称改成“汽车运动”的字样，以便记录。如图2-37、图2-38所示。

图2-38　将元件的类型转化为【影片剪辑】

（2）双击打开影片剪辑，进入内部。为了让车轮能旋转一周360°，将要把车轮转化为影片剪辑。鼠标右击车轮的元件，在弹出的对话框中选择【转化为元件】的选项；在弹出的对话框中，将元件的类型转化为【影片剪辑】，名称改成“车轮”的字样，以便记录。如图2-39、图2-40所示。

图2-39 车轮的元件拖拽到舞台中

（3）制作车轮转动。用鼠标左键双击车轮影片剪辑，进入内部，然后在第20帧位置，插入关键帧，在第1~20帧之间创建补间动画。第1~20帧之间，鼠标右键在弹出的菜单中选择【创建补间动画】选项；打开属性栏，会显示补间动画选项，选择方向旋转为【顺时针】，如图2-41、图2-42所示。

（4）将转动一个车轮元件复制

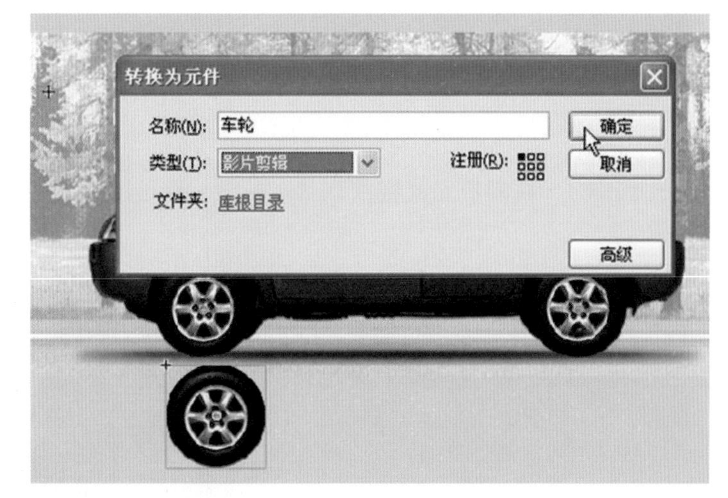

图2-40 修改影片剪辑名称

图2-41 在弹出的菜单中选择【创建补间动画】

图2-42 选择方向旋转为【逆时针】

到“车”位置上层，然后鼠标单击舞台中左上角场景1的按钮，回到场景1中，按 Ctrl+Enter，测试画面，这时，两个车轮会同时转动，如图2-43、图2-44所示。

（5）制作车的平行运动。

① 首先，将全部车的运动时间定为90帧的内容。

② 在90帧位置插入帧，右键选择【插入帧】选项或者使用快捷键【F5】来延长时间轴内容。

③ 在第30、60、90帧位置【插入关键帧】，如图2-45所示。

④ 选中第1~90帧之间的内容，选择创建【传统补间动画】选项，如图2-46所示。

⑤ 将第1帧的内容移动到画面的右边，在属性栏中，位置和大小中的x设为900，就可以达到此位置，如图2-47所示。

图2-43　车轮元件复制到车位置上层

图2-44　Ctrl+Enter测试画面

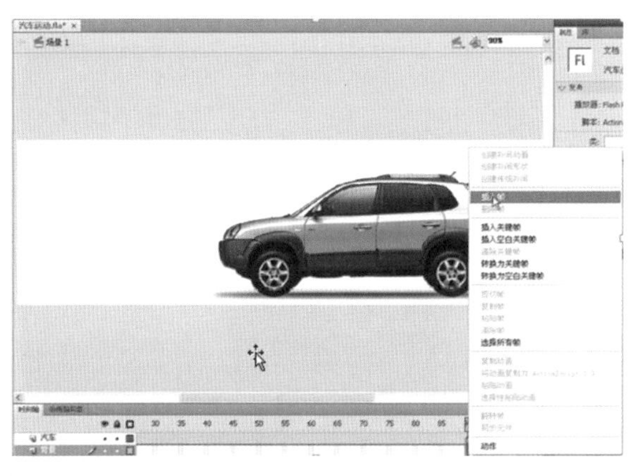

图2-45　鼠标右键选择【插入帧】

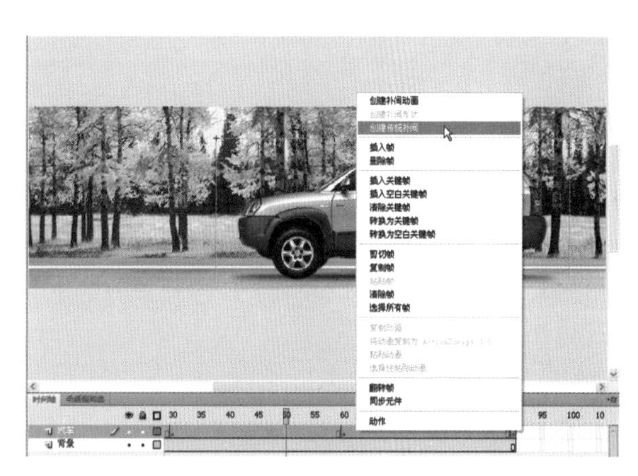

图2-46　鼠标右键选择创建【传统补间动画】

图2-47　属性栏中位置和大小的x设为900

说明 为了使汽车能快速进入画面，可以从两个方面来操作：一是在相同时间轴中来操作舞台中的距离；二是利用缓动来调节加速度和减速度。

⑥ 在第30帧位置调节至背景右侧，第60帧位置调节至背景左侧，在属性栏中设置x为87，如图2-48所示。

⑦ 第90帧位置调节至画布左侧，在属性栏中设置x为-557，如图2-49所示。

（6）调整汽车运动节奏。

说明 为了使汽车运动更符合运动规律，我们将在第1~30帧的位置设置减速度，让车自然停下来进入画面；然后，在第60~90帧的位置设置加速度，让车快速起步到画面之外，符合汽车运动规律。

① 在第1~30帧的位置，打开属性栏，在补间一栏选中【缓动】，将值数设置为100，表示越来越慢，如图2-50所示。

② 在第60~90帧的位置，打开属性栏，在补间一栏选中【缓动】，将值数设置为-100，表示越来越快，如图2-51所示。

图2-48 第60帧的位置调节在背景的左侧

图2-49 第90帧的位置调节在画布的左侧，在属性栏中设置x为-557

图2-50 属性栏的补间一栏，选中【缓动】，将值数设置为100，表示越来越慢

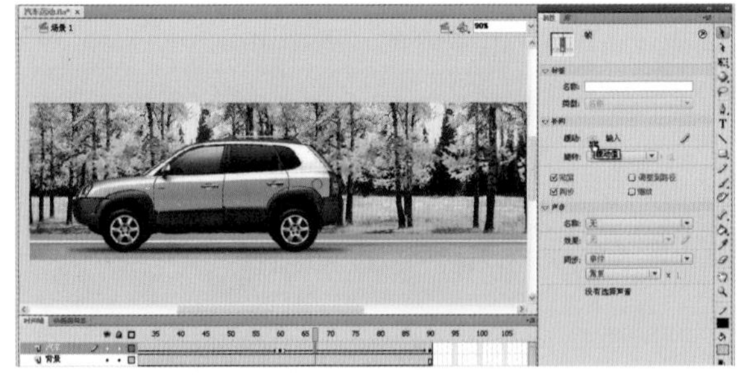

图2-51 属性栏的补间一栏，选中【缓动】，将值数设置为-100，表示越来越快

（7）测试与发布。

按 Ctrl+Enter 快速测试画面效果，由于时间轴跟车轮速度有区别，所以要依靠视觉上的感受来调节车轮的速度，可以将车轮旋转的速度稍微调节慢点或者延长车轮时间轴等方法达到理想效果，如图2-52所示。

图2-52 调节车轮的速度

活学活用

本实例为网络广告类案例，可采用相近的制作方法，设计制作出新产品发布广告及片头片尾动画。

现场创作实训

设计制作个人网站片头动画

创作要求

◎ 符合动画运动规律。
◎ 画面色调协调统一。
◎ 动画寓意表达准确。
◎ 有效地传达出产品特点。

2.1.7 Flash线性动画综合应用案例2：青蛙骑车动画

情景化描述

利用“骨骼绑定工具”快速制作出青蛙的上肢和下肢，制作仿人物骑车的动作艺术效果，利用“创建补间动画”及“缓动”功能快速制作出自行车车轮的自然转动（图2-53）。

图2-53　青蛙骑车效果图

学习重点

⊙ 熟练掌握并使用工具栏中的绘画工具

⊙ 熟练掌握颜色嵌入图像的纹理效果

⊙ 熟练使用影片剪辑之间的套用关系

⊙ 熟练使用工具栏中骨骼动画工具并制作动画

制作流程

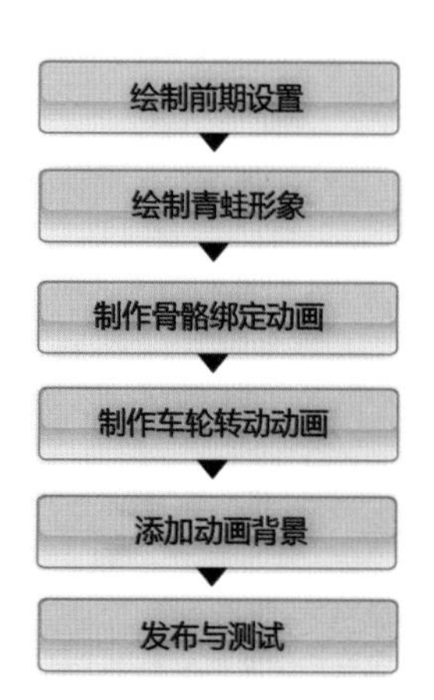

操作步骤

步骤1　绘制前期设置

新建场景时要选择【Flash文

图2-54（1） 选择【Flash文件（ActionScript3.0）】文档

图2-54（2） 文档属性对话框中设置720×576像素比

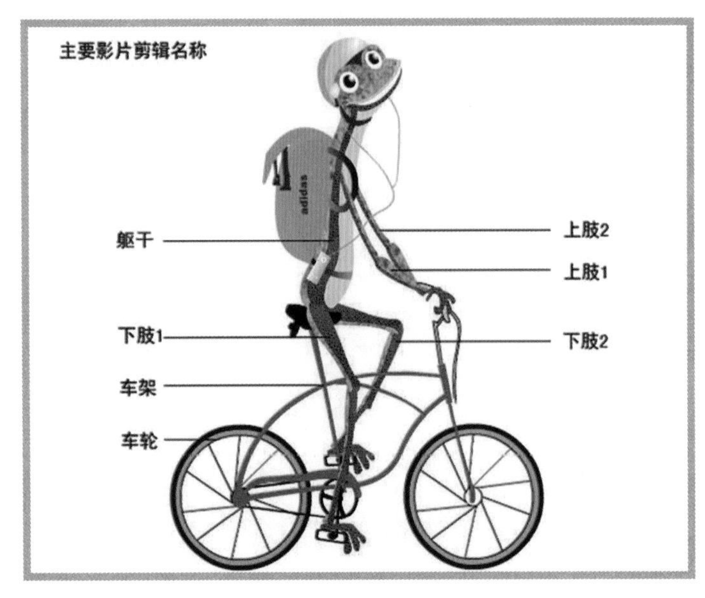

图2-55 将自行车和青蛙放在一个影片剪辑中（最终效果）

件（ActionScript3.0）】文档，只有Flash文件才能支持骨骼工具和绑定工具功能，如图2-54（1）所示。

选择【修改】>【文档属性】，弹出“文档属性”对话框中设置720×576像素比，如图2-54（2）所示。

步骤2 绘制青蛙形象

（1）制作青蛙骑车的影片剪辑。

为了将整个青蛙和自行车融为一体，以便更好地修改和添加其他辅助内容，所以将两者放在一个影片剪辑中，如图2-55所示。

① 选择【插入】>【新建元件】，如图2-56所示。

② 在弹出的对话框中，将类型选择【影片剪辑】名称设置为“青蛙骑车”，其他【图形】元件和【按钮】元件不能进行动画播放，如图2-57所示。

图2-56 选择【插入】菜单中的【新建元件】

图2-57 将类型选择【影片剪辑】

（2）制作局部影片剪辑动画。

完成“青蛙骑车”影片剪辑制作后，将要进入“青蛙骑车”影片剪辑内部建立各个局部的关节绘制。如图2-58所示。

将“青蛙骑车”内部分为三个部分来绘制，为了后面更好地调节层关系，以自行车为中间层，分为“青蛙骑车前”“自行车”“青蛙骑车后”三个影片剪辑，分别依次安排在三个层，如图2-59~图2-61所示。

（3）制作青蛙骑车前（影片剪辑）。

制作“青蛙骑车前”影片剪辑的内容分为三个部分来绘制出“青蛙骑车前”的局部影片剪辑组合。

图2-58　青蛙骑车前（影片剪辑）

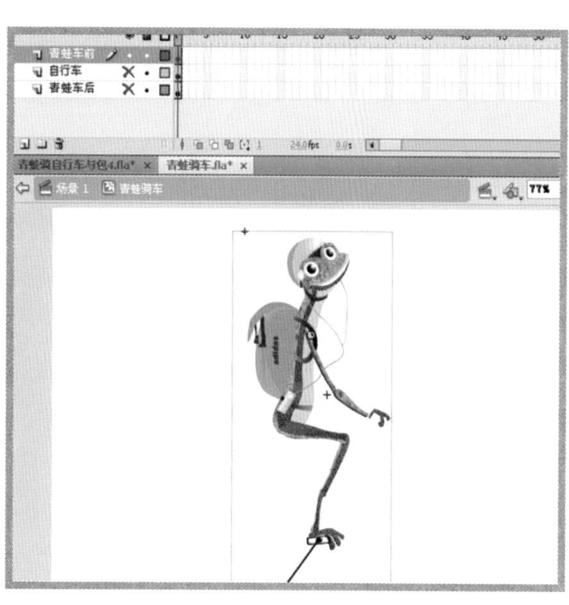

图2-59　青蛙骑车前（影片剪辑）放在时间轴的最上层

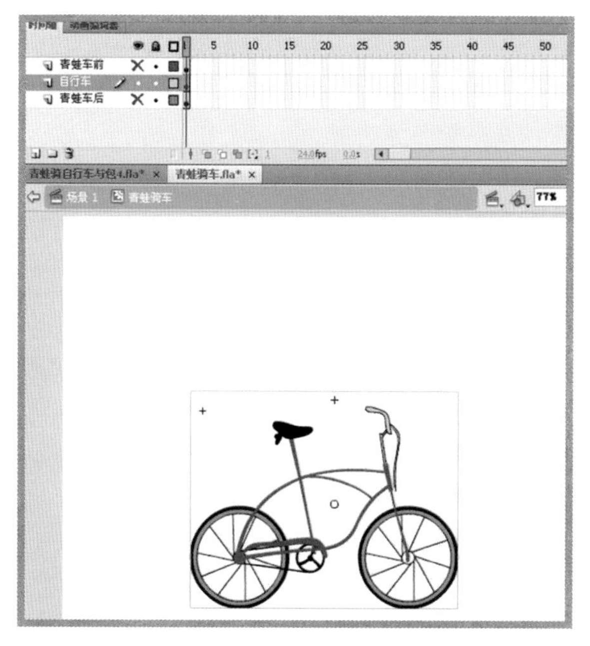

图2-60　自行车（影片剪辑）放在时间轴的中间层

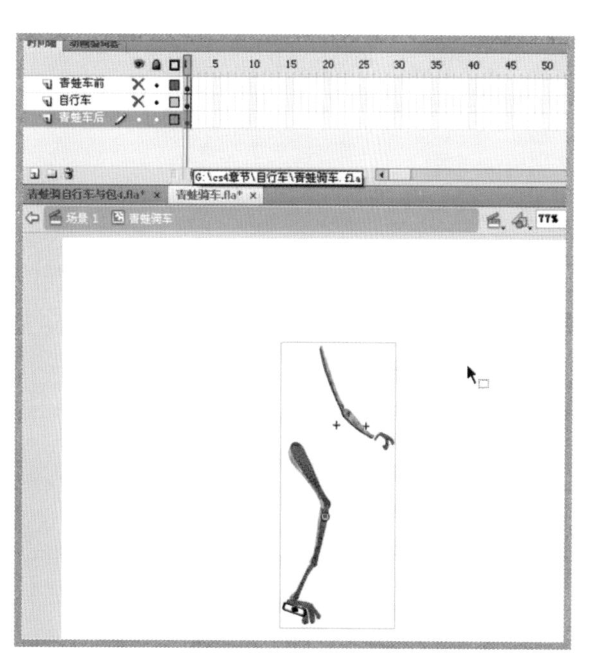

图2-61　青蛙骑车后（影片剪辑）放在时间轴的最下层

①【青蛙躯干】部分影片剪辑，如图2-62所示。

②【青蛙下肢1】影片剪辑，如图2-63所示。

③【青蛙上肢1】影片剪辑，如图2-64所示。

（4）青蛙躯干部分影片剪辑。

① 绘制出【青蛙躯干】影片剪辑的部分内容，利用工具栏中的钢笔工具或者铅笔工具（其他的绘制工具也可），将青蛙部分躯干从舞台中绘制出，如图2-65、图2-66所示。

说明 为了让青蛙更具有艺术效果，可将局部加入艺术贴图的处理。

② 选择【文件】>【导入到库】选项，如图2-67所示。

③ 从弹出对话框中打开艺术贴图，选择相应的颜色部分，如图2-68所示。

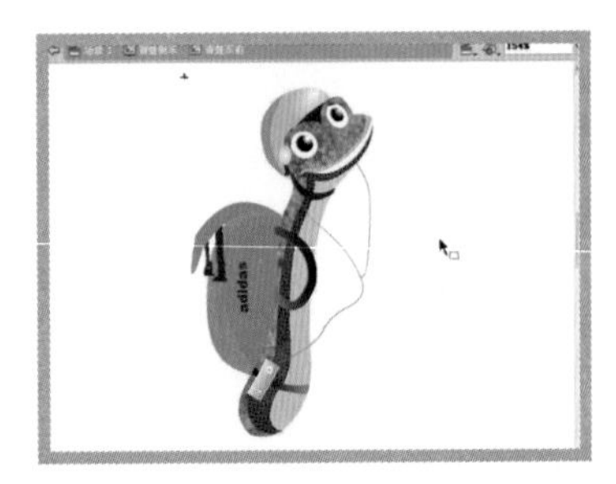

图2-62 【青蛙躯干】部分影片剪辑

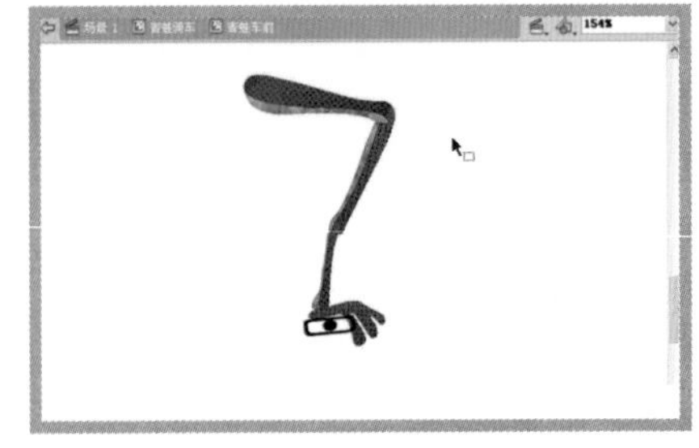

图2-63 【青蛙下肢1】的影片剪辑

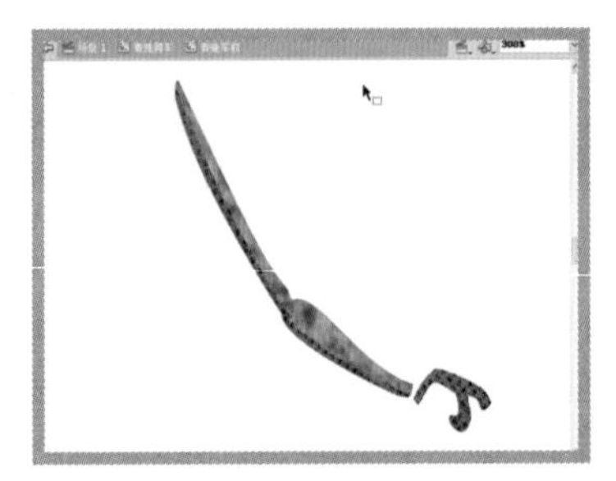

图2-64 【青蛙上肢1】的影片剪辑

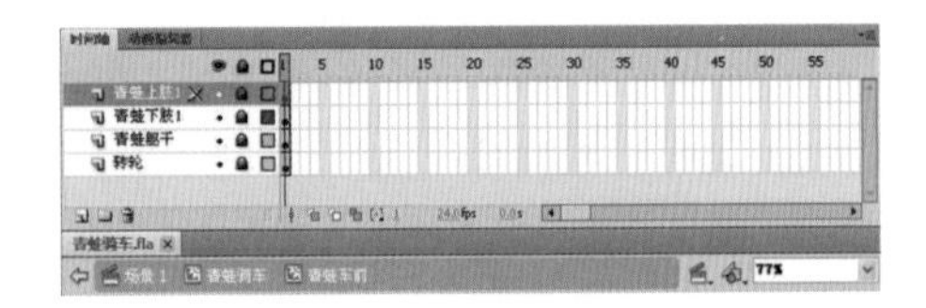

图2-65 时间轴中三个部分的排列次序

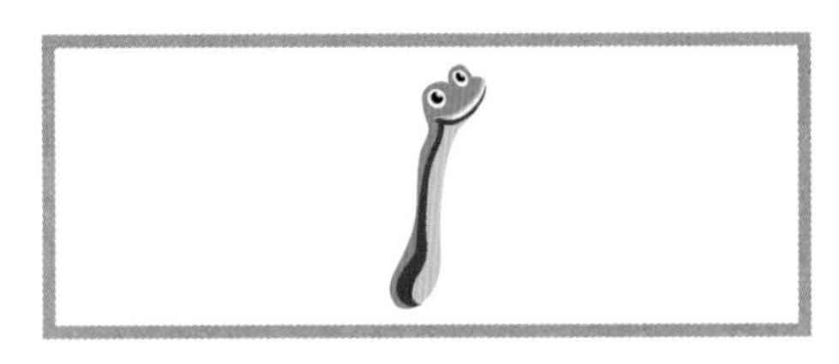

图2-66 将青蛙的躯干部分在舞台中绘制出

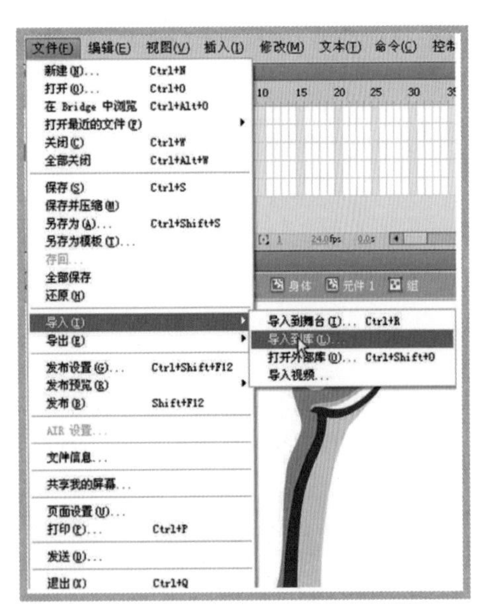

图2-67 【文件】菜单下的【导入到库】

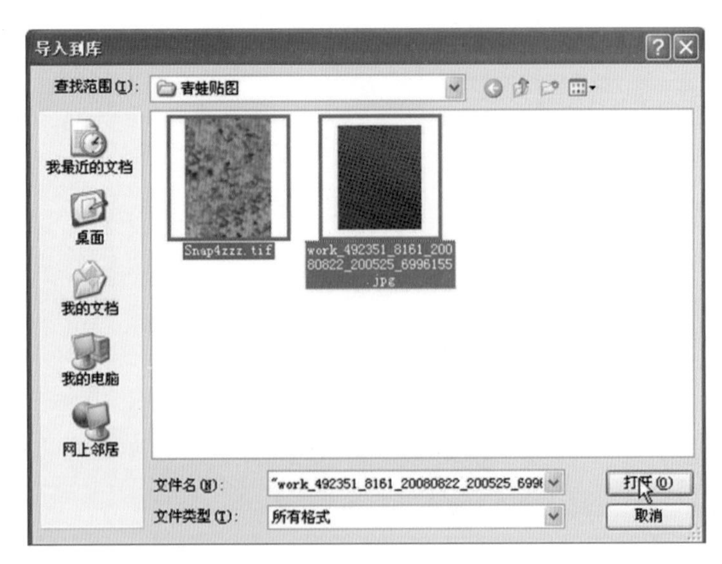

图2-68 选择所给的艺术贴图

④ 打开颜色面板，将类型改为【位图】，并选择相应贴图，如效果图2-69、图2-70所示。

⑤ 绘制出青蛙的头帽、书包、MP3、耳机等效果辅助图形，在绘制时注意各个图形之间的协调性以及颜色的统一性，达到整体的协调与统一，如图2-71~图2-73所示。

（5）【青蛙下肢1】部分影片剪辑。

绘制出【青蛙下肢1】部分内容的影片剪辑元件，这一部分将进行重要的骨骼绑定功能，在绘制时，一定要注意各个关节的独立性，每绘制一个关节都要将其转化为影片剪辑，为了使其与躯干部分风格统一，将其贴入艺术贴图，如图2-74所示。

（6）【青蛙上肢1】部分影片剪辑。

此步骤同【青蛙下肢1】部分的影片剪辑，如图2-75所示。

（7）制作自行车（影片剪辑）。

由于自行车是在影片剪辑【青蛙车前】的下层，所以将制作在它的下层绘制，自行车不仅仅是一个图形，还是一个能动的影片剪辑，将自行车分为影片剪辑【车架】和影片剪辑【车轮】分别来绘制，如图2-76~图2-78所示。

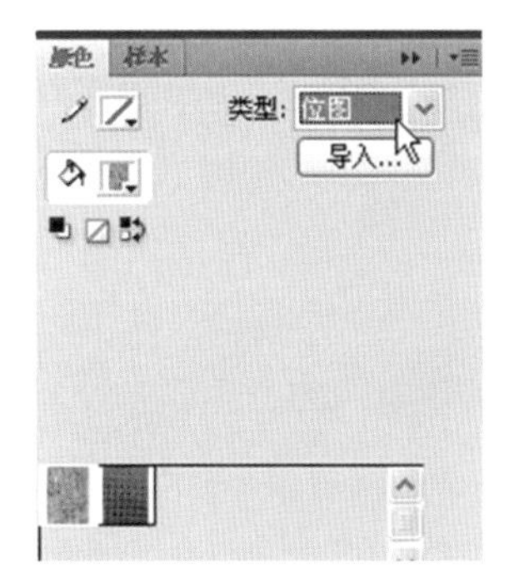

图2-69　将类型改为【位图】

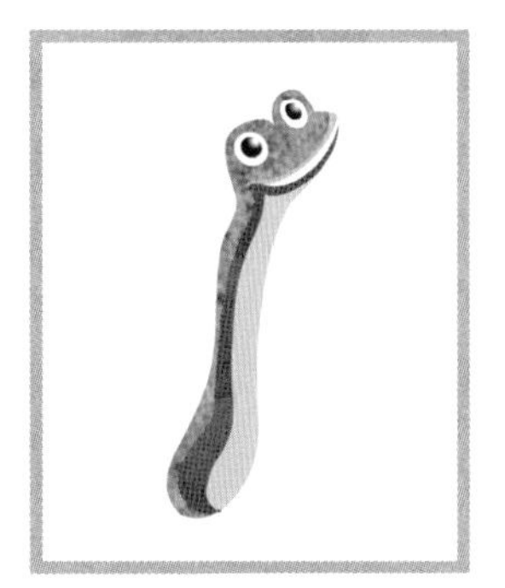

图2-70　加入贴图的效果图

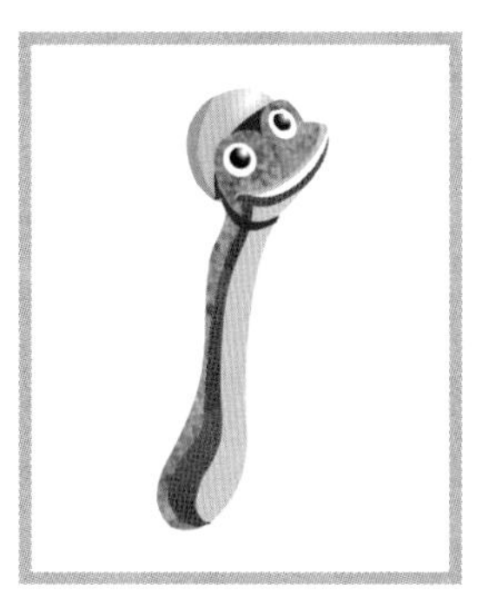

图2-71　绘制出青蛙的头帽

图2-72　绘制出青蛙的书包

图2-73　绘制出青蛙的MP3、耳机

图2-74　青蛙下肢组合效果图

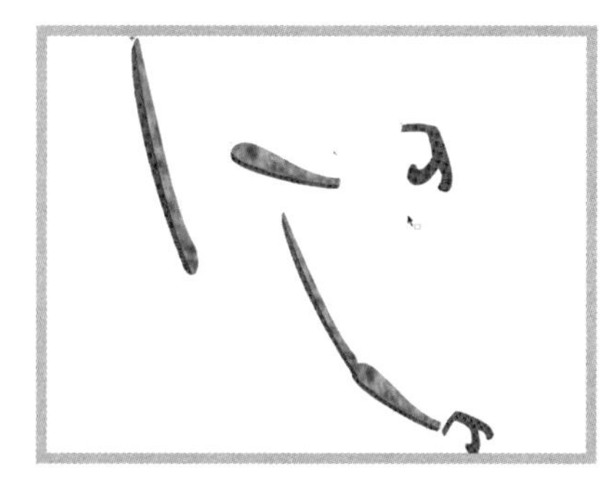

图2-75　青蛙上肢组合效果图

图2-76　影片剪辑【自行车】效果图

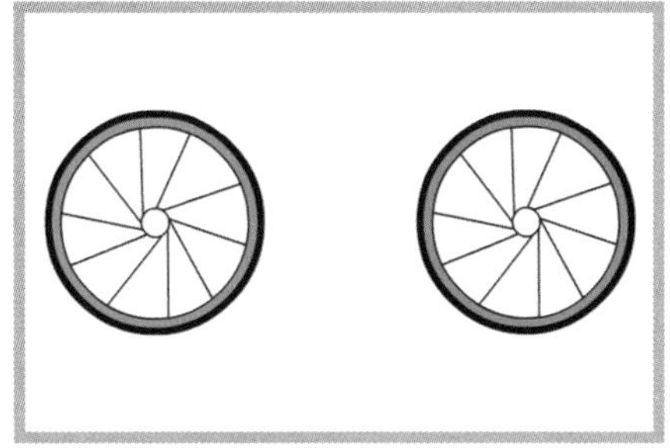

图2-77　影片剪辑【车轮】效果图

图2-78　影片剪辑【车架】效果图

（8）制作骨骼绑定动画。

① 将前面绘制的元件进行组合，影片剪辑【青蛙车前】放在影片剪辑【自行车】的上面，效果如图2-79所示。

图2-79　影片剪辑【青蛙车前】放在影片剪辑【自行车】上面

② 双击进入影片剪辑【青蛙下肢1】内部。

说明 为了使各个关节能得到很流畅的旋转，这里最主要的是将各个关节的中心点调节到各个元件的关键部位。

③ 选择激活工具栏中的【任意变形工具】，选择每个关节，移动元件中心点到关节活动部位，效果如图2-80~图2-83所示。

说明 添加骨骼工具是本章节的重点内容，也是这个版本的闪亮之处。

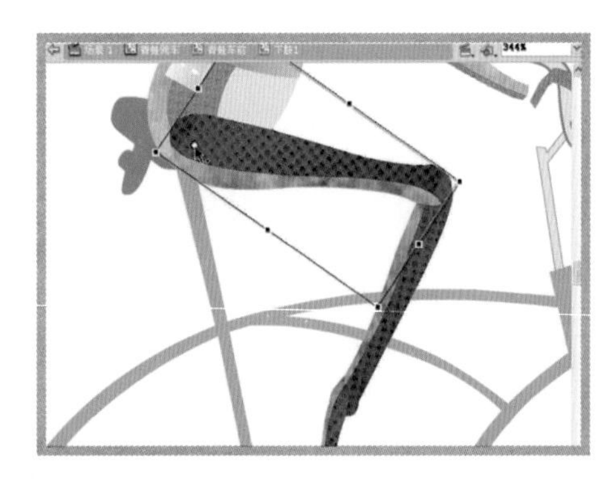
图2-80　中心点调节到各个元件的关键部位1

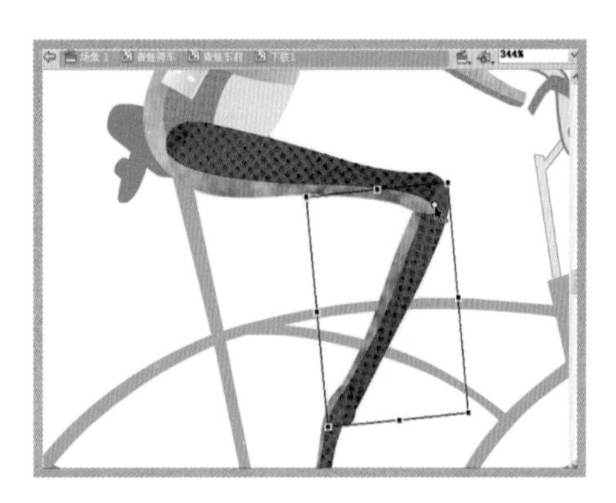
图2-81　中心点调节到各个元件的关键部位2

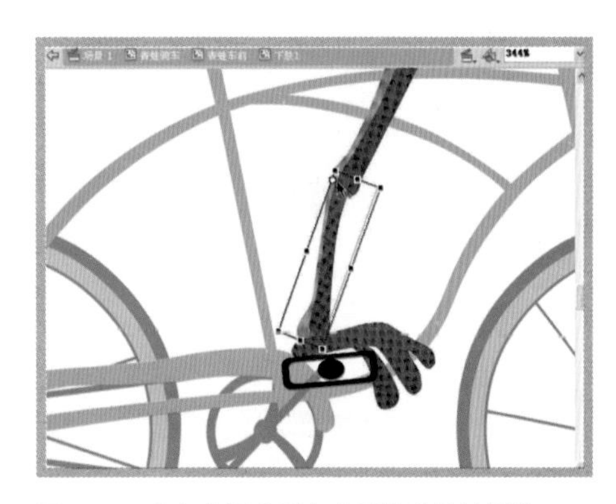
图2-82　中心点调节到各个元件的关键部位3

图2-83　中心点调节到各个元件的关键部位4

④ 选择激活工具栏中的骨骼工具，各个元件的中心依次连接起来，如图2-84~图2-87所示。

说明 添加完骨骼工具后，参照背景自行车脚踏处中轴轮的位置调节登轮。

⑤ 选择时间轴第40帧的位置【插入帧】，用40帧的时间来脚踏一圈，为了调节动作更流畅，每10帧就调节一个位置，以便达到较好的动画效果，如图2-88所示。

⑥ 利用调节影片剪辑【下肢1】的效果，协调影片剪辑【上肢1】的位置，根据整体设计的需要来调节效果。同样，用40帧的时间来调节一个周期，使其与影片剪辑【下肢1】达到整体统一的效果，如图2-89、图2-90所示。

图2-84 添加骨骼工具1

图2-85 添加骨骼工具2

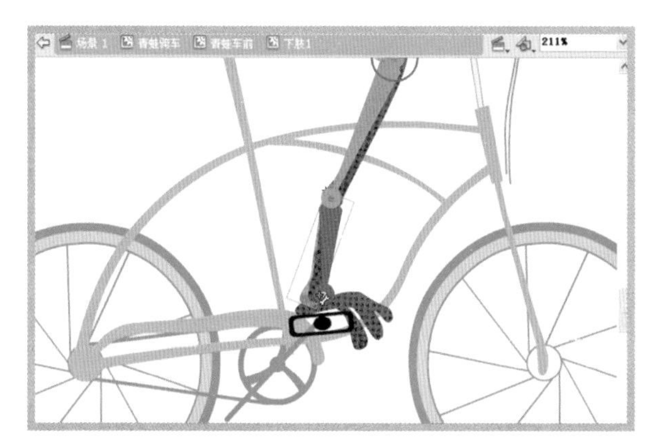

图2-86 添加骨骼工具3

图2-87 添加骨骼工具4

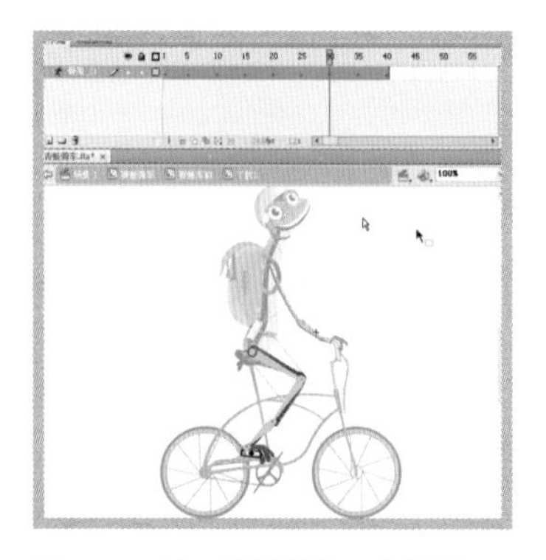

图2-88 每10帧就调节一个位置

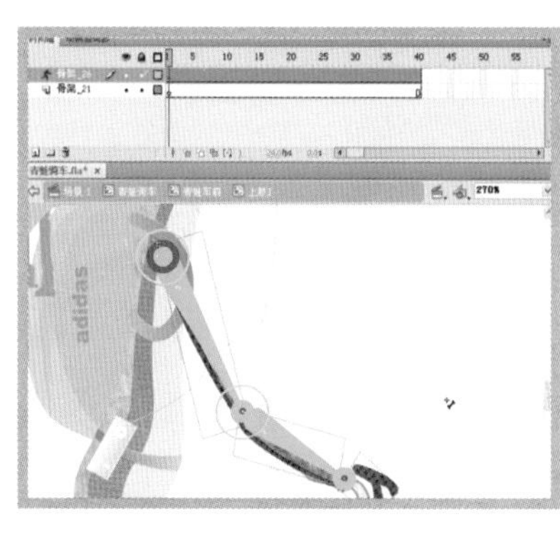

图2-89 调节一个合适的位置1

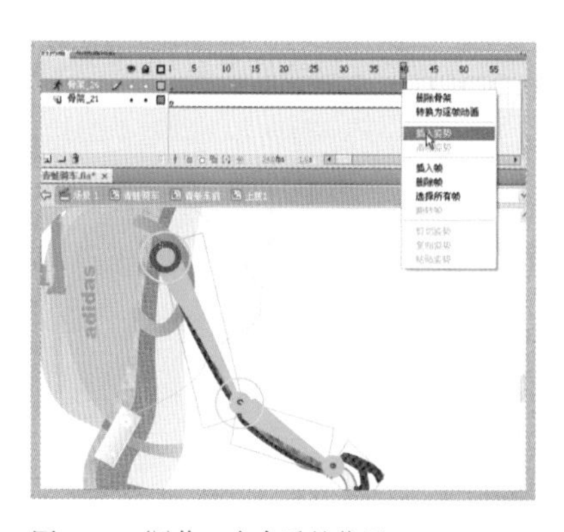

图2-90 调节一个合适的位置2

⑦ 影片剪辑【青蛙车前】制作完毕后，将制作【青蛙车后】影片剪辑放置在影片剪辑【自行车】的下层。

说明 如果重复制作也可以完成，那么需要花费同样的时间和劳动，这里将复制【下肢1】的影片剪辑到【青蛙车后】的影片剪辑中去。但是，相同元件不能随意进行调节，否则都会发生变化。那么，另一个制作方法就是在【库】中将影片剪辑【下肢1】进行直接复制到另一个影片剪辑【下肢2】，然后将影片剪辑【下肢2】拖拽到【青蛙车后】中再进行调节，骨骼工具生成动画是不能随意更改时间轴的长短和前后关系。

⑧ 选择时间轴，从右键弹出的菜单中选择【转换为逐帧动画】选项，选择前20帧的内容剪切，并粘贴到后20帧后面，如图2-91、图2-92所示。

（9）如何制作车轮转动。

点击进入【自行车】影片剪辑内部，再次点击【车轮】影片剪辑内部，将时间轴在第40帧位置【插入帧】，在第1帧到第40帧之间点右键，弹出菜单中选择【创建补间动画】，将时间轴指针移动到第40帧位置，在激活舞台中选取“车轮”影片剪辑，打开【属性栏】中的【旋转栏】，将旋转值设置为1，旋转方向设置为【顺时针方向】，旋转并测试观看动画效果，如图2-93所示。

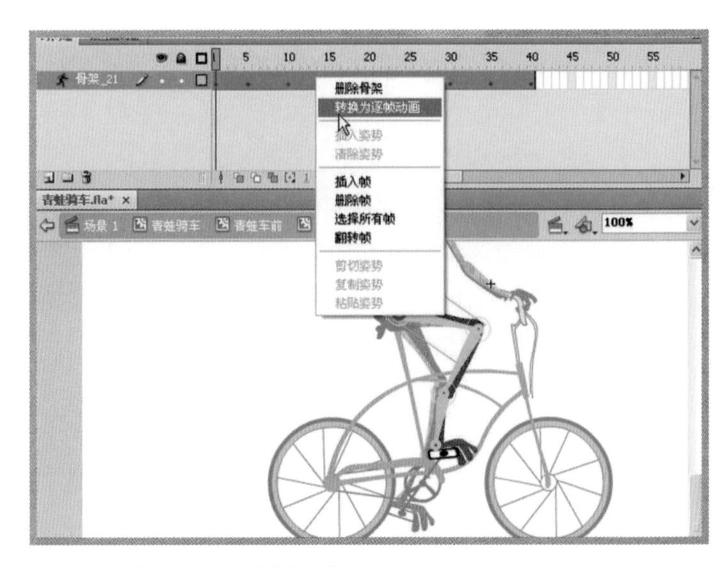

图2-91 选择【转换为逐帧动画】选项

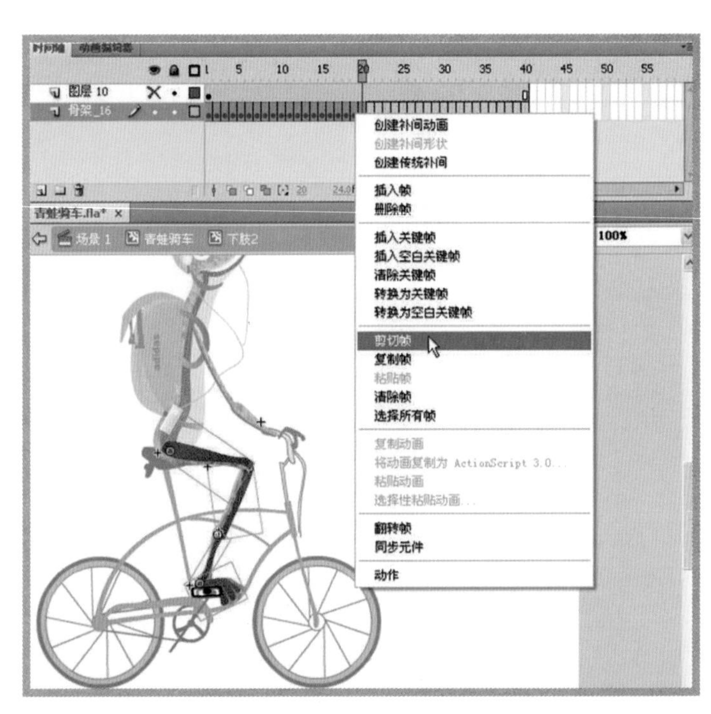

图2-92 选择前20帧的内容剪切到后20帧的后面

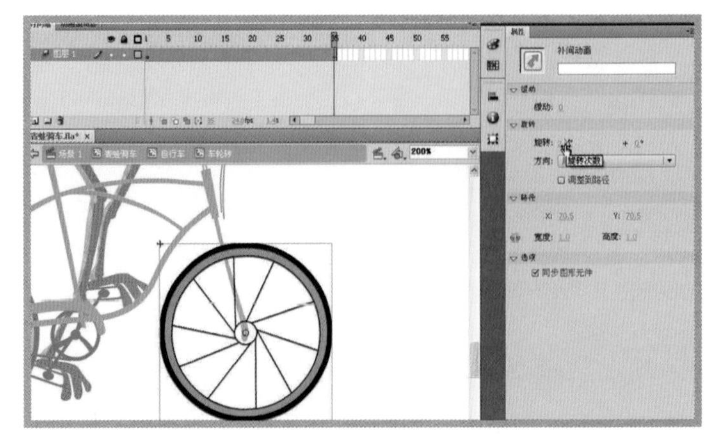

图2-93 属性栏中的旋转栏中将旋转值设置为1

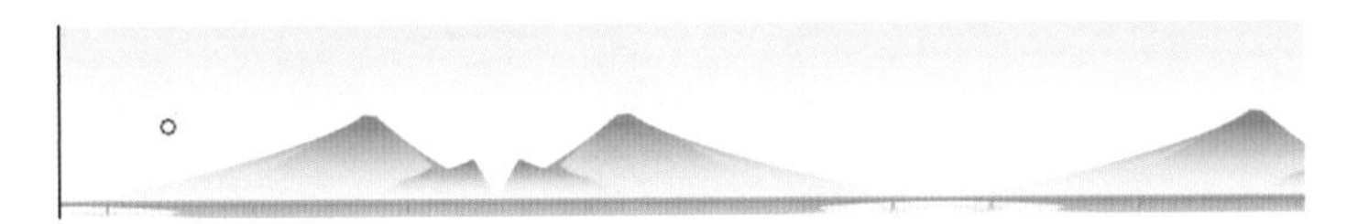

图2-94　背景素材

图2-95　测试结果

（10）为动画添加背景。

打开背景素材库，寻找合适的背景或者根据自己的需要绘制相应背景，并根据动画方向做相反动作。参照画面效果，将画面设置为900×576像素，最后，发布并测试结果，如图2-94、图2-95所示。

活学活用

本实例为骨骼动画类，采用相同的技术，可以制作出人物形象运动的动画效果。

现场创作实训

制作一部皮影人物演戏片段。

设计制作个人网站的片头动画。

创作要求

◎ Flash绘制形象或者寻找合适的主题形象。

◎ 符合动画运动规律。

◎ 画面色调协调统一。

◎ 动画寓意表达准确，创意效果突出。

2.1.8　Flash交互动画——鼠标拖拽动画

情景化描述

通过本实例学习交互动画的基础内容及应用，核心内容是交互图像使用及图像外部调用的互动应用。当鼠标拖动图像时，利用action语句使图像相应地发生颜色互动变化。

学习重点

▶ 熟练掌握开始拖动影片剪辑效果的使用。

◉ 熟练掌握停止拖动影片剪辑效果的使用。

◉ 熟练掌握外部调用图像语句的使用。

◉ 熟练掌握Action语句的使用。

制作流程

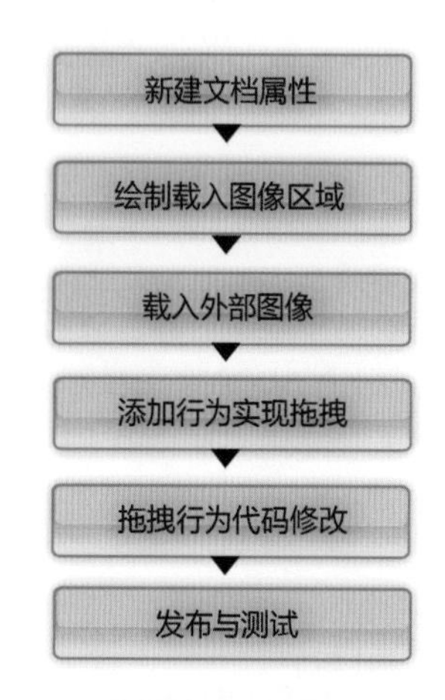

操作步骤

步骤1 新建文档属性

说明 这个实例需要用【窗口】>【行为】命令，【行为】命令只有在ActionScript 2.0下才能使用，所以在新建Flash文档时需要选择ActionScript 2.0。

（1）选择Flash文件ActionScript 2.0文档，如图2-96所示。

（2）在弹出“新建文档”中保存文档到相应位置，选择【修改】>【文档】选项，如图2-97所示。

（3）在弹出【文档属性】对话框中，将尺寸设置为800×600像素的文档大小，背景颜色设置为黄色，单击“确定”按钮，如图2-98所示。

步骤2 绘制载入图像区域

（1）绘制矩形。

说明 首先在舞台中绘制出一个矩形，矩形大小要与外部载入图像大小相同，还要在灰色矩形外圈绘制一个装饰白色带有灰色细线形状。

图2-96 选择ActionScript 2.0

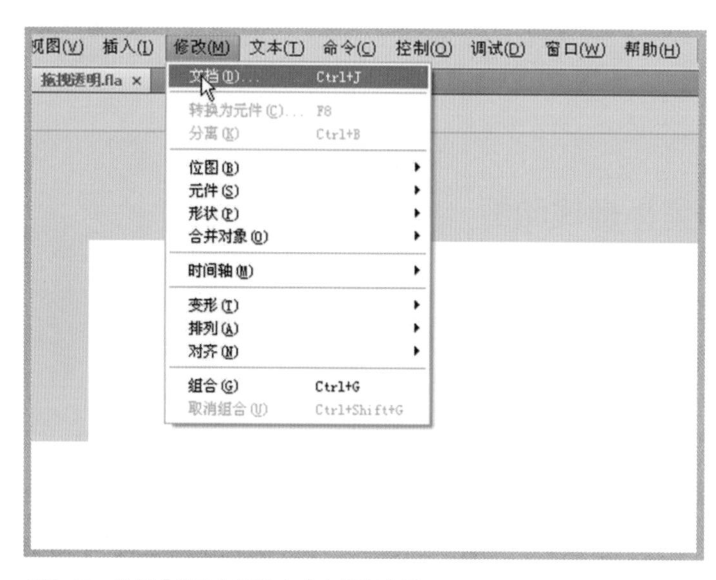

图2-97 选择【修改】菜单中【文档】选项

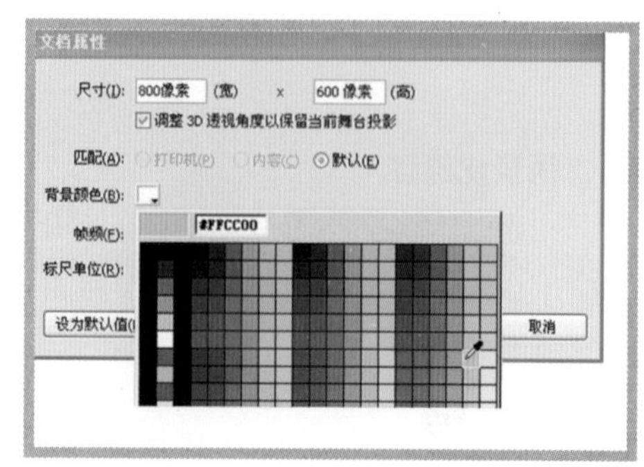

图2-98 背景颜色设置为黄色

选择工具栏中的【矩形工具】，在舞台中绘制一个矩形，打开【属性】栏的【位置和大小】，键入宽度为288像素、高度为209像素，如图2-99所示。

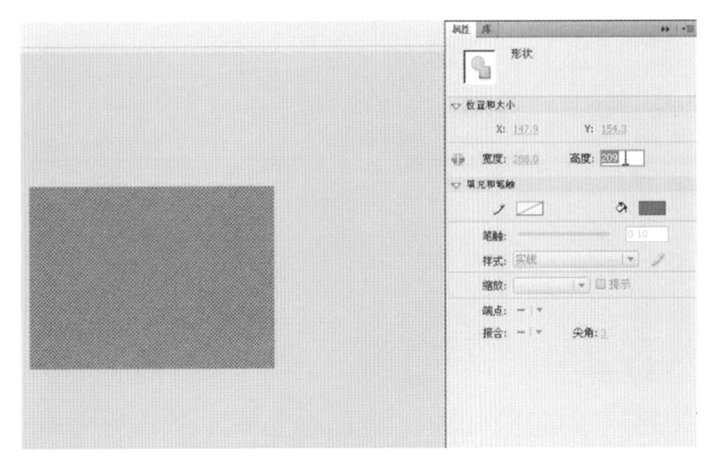

图2-99　在舞台中绘制一个矩形

（2）制作载入图像区域影片剪辑。

说明 在运用载入外部图像时，只有影片剪辑才可以将外部的图像载入到显示区域，其他的元件按钮和图像元件都不支持此操作。

① 选择载入显示区域，右键弹出菜单中选择【转化为元件】选项，如图2-100所示。

图2-100　右键弹出的菜单中选择【转化为元件】选项

② 在弹出对话框中键入名称"图像显示区域"，类型模式选择【影片剪辑】，如图2-101所示。

（3）制作装饰外框。

说明 绘制装饰外框，将其绘制在显示区域的下面，然后再将显示区域的影片剪辑和装饰外框转化为一个影片剪辑。

① 首先将工具栏中的【笔触颜色】设置为【灰色】，如图2-102所示。

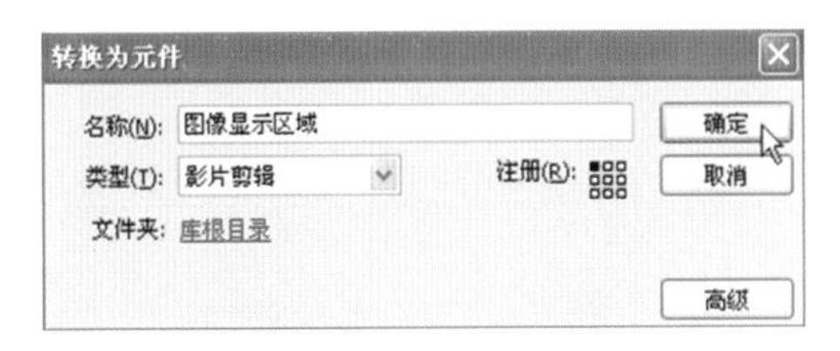

图2-101　类型模式选择【影片剪辑】

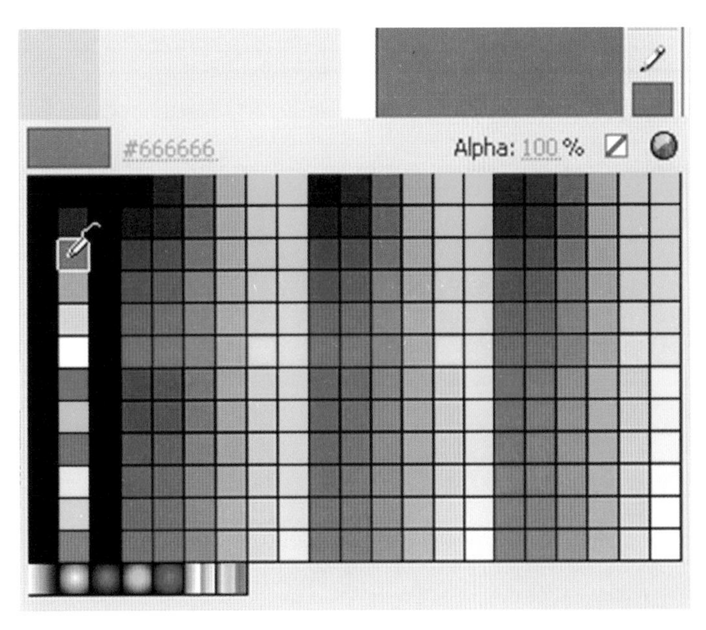

图2-102　【笔触颜色】设置为【灰色】

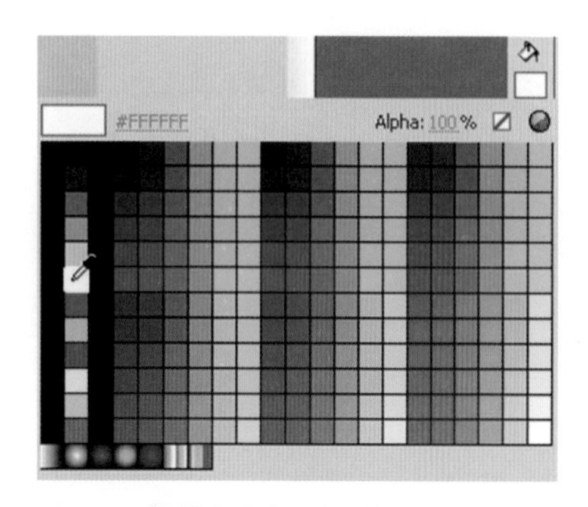

图2-103 【填充颜色】设置为【白色】

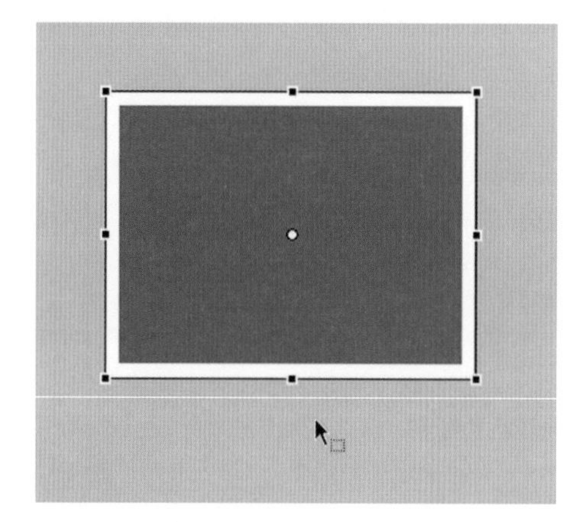
图2-104 转化为元件

② 将工具栏中的填充颜色设置为【白色】，如图2-103所示。

③ 选择装饰框和图像显示区域的情况下，点击右键弹出的对话框中选择【转化为元件】选项，如图2-104所示。

④ 在弹出的对话框中，【名称】栏键入【拖拽区域】，类型模式选择【影片剪辑】，单击“确定”按钮，如图2-105所示。

（4）键入影片剪辑名称。

说明 为了将影片剪辑能够顺利通过ActionScript语句，将图像调入到舞台中影片剪辑的显示区域内，为将要显示区域的影片剪辑键入实例名称，以便后面调入图像的使用，然后，复制出其他四个图像的载入区域。

① 选择影片剪辑【拖拽区域】，打开属性栏中实例名称键入【image1】名称，如图2-106所示。

② 双击进入影片剪辑【拖拽区域】内部，选择舞台中影片剪辑的【图像显示区域】，打开属性栏的【实例名称】，键入【photo】名称，如图2-107所示。

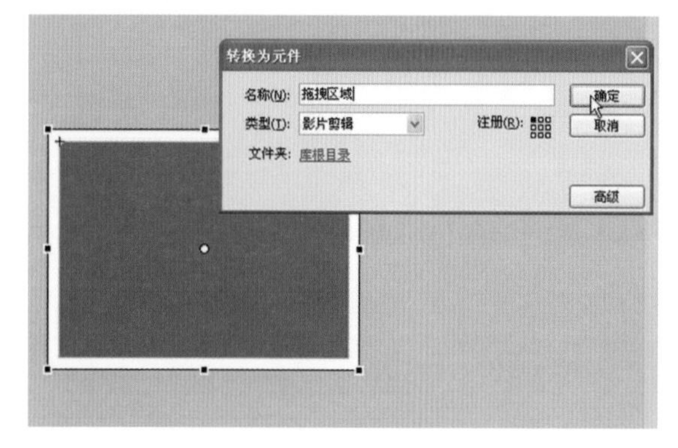

图2-105 类型模式选择【影片剪辑】

图2-106 打开属性栏中的实例名称键入【image1】的名称

图2-107 打开属性栏的【实例名称】键入【photo】的名称

③ 回到场景1中，按住 Alt+鼠标左键 复制出其他四个图像显示区域来，并将影片剪辑【拖拽区域】的其他四个名称【image1】，依次改为【image2】、【image3】、【image4】、【image5】，如图2-108所示。

步骤3　载入外部图像

说明 载入的图像一定要跟Flash的fla和swf文件存放在一起，也就是说，需要保存在同一个目录下或者将图像放在同一个文件夹中，该文件夹需要与其他fla和swf文件放在同一个目录下。

加入调用图像【action】语句。在场景1图层中加入【action】语句，将每张图像载入到所绘制图像的显示区域。

（1）在场景1中，新建图层单击第1帧，右键弹出的对话框中选择【动作】选项，如图2-109所示。

（2）在弹出【动作】的对话框中，选择【插入目标路径】快捷按钮，如图2-110所示。

（3）选择影片剪辑【image1】下的【photo】，然后打开左边ActionScript 2.0中全局函数下的【浏览器/网络】>【loadMovie】，添加到【photo】后面，并在【loadMovie（）;】中键入载入的图像名称，如图2-111、图2-112所示。

图2-108　按住【Alt+鼠标左键】复制出其他的四个图像显示区域

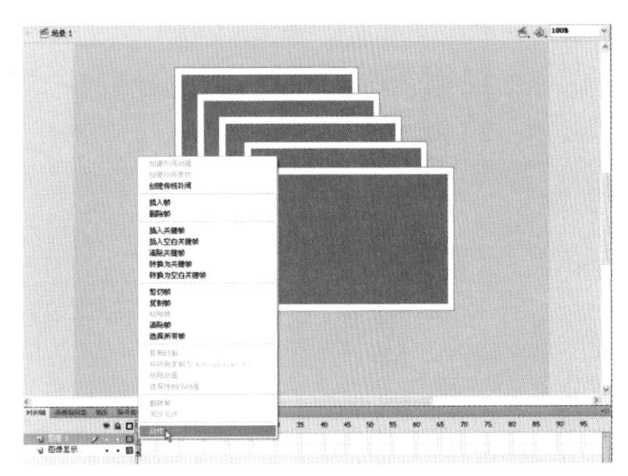

图2-109　右键弹出的对话框中选择【动作】选项

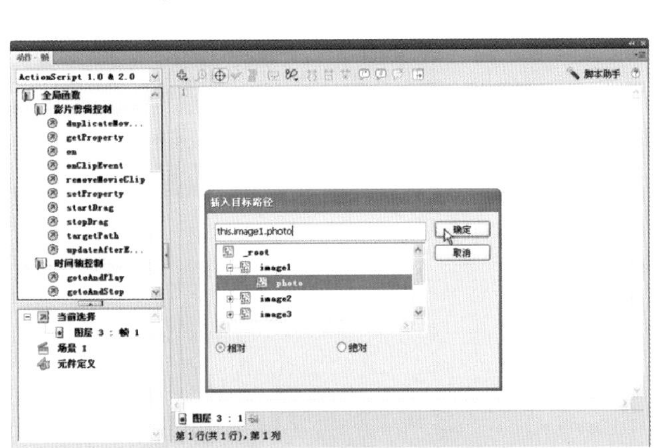

图2-110　选择影片剪辑【image1】下的【photo】

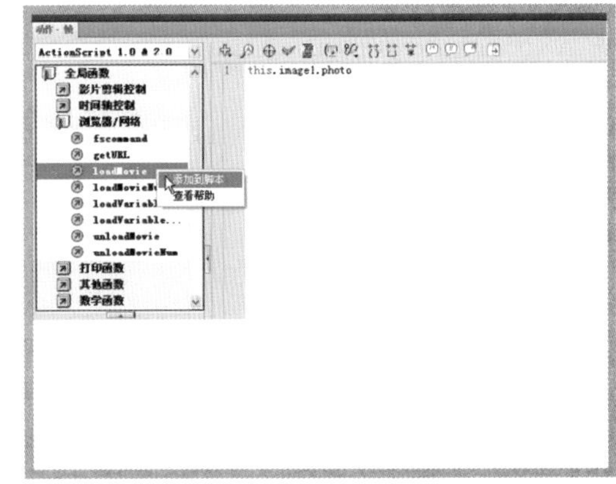

图2-111　菜单中将【loadMovie】添加到【photo】后面

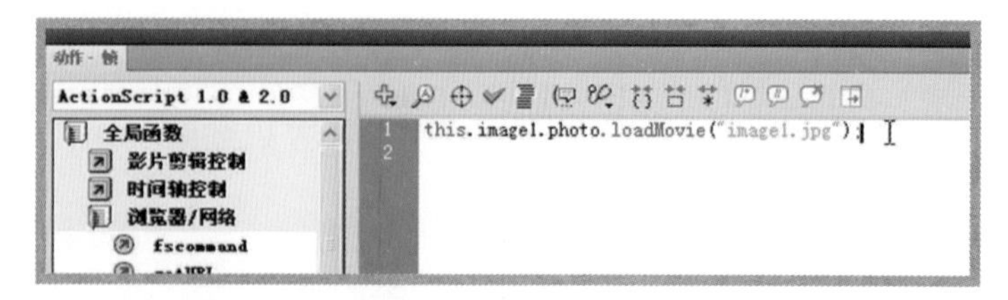
图2-112 在【loadMovie（）;】中键入载入的图像名称

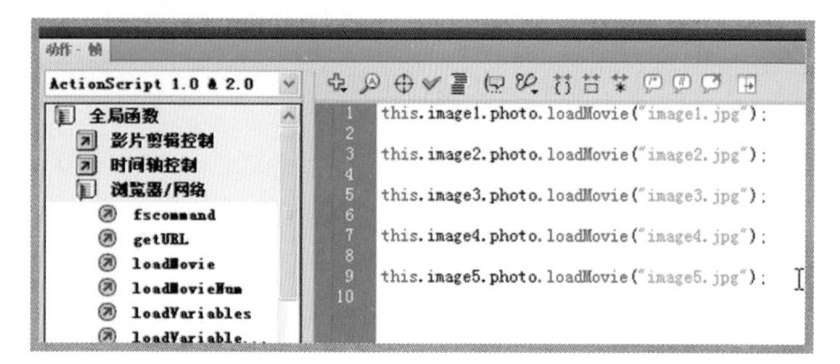
图2-113 键入action语句

图2-114 测试画面效果

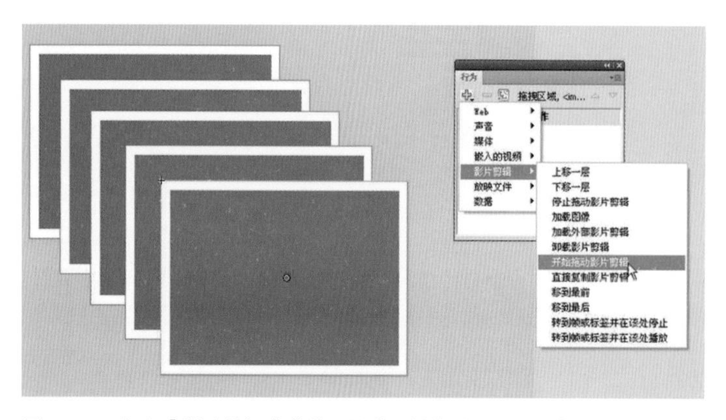
图2-115 加入【影片剪辑】菜单下的【开始拖动影片剪辑】

（4）按 Ctrl+Enter 键测试画面，这时影片剪辑【image1】已经载入到图像显示区域内，以上面同样的方法将其他四个影片剪辑载入不同图像到影片剪辑图像显示区域，如图2-113所示。

以下为键入的action语句：

this.image1.photo.loadMovie（"image1.jpg"）;

this.image2.photo.loadMovie（"image2.jpg"）;

this.image3.photo.loadMovie（"image3.jpg"）;

this.image4.photo.loadMovie（"image4.jpg"）;

this.image5.photo.loadMovie（"image5.jpg"）;

（5）选择【控制】>【测试影片】测试画面效果，如图2-114所示。

步骤4 添加行为实现拖拽

说明 给需要拖拽影片的剪辑加入动作语句，使用【窗口】>【行为】的快捷方法加入拖拽语句。

（1）选择影片剪辑，打开【窗口】>【行为】选项，弹出【行为】>选择【影片剪辑】>【开始拖动影片剪辑】，如图2-115所示。

图2-116　将事件改为【按下时】

（2）将【事件】改为【按下时】，如图2-116所示。

（3）选择影片剪辑，打开【窗口】>【行为】选项，在弹出【行为】的对话框中加入【影片剪辑】>【停止拖动影片剪辑】，如图2-117所示。

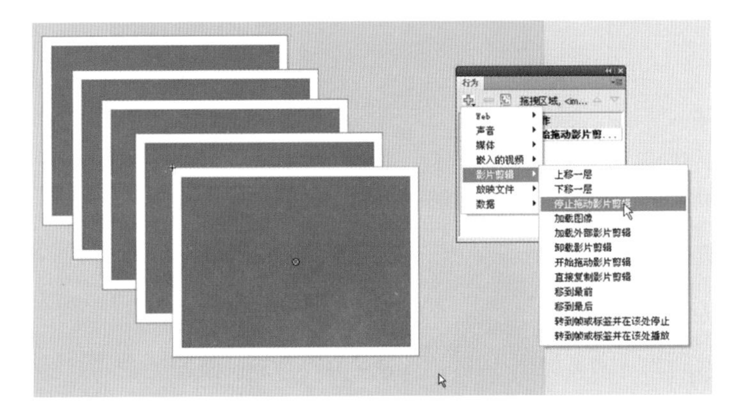

图2-117　加入【影片剪辑】菜单下的【停止拖动影片剪辑】

（4）将事件改为【释放时】，在对话框中加入【影片剪辑】>【移到最前】，如图2-118所示。

（5）将事件改为【按下时】，如图2-119所示。

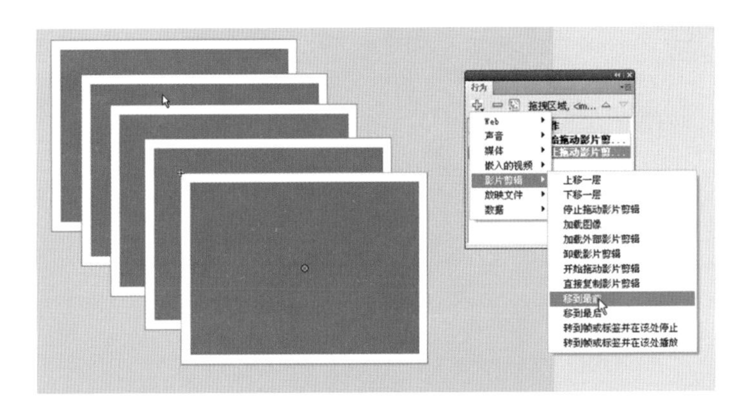

图2-118　加入【影片剪辑】菜单下的【移到最前】

步骤5　拖拽行为代码修改

（1）在【on（press）{ }】下面键入【_alpha=60】，表示当鼠标按下时，影片剪辑效果是透明度60%，如图2-120所示。

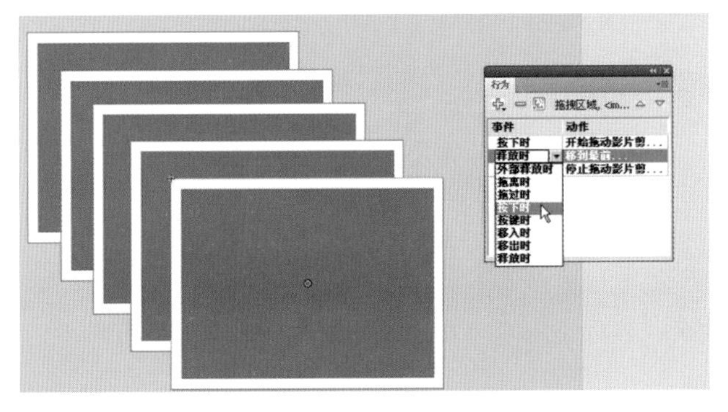

图2-119　将事件改为【按下时】

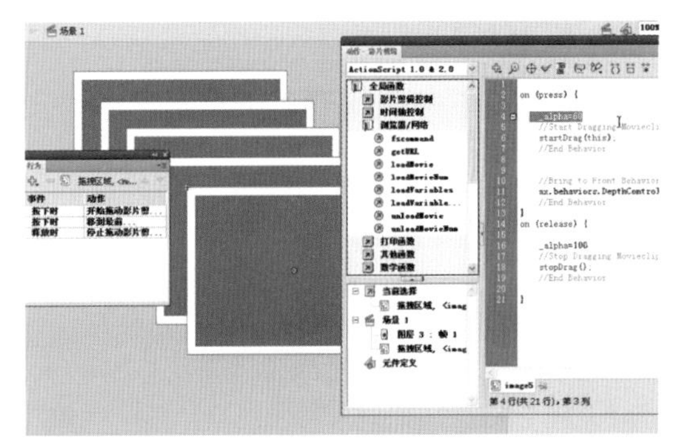

图2-120　在【on（press）{ }】下面键入【_alpha=60】

（2）在【on（release）{}】下面键入【_alpha=100】，表示当鼠标释放时，影片剪辑效果是透明度100%，复制所有代码到其他几个动作栏中，如图2-121所示。

（3）选择【控制】>【测试影片】，测试画面效果，如图2-122所示。

图2-121 在【on（release）{}】下面键入【_alpha=100】

图2-122 测试画面

活学活用

本实例为交互设计图像类案例，采用相同的技术可以制作出图像交互游戏等动画及相关移动终端的交互演示。

现场创作实训

制作一个拖拽游戏的画面效果（例如淘宝店的试衣间）。

创作要求

◎ 交互方式选取适合表达的主题。
◎ 符合动画运动的规律。
◎ 画面色彩符合对比统一的规律。
◎ 动画寓意表达准确，突出用户的交互体验。

2.1.9 Flash交互动画——按钮跳转动画

情景化描述

本实例为鼠标划过或者点击图片时展示的效果，表现为：当点击或者划过时，图片有渐变的效果动画。

制作流程

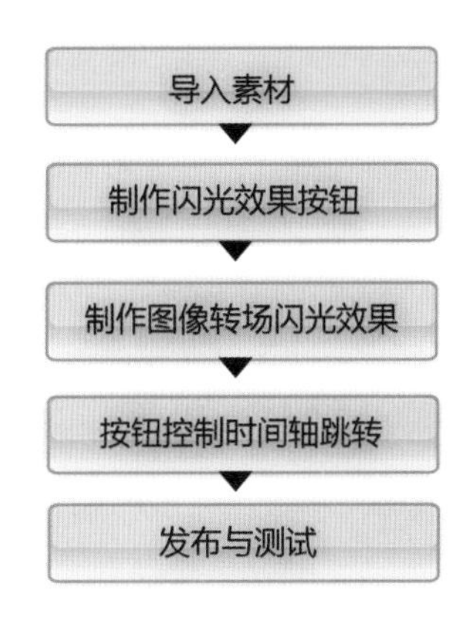

学习重点

熟练使用渐变色的动画效果。

熟练掌握ActionScript基本语句的使用。

熟练掌握影片剪辑实例名称的使用。

操作步骤

说明 本实例采用ActionScript3.0脚本的使用及学习，如下操作选择新建“Flash文件（ActionScript3.0）”文档，如图2-123所示。

图2-123 新建“Flash文件（ActionScript3.0）”文档

步骤1 导入素材

（1）鼠标单击【文件】菜单，在弹出的菜单下选择【导入到舞台】或者选择直接【导入到库】的选项。

（2）选择“库”中五张小图和一张大图拖拽到“场景1”的舞台中，选择五张小图打开“窗口”菜单下“对齐”选项，如图2-124所示。

步骤2 制作闪光效果按钮

（1）选择五张图像元件，打开属性菜单栏中的【色彩效果】>【样式】，选择【色调】，将色调颜色调整为白色，透明度调整为50%，如图2-125所示。

图2-124 用对齐命令将五张图像对齐

图2-125 白色透明度调整为50%

说明 制作按钮或鼠标划过时发生渐变色的动画效果，需要将图形元件转化为【按钮】元件，然后将第二帧内容制作【影片剪辑】渐变色动画。

（2）选择第一个图像元件，右键弹出对话框中选择【转化为元件】选项，如图2-126所示。

（3）在弹出的对话框中键入名称【按钮01】，类型模式选择【按钮】，单击【确定】按钮，如图2-127所示。

（4）双击按钮01进入其内部，选择【点击】帧右键菜单，选择【插入关键帧】选项，如图2-128所示。

（5）选择【指针经过】帧点击右键菜单，选择【插入关键帧】，如图2-129所示。

（6）选择【按钮01】右键菜单中选择【转化为元件】选项，如图2-130所示。

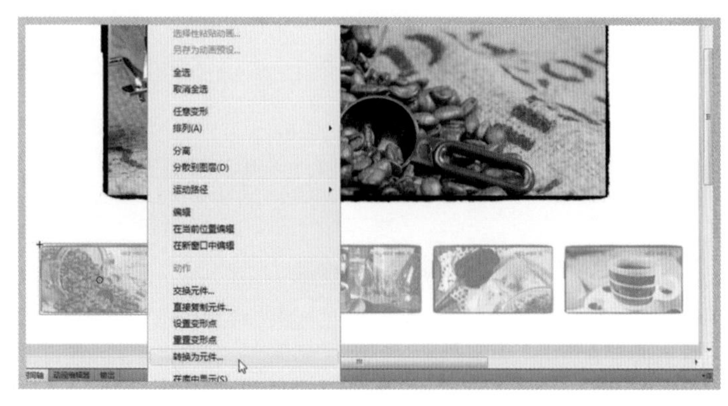

图2-126 右键弹出对话框中选择【转化为元件】选项

图2-127 对话框中键入名称【按钮01】，类型模式选择【按钮】

图2-128 右键菜单中选择【插入关键帧】选项

图2-129 【指针经过】帧右键菜单中选择【插入关键帧】

图2-130 右键菜单中选择【转化为元件】选项

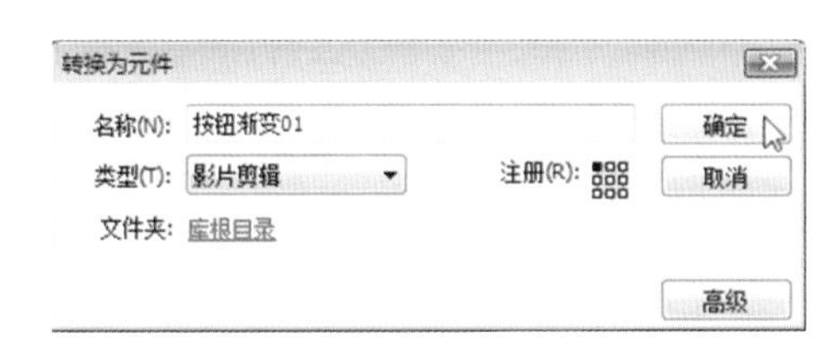

图2-131 【转化为元件】对话框中键入【按钮渐变01】类型模式选择【影片剪辑】

（7）弹出的【转化为元件】对话框中键入【按钮渐变01】类型模式选择【影片剪辑】，单击【确定】按钮，如图2-131所示。

（8）双击进入【按钮渐变01】影片剪辑内部，在时间轴第10帧位置插入关键帧，选择第1~9帧之间右键菜单中选择【创建传统补间】选项，如图2-132所示。

（9）在第10帧位置右键菜单中选择【动作】选项，选择【代码片段】>【时间轴导航】>【在此帧处停止】，如图2-133所示。

（10）选择第10帧位置，打开属性栏中选择【色彩效果】>【样式】>【色调】>【无】，如图2-134所示。选择【控制】菜单下【测试影片】选项，测试按钮渐变效果。依据制作【按钮01】效果，制作出其他四个按钮同样效果。如图2-135所示。

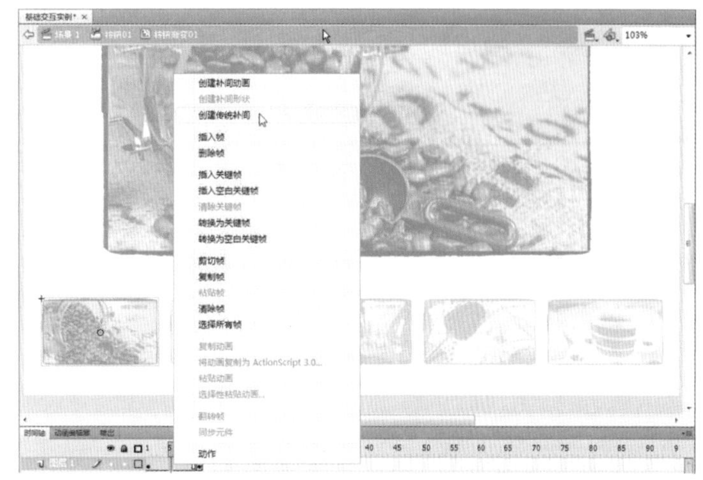

图2-132 选择第1~9帧之间右键菜单中选择【创建传统补间】选项

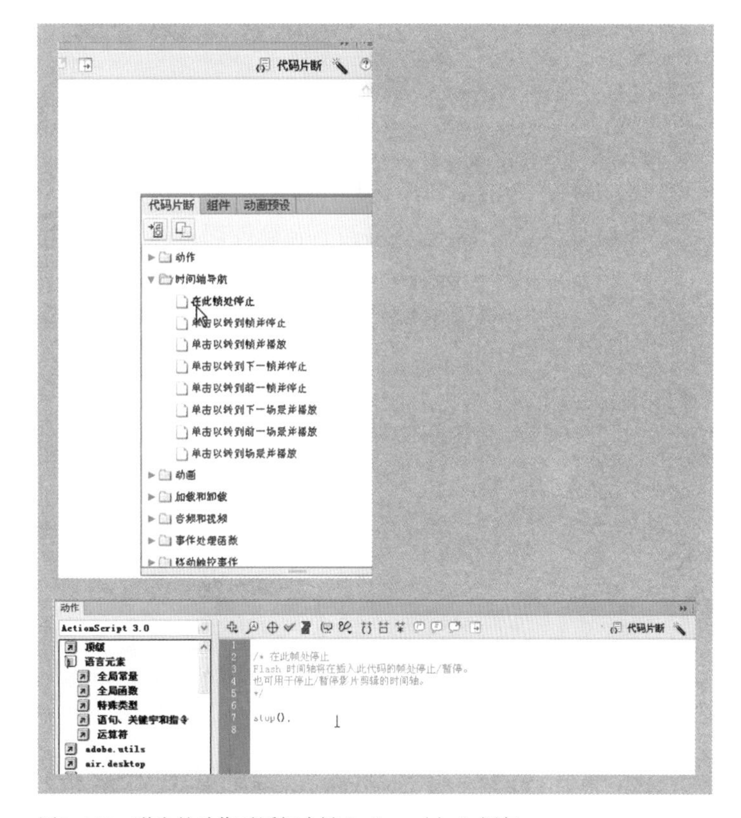

图2-133 弹出的动作对话框中键入“stop（）;”语句

图2-134 属性栏中【色彩效果】中样式选择色调无

图2-135 测试影片

步骤3　制作图像闪光转场效果

（1）图层1的第5帧选择【插入帧】，图层2的第2帧处选择【插入关键帧】，选中图层2的第2帧图像，选择属性面板中的【交换】，将第2帧处的图像交换为第2张大图。如图2-136所示。

说明 交换位图可以保证同类图像在位置、大小方面保持一致。

（2）分别在图层2的第3、4、5帧处选择【插入关键帧】，分别选中图层2的第3、4、5帧图像选择属性面板中的【交换】，将第3、4、5帧处的图像交换为第3、4、5张大图。

（3）新建一层，分别在图层3的第1~5帧处选择【插入关键帧】，如图2-137所示。

（4）回到图层2的第一帧选中图像，鼠标右键单击【转化为元件】，选择影片剪辑命名为【movie01】，双击打开【movie01】，将图像转化为影片剪辑，修改影片剪辑的色彩效果，亮度设置为100%。如图2-138所示。在15帧处插入关键帧，修改影片剪辑的色彩效果，亮度设置为0%，选中1至15帧之间任何一帧，鼠标右键选择【创建传统补间】，并在15帧处添加停止命令。如图2-139所示。

（5）用同样的方法分别给图层2的第2~5帧图像转化为影片剪辑“movie02”、“movie03”、“movie04”、“movie05”，并且分别给“movie02”、“movie03”、“movie04”、“movie05”中完成色彩效果亮度100%至0%的变化。

步骤4　按钮控制时间轴跳转

（1）分别选择图层1中按钮，在属性面板的“实例名称”处给按钮命名为“aa01”、“aa02”、“aa03”、“aa04”、“aa05”。

说明 实例名称命名为小写的英文和数字组合。

图2-136　位图交换

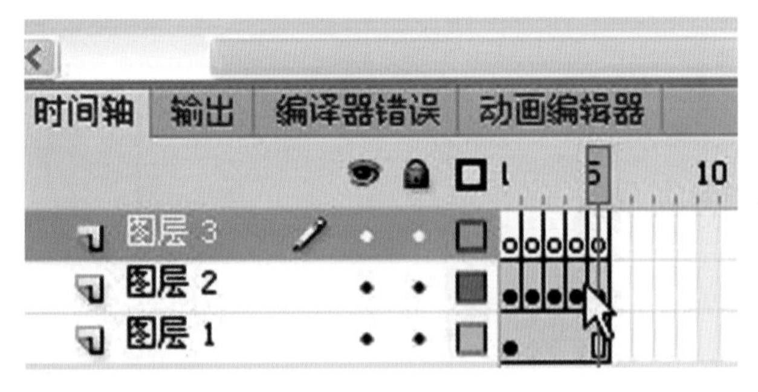

图2-137　插入关键帧

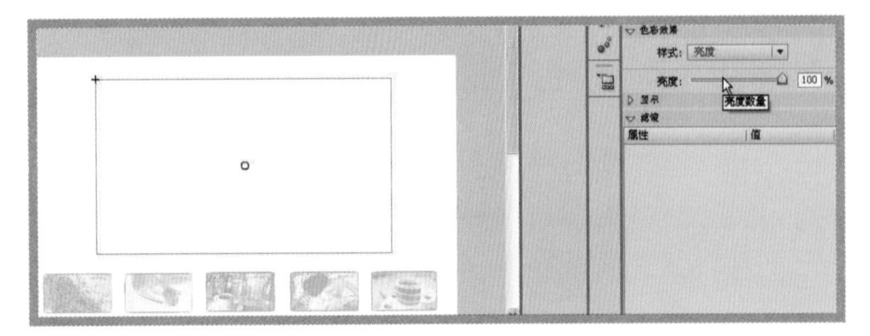

图2-138　修改影片剪辑亮度

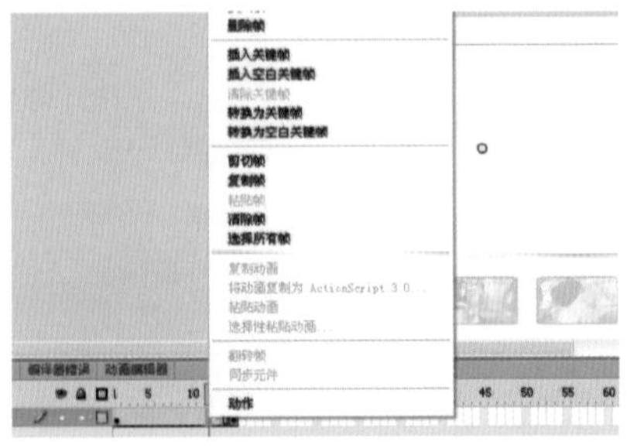

图2-139　创建传统补间

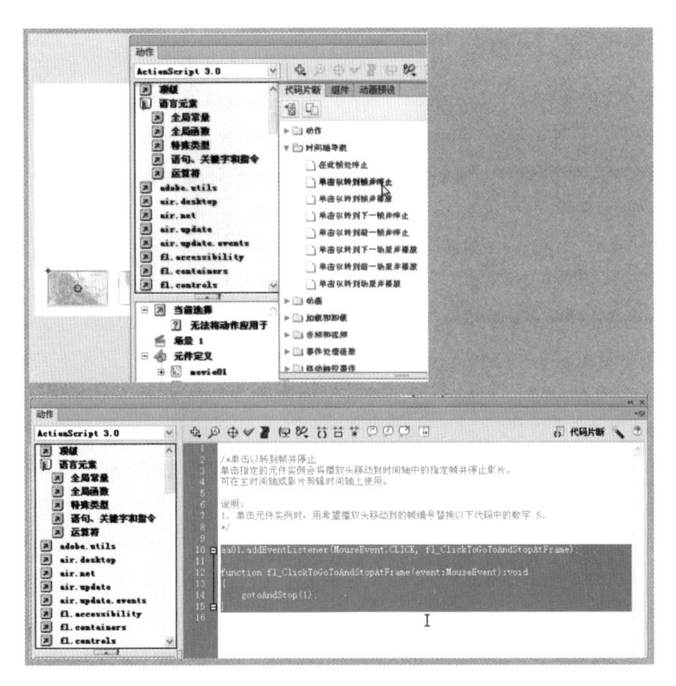

图2-140　添加、修改代码中的帧编号

（2）选中按钮“aa01”，鼠标右键单击选择【动作】，在【代码片段】中选择【时间轴导航】下“单击以转到帧并停止”。并根据需要修改代码中合适的帧编号。如图2-140所示。

（3）用同样的方法给按钮“aa02”、“aa03”、“aa04”、“aa05”加载跳转命令。并根据需要修改代码中合适的帧编号。

步骤5　发布与测试

如图2-141所示。

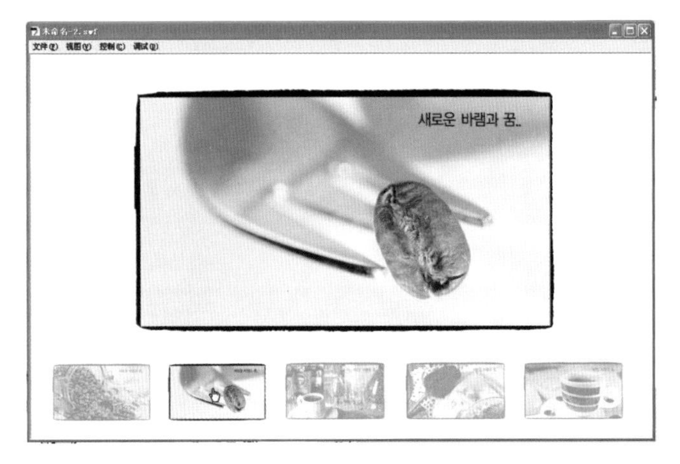

图2-141　测试效果

活学活用

本实例为交互设计图像类，采用相同的技术，可以制作出图像交互或者交互Flash动画效果。

现场创作实训

设计制作一个交互式电子相册。

创作要求

◎ 转场效果体现产品质感。
◎ 动画突出节奏感。
◎ 画面色调协调统一。
◎ 画面细节处理到位。

2.1.10 Flash交互动画——局部展示动画

情景化描述

按钮有动态光圈效果出现，提示用户用鼠标点击或者划过时开始播放影片剪辑，当鼠标点击或者划过第二个时，开始播放第二个影片剪辑，第一个影片剪辑同时消失掉，形成互动展示效果。

学习重点

⊙ 熟练掌握按钮制作及按钮动作效果制作。

⊙ 熟练使用影片剪辑和影片剪辑之间的套用关系。

⊙ 熟练掌握遮罩效果使用及制作。

⊙ 熟练掌握ActionScript动作语句使用。

制作流程

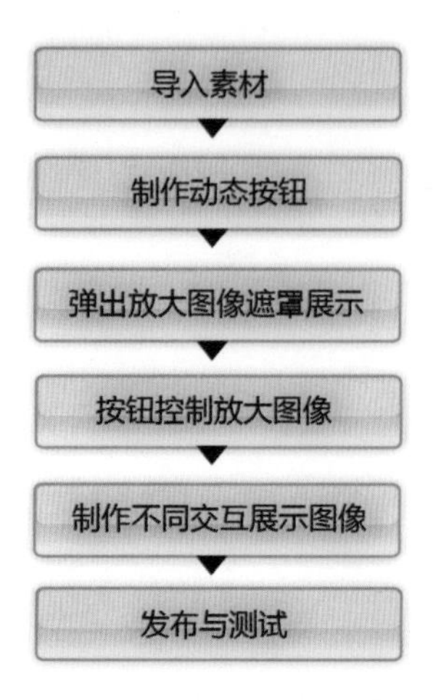

操作步骤

步骤1 导入素材

（1）选择新建Flash文件（ActionScript 3.0）文档，如图2-142所示。

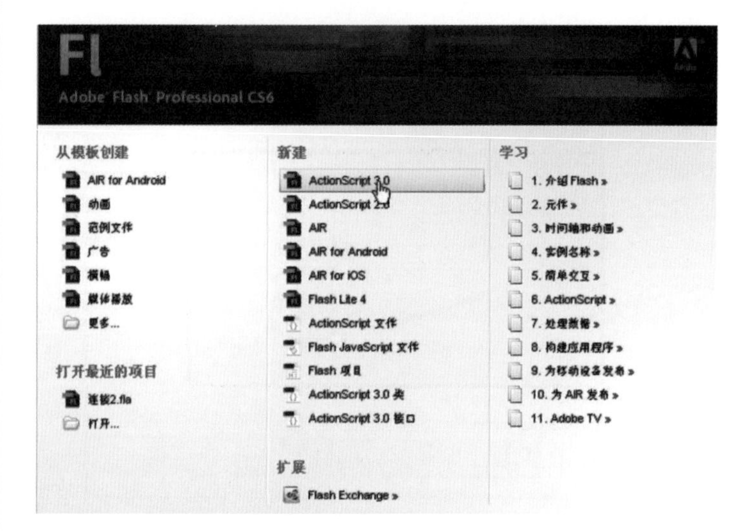

图2-142 新建Flash文件（ActionScript 3.0）

（2）选择【文件】>【导入】>【导入到舞台】或者选择直接【导入到库】选项，如图2-143所示。

图2-143 选择【文件】>【导入】>【导入到库】选项

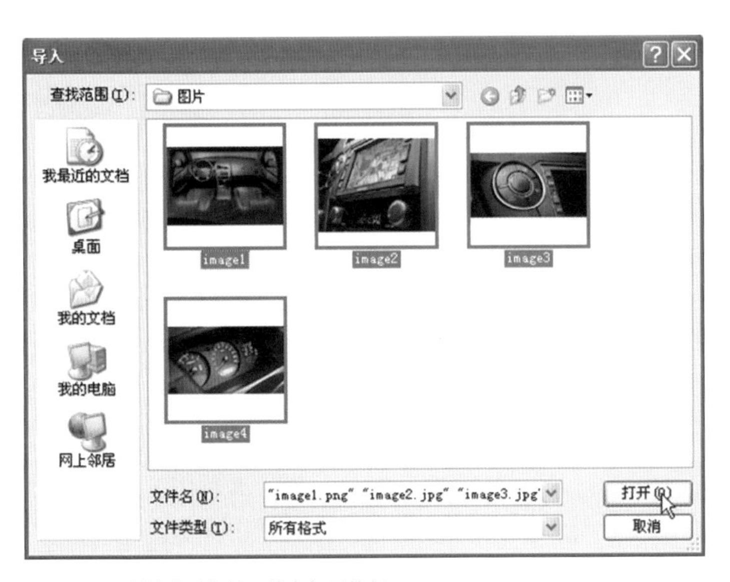

图2-144　选择需要素材，单击打开按钮

（3）弹出对话框中选择需要素材，单击【打开】按钮，如图2-144所示。

（4）选择属性栏中的【属性】菜单，点击【编辑】按钮，在弹出的对话框中设置638×417像素，单击“确定”按钮，如图2-145所示。

步骤2　制作动态按钮

（1）时间轴新建图层命名为“按钮”层，选择工具栏中“椭圆工具”，在新建图层上绘制圆形，如图2-146所示。

（2）右键菜单中选择“转化为元件”选项，如图2-147所示。

图2-145　选择属性栏中“属性”菜单中“编辑”按钮

图2-146　在新建图层上绘制圆形

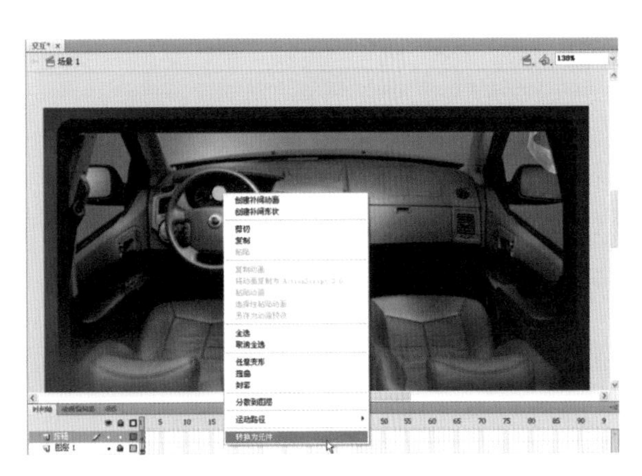

图2-147　右键菜单中选择“转化为元件”选项

图2-148 对话框中键入名称“按钮”类型模式选择“按钮”

图2-149 复制图层1粘贴到新建图层上面

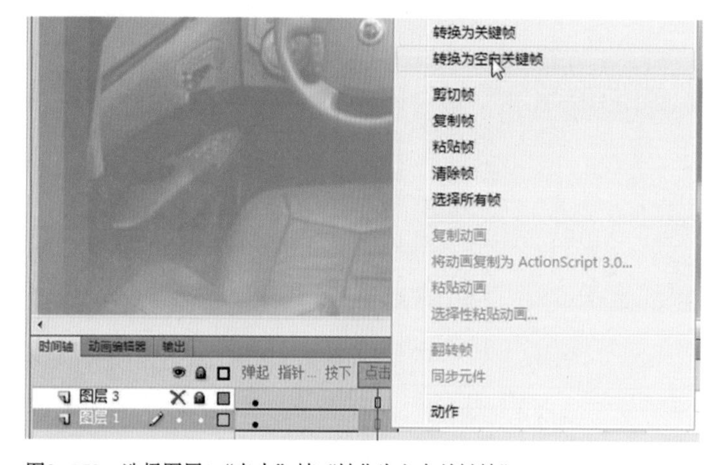

图2-150 选择图层1“点击”帧“转化为空白关键帧”

（3）弹出“转化为元件”对话框中键入名称“按钮”类型模式选择“按钮”，单击“确定”按钮。如图2-148所示。

（4）双击进入按钮内部，选择【点击】位置【插入关键帧】，复制图层1，粘贴到新建图层上面，如图2-149所示。

（5）选择图层1【点击】>【转化为空白关键帧】，如图2-150所示。

（6）选择图层1的圆形转化为影片剪辑，键入名称“放大”，类型模式设置为“影片剪辑”，单击【确定】按钮。如图2-151所示。

（7）双击影片剪辑“放大”，进入其内部，选择时间轴第10帧位置【插入关键帧】，选择第1~10帧之间【创建补间形状】选项，如图2-152所示。

（8）选择工具栏中的【任意变形工具】，选择第1帧位置，按住Shift+Alt将圆形缩小，选择第10帧位置，按住Shift+Alt将圆形放大，如图2-153所示。

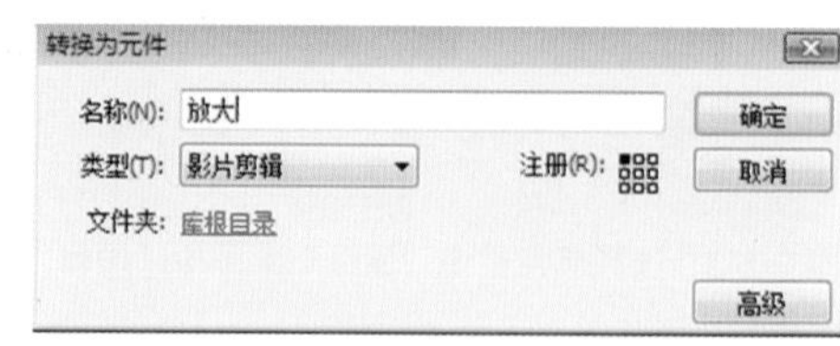

图2-151 键入名称“放大”类型模式设置为“影片剪辑”

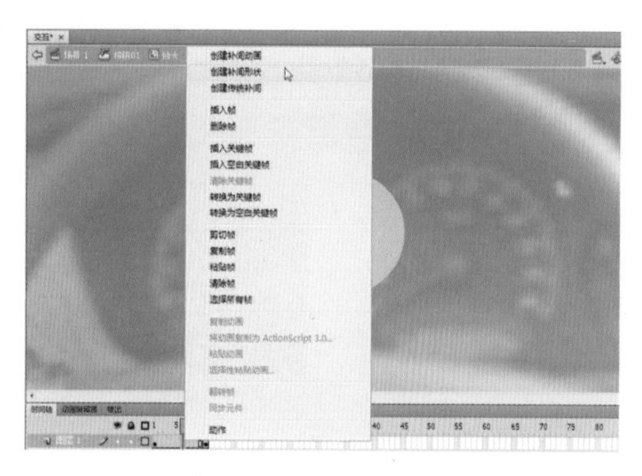

图2-152 选择第1~10帧之间【创建补间形状】选项

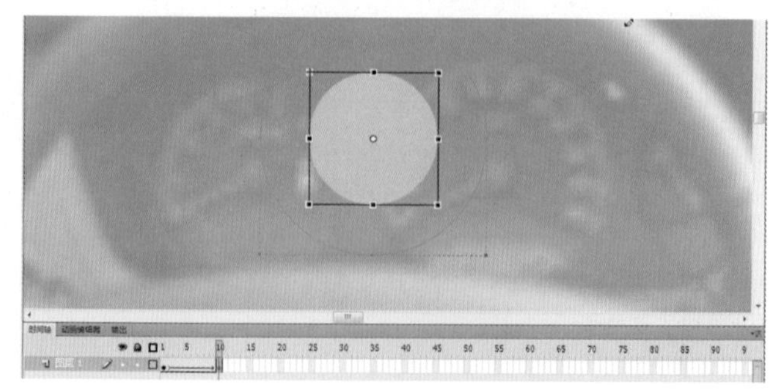

图2-153 选择第10帧位置按住Shift+Alt将圆形放大

（9）选择属性栏中【填充和笔触】中的颜料桶工具，将Alpha设量为0%，如图2-154所示。

（10）选择【控制】>【测试影片】，按住 Alt+鼠标左键 拖动，复制出其他两个按钮，如图2-155所示。

步骤3　弹出放大图像遮罩展示

（1）选择【库】中的图像"image4"，拖到新建图层"展示001"层内，如图2-156所示。

（2）选择图像点击右键菜单，选择【转化为元件】，在弹出的对话框中键入"展示001"的名称，类型模式选择【影片剪辑】，单击【确定】按钮，如图2-157所示。

（3）绘制线条，选择工具栏中的"铅笔工具"，属性栏中设置笔触设置为"1"，笔触颜色设置"红色"，选择工具栏中【基本矩形工具】，绘制在图片之上，调节属性栏中【矩形选项】，调节至"下图样式"，如图2-158所示。

（4）选择红色区域，右键菜单中选择【剪切】，在展示图像1的图层上新建图层，在舞台中按 Ctrl+Shift+V 粘贴到当前位置，注意图层顺序如图2-159所示。

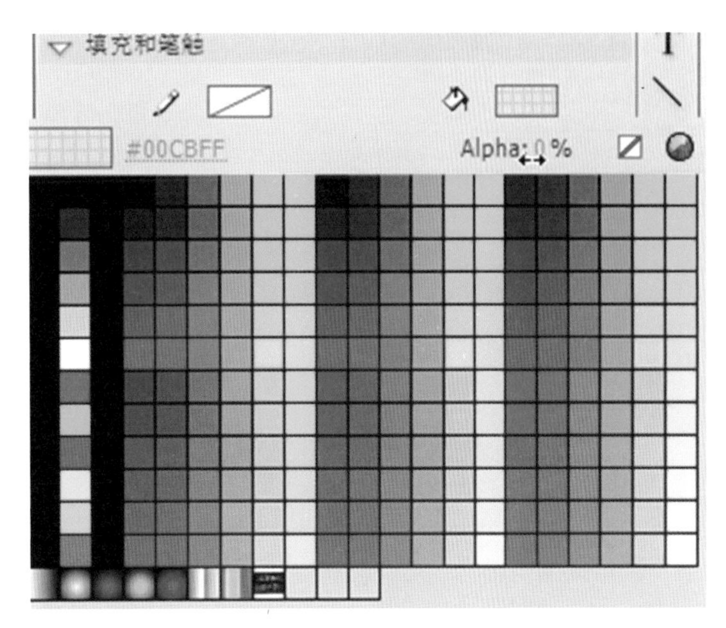

图2-154　属性栏中【填充和笔触】的颜料桶工具Alpha值为0%

图2-155　按住 Alt+鼠标左键 拖动，复制出其他两个按钮

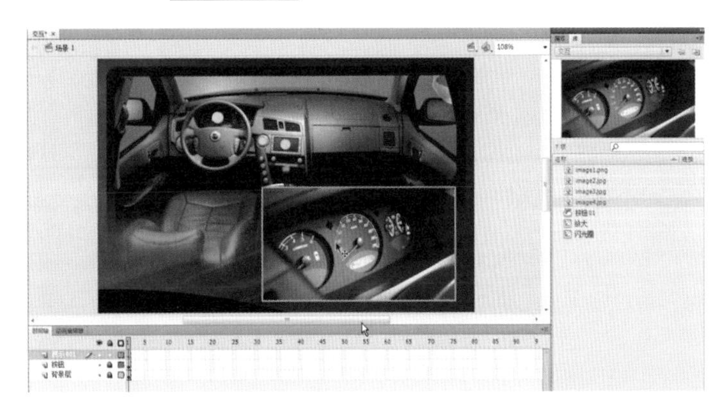
图2-156　选择【库】中的图像"image4"，拖到新建图层"展示001"层内

图2-157　键入名称"展示001"，类型模式选择"影片剪辑"

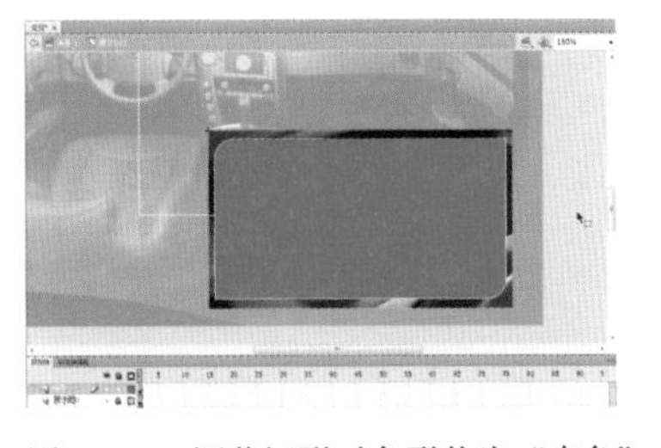
图2-158　调节矩形对角形状为"直角"

图2-159　调整后的图层顺序

（5）选中图像层的图像，鼠标右键单击，转化为影片剪辑，命名为“展示-遮罩”。如图2-160所示。

（6）双击打开影片剪辑“展示-遮罩”。新建一层，将红色填充区域粘贴过来，并转化为影片剪辑，命名为“交叉-遮罩”。双击打开影片剪辑，选取【选择工具】，鼠标左键移动框选红色区域，按Shift键可加选区域，如图2-161所示。

（7）将选中的区域剪切，新建一层，选择【粘贴到当前位置】，选中图层1、2的35帧，鼠标右键单击，选择【插入关键帧】，如图2-162所示。选择【创建补间形状】，在第1帧处分别将两层的图形移动至屏幕左边和右边。如图2-163所示。

（8）在35帧鼠标右键单击，右键菜单中选择【动作】选项，选择【代码片段】>【时间轴导航】>【在此帧处停止】。如图2-164所示。

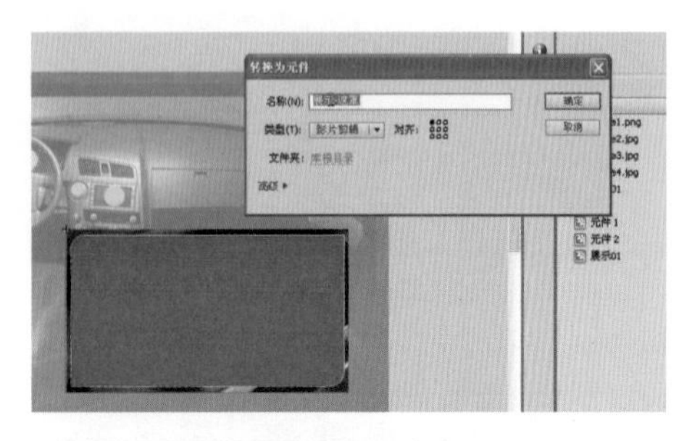

图2-160　转化为影片剪辑并命名

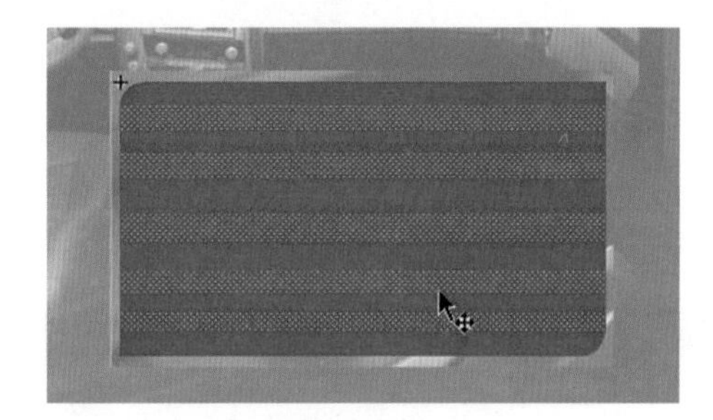

图2-161　用鼠标框选区域

图2-162　插入关键帧

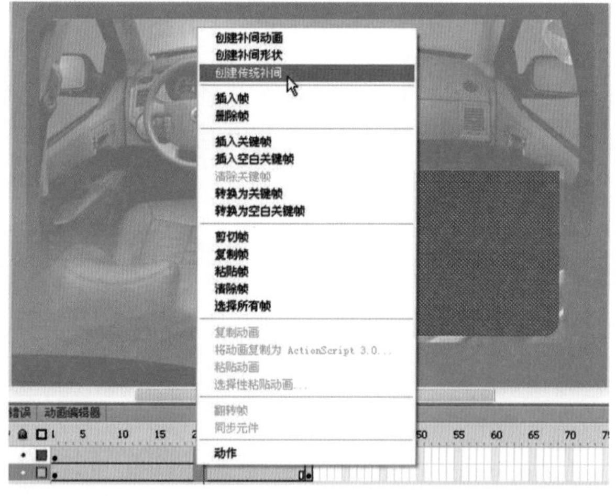

图2-163　移动图形位置

图2-164　弹出动作对话框中键入“stop（）;”语句

（9）单击【展示-遮罩】影片剪辑，回到其内部，选取【交叉-遮罩】影片剪辑所在图层，鼠标右键单击，选择【遮罩层】。如图2-165所示。

（10）回到【展示-01】影片剪辑，选取【红色填充】所在图层，鼠标右键单击，选择【遮罩层】。如图2-166所示。

（11）选中“蓝色线条”图层，用线条工具，画出蓝色线段，如图2-167所示。

（12）选中红色填充及图像图层，将关键帧移至40帧，将蓝色线条图层在第40帧选择【插入帧】。如图2-168所示。

（13）新建“线条遮罩”层，选择矩形工具，画出矩形，如图2-169所示。分别在10帧、40帧插入关键帧，并调整矩形大小，如图2-170、图2-171所示。选中第1~40帧的任何一帧，单击右键【创建补间形状】。选中【线条遮罩】层，鼠标右键单击选择【遮罩层】。如图2-172所示。

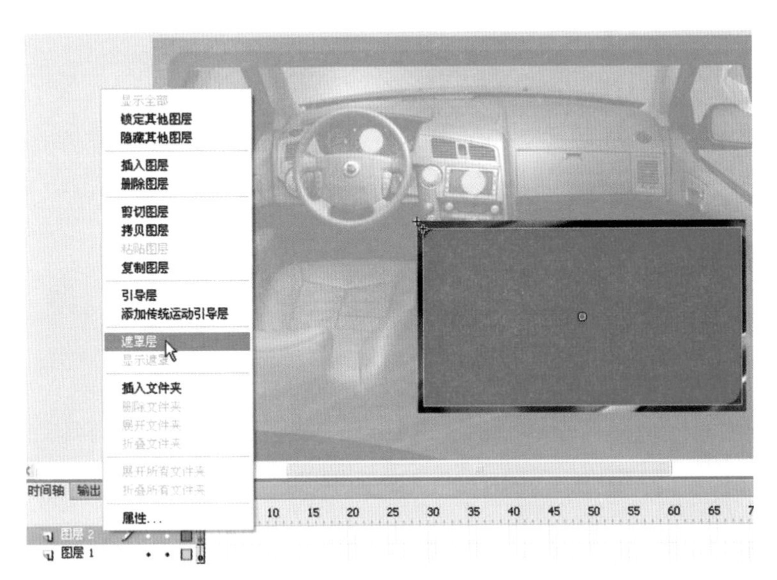

图2-165　将【交叉-遮罩】影片剪辑设置遮罩层

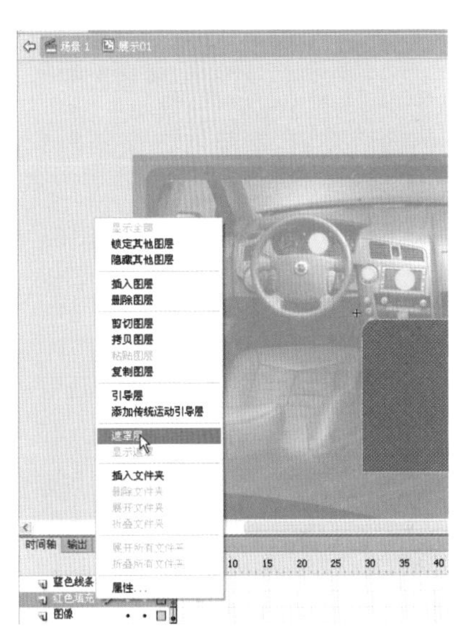

图2-166　【红色填充】设为遮罩层

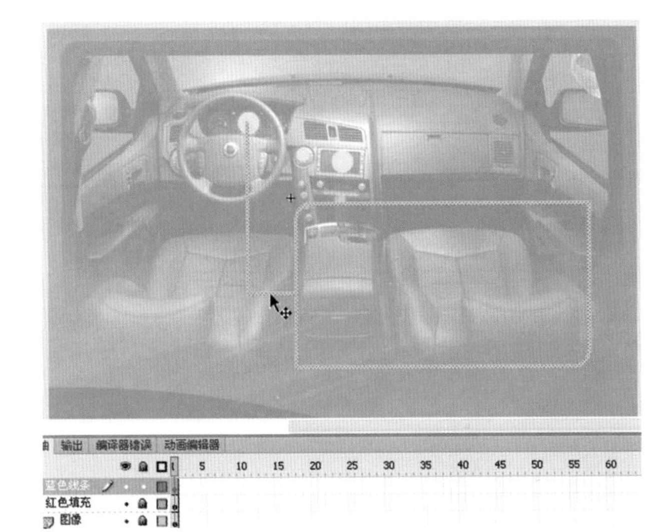

图2-167　画出蓝色线段

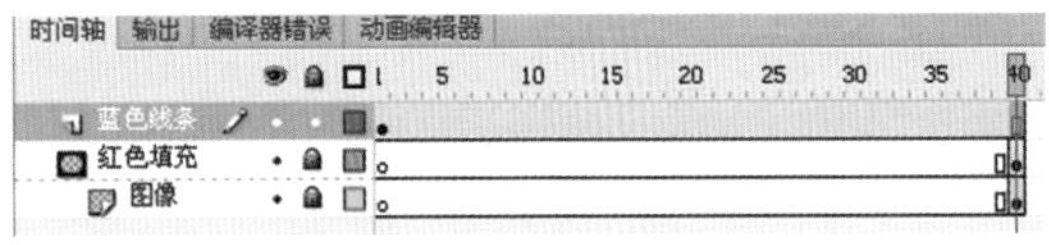

图2-168　在第40帧选择“插入帧”

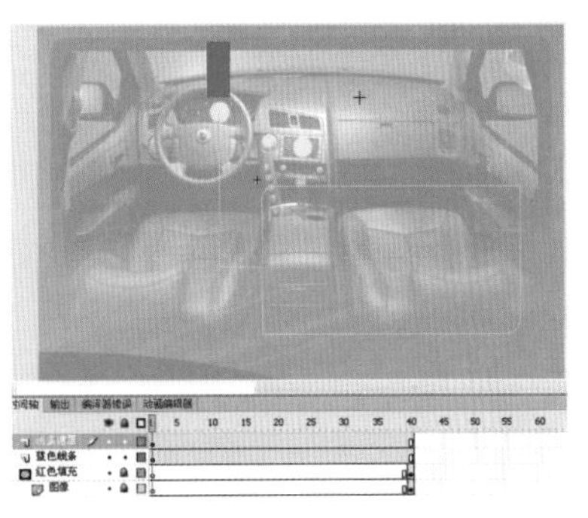

图2-169　画出矩形

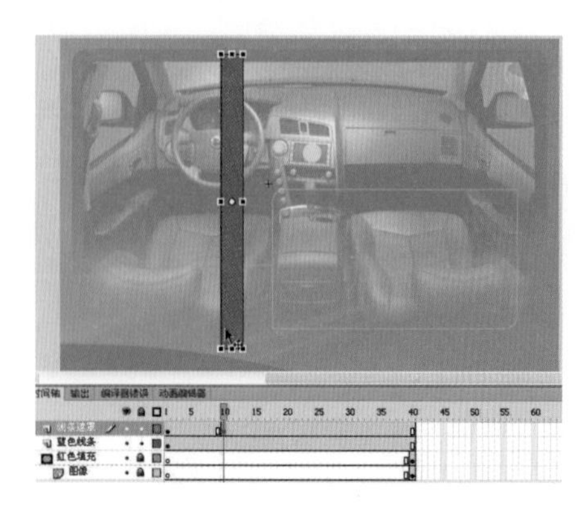

图2-170 在10帧插入关键帧并调整矩形大小

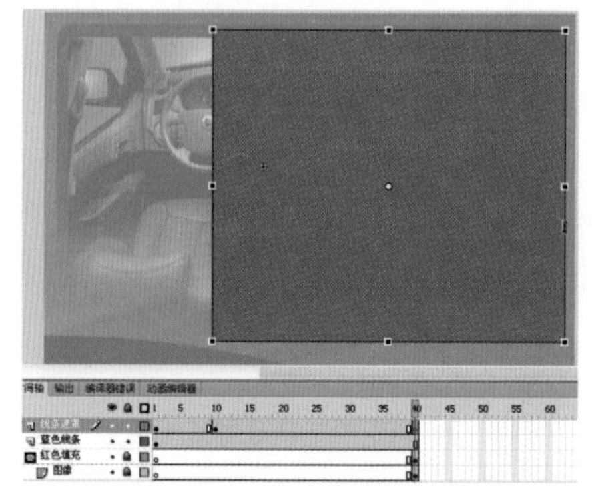

图2-171 在40帧插入关键帧并调整矩形大小

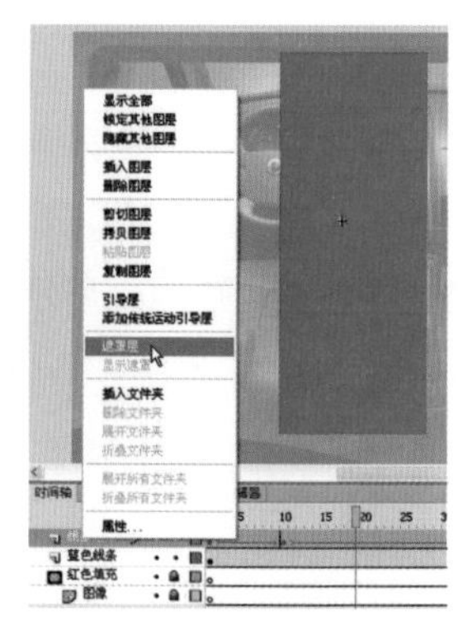

图2-172 创建遮罩层

（14）在第1帧、40帧鼠标右键单击，右键菜单中选择【动作】选项，选择【代码片段】>【时间轴导航】>【在此帧处停止】。

（15）新建一层，在40帧加入退出按钮，命名为“exit”。

步骤4 按钮控制放大图像

（1）回到场景1，给场景1中的三个按钮分别命名为“aa01”、“aa02”、“aa03”。如图2-173所示。

（2）将按钮aa01所要跳转的影片剪辑命名为“movie01”，如图2-174所示。

（3）选择按钮aa01，鼠标右键单击选择【动作】选项，选择【代码片段】下的【时间轴导航】>【单击以转到帧并播放】，并根据跳转需要修改代码。如图2-175所示。

（4）双击打开影片剪辑“movie”，选择最后一帧的按钮【exit】，单击选择【动作】选项，选择【代码片段】下的【时间轴导航】>【单击以转到帧并停止】。根据跳转需要修改代码，如图2-176所示。

步骤5 制作不同交互展示图像

利用上面制作“展示001”影片剪辑的制作方法，制作出“展示002”、“展示003”影片剪

图2-173 为按钮命名

图2-174 为影片剪辑命名

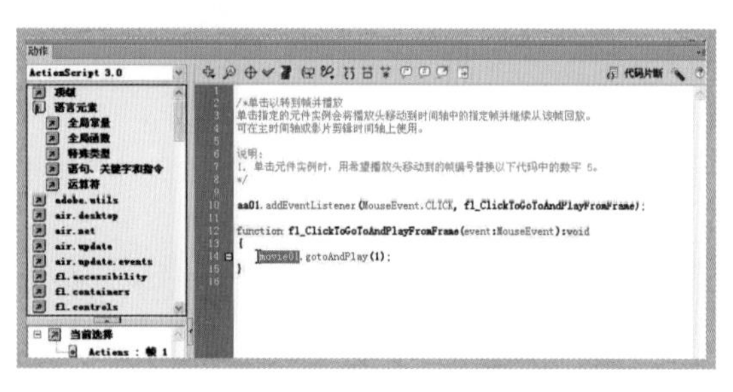

图2-175 为按钮aa01加载代码，实现图像放大展示

图2-176 为按钮“exit”加载跳转并停止第1帧的命令

辑，选择【测试影片】测试效果，结果会出现三个展示效果，说明没有形成互动效果，如图2-177所示。

修改代码如图所示，可实现当前点击按钮的图像展示效果。如图2-178所示。

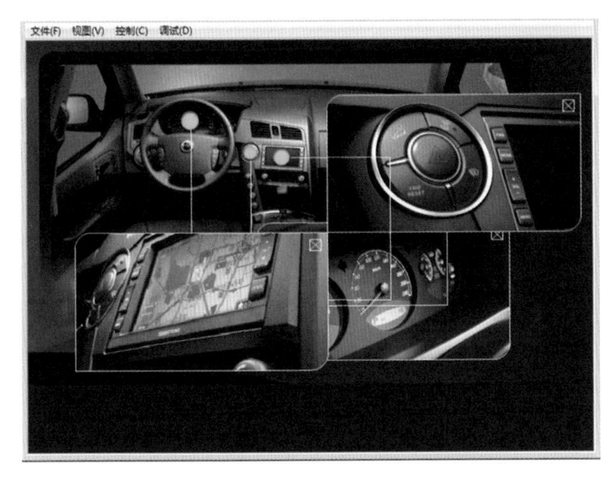

图2-177　连续单击按钮同时出现三个放大图像画面

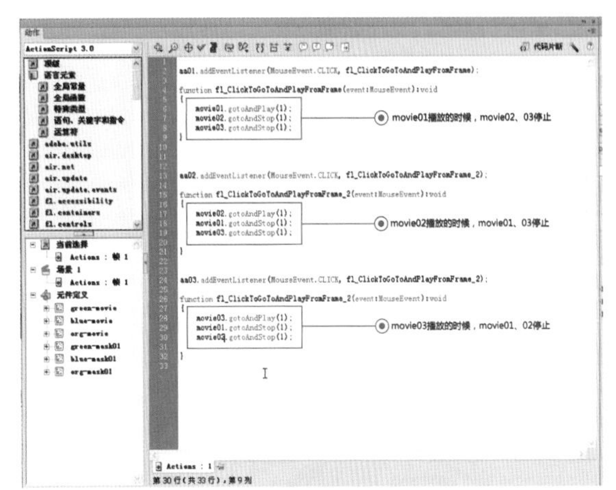

图2-178　修改代码

活学活用

本实例为交互展示类，应用相同的技术和工具，可以制作出商业展示的动画效果。

现场创作实训

制作一个图像、视频的互动动画效果。

创作要求

◎交互形式符合产品内容特点。

◎符合动画运动规律。

◎画面色调协调统一。

◎界面效果突出产品质感。

2.1.11 Flash交互动画——帧标记实现交互式游戏

情景化描述

本实例为Flash游戏设计的基础实例——小猪飞跃水沟吃蛋糕的幽默互动游戏，学习Flash游戏互动的设计效果，以及游戏可玩性设计思路。

制作流程

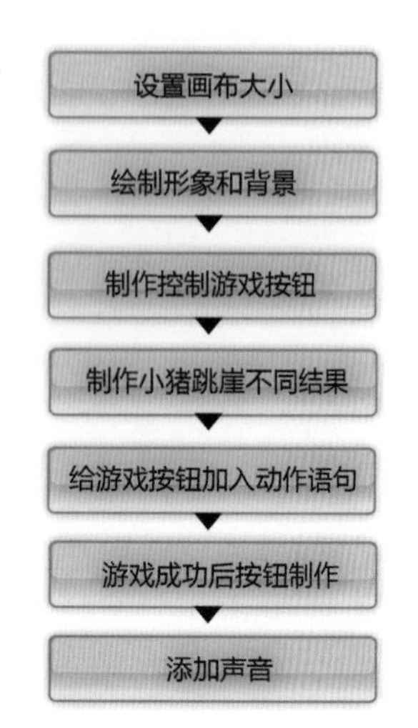

图2-179 绘制小猪形象

图2-180 键入名称“小猪”，类型模式选择“图形”

学习重点

- 熟练使用工具栏中的绘图工具
- 熟练使用gotoAndPlay动作语句
- 熟练使用帧标签
- 熟练掌握声音与游戏配合

操作步骤

步骤1 设置画布大小

选择【修改】菜单下的【文档】选项，在弹出【文档属性】的对话框中设置尺寸800×600像素，背景颜色设置为“白色”，“帧频”设置为24，单击确定按钮。

步骤2 绘制形象和背景

（1）选择工具栏中【刷子工具】和【颜料桶工具】，在舞台中绘制小猪形象，如图2-179所示。

（2）选择小猪形象，右键弹出的菜单中选择【转化为元件】选项。

弹出的【转化为元件】对话框中键入名称“小猪”，【类型】模式选择“图形”，单击【确定】按钮，如图2-180所示。

（3）选择工具栏中的【刷子工具】和【颜料桶工具】，在舞台中绘制蛋糕形象，如图2-181所示。

（4）选择蛋糕形象，右键菜单选择【转化为元件】，弹出【转化为元件】的对话框中键入名称“蛋糕”，类型模式选择“图形”，单击【确定】按钮，如图2-182所示。

图2-181 绘制蛋糕形象

图2-182 键入名称“蛋糕”，类型模式选择“图形”

图2-183　属性栏中设置矩形尺寸800×600像素

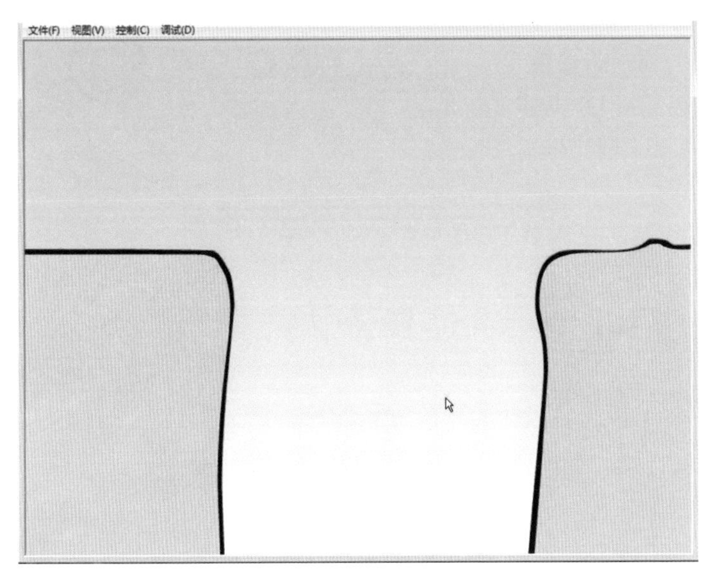

图2-184　场景图

图2-185　“小猪”和“蛋糕”元件拖拽到舞台中

（5）选择工具栏中的【矩形工具】绘制矩形，属性栏中设置矩形尺寸为800×600像素，x=0、y=0，选择填充蓝色渐变色到白色渐变，如图2-183、图2-184所示。

（6）选择【库】中的“小猪”和“蛋糕”元件拖拽到舞台中，选择小猪右键菜单中的【分散到图层】，如图2-185所示。

步骤3　制作控制游戏按钮

（1）选择工具栏中的【椭圆工具】，绘制一个圆形图标，右键转化为【按钮】元件，如图2-186所示。

（2）选择【按钮】图标移动到画面右上角，选择时间轴所有图层，在第60帧【插入帧】，选择第10、20、30、40、50帧选择【插入关键帧】，如图2-187所示。

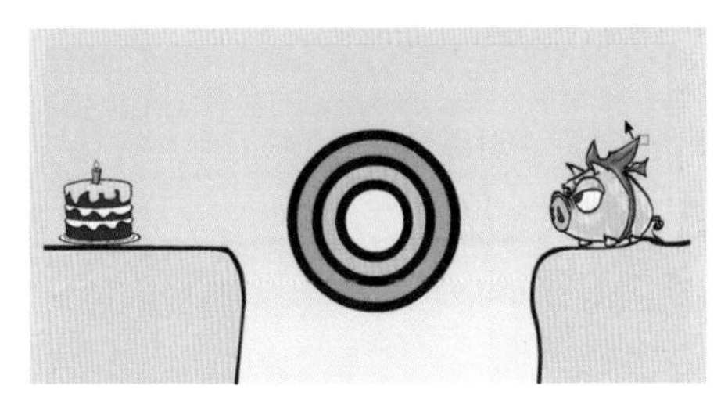

图2-186　绘制一个圆形图标

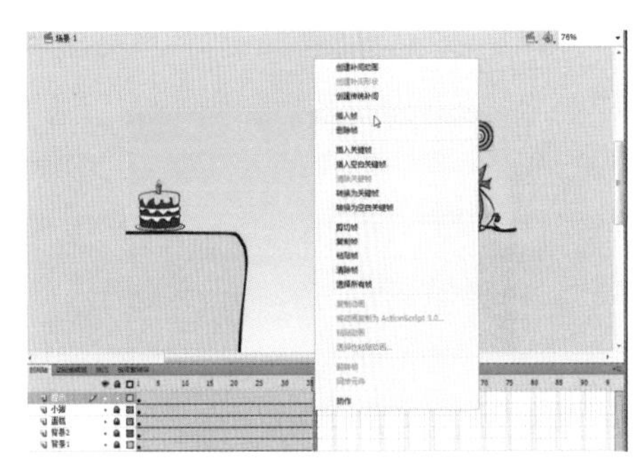

图2-187　选择时间轴所有图层，在第60帧【插入帧】

（3）选择第10~20帧之间绘制一个圆点标，选择第20~30帧之间绘制，加一个圆点标；选择第30~40帧之间绘制，加一个圆点标；选择第40~50帧之间绘制，加一个圆点标；选择第50~60帧之间绘制，加一个圆点标。如图2-188、图2-189所示。

（4）选择【控制】菜单下的【测试影片】，测试画面效果，如图2-190所示。

步骤4 制作小猪跳崖不同结果

（1）选择"小猪"和背景延长帧到115帧左右，选择第60帧位置插入关键帧，点击右键菜单选中【动作】选项，在弹出的【动作-帧】对话框中键入"gotoAndPlay（1）;"，如图2-191所示。

（2）选择"小猪"层，第61~80帧之间插入关键帧，调节小猪跳入悬崖的动作，分4段调节。将第4段距离帧加长，并调节到画面之外，右键菜单中选择【创建传统补间】选项，如图2-192所示。

（3）选择复制第61~80帧粘贴到第80帧后面，连续粘贴五个"小猪"动作，如图2-193所示。

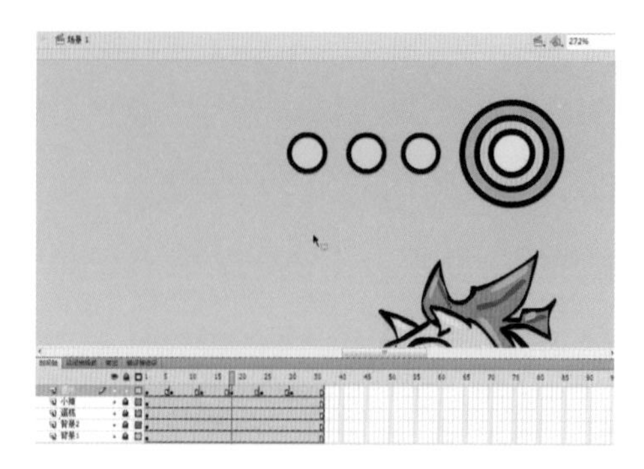

图2-188 选择第30~40帧之间绘制，加一个圆点标

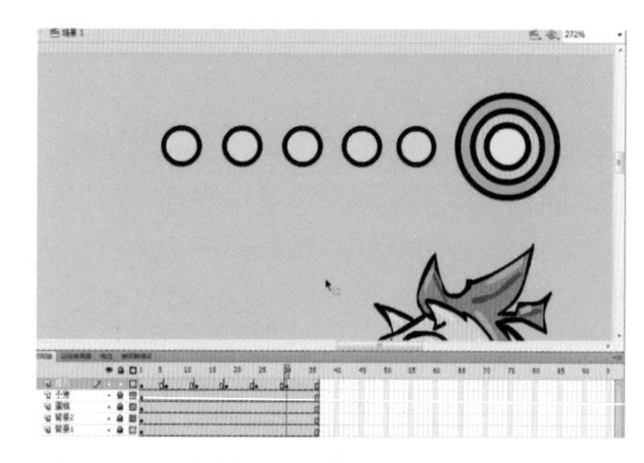

图2-189 选择第50~60帧之间绘制，加一个圆点标

图2-190 测试画面效果

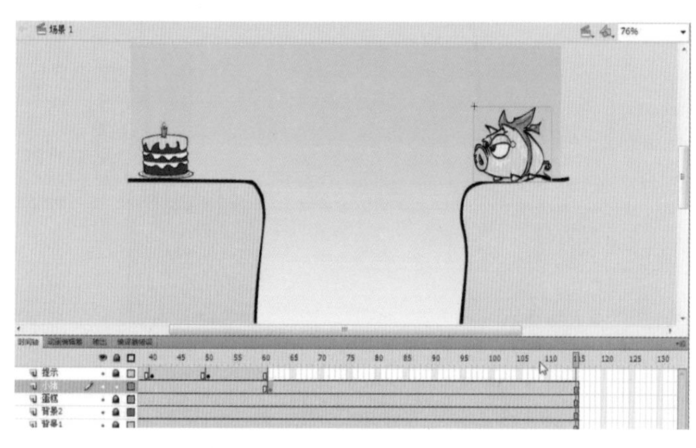

图2-191 选择"小猪"和背景层延长帧到115帧左右

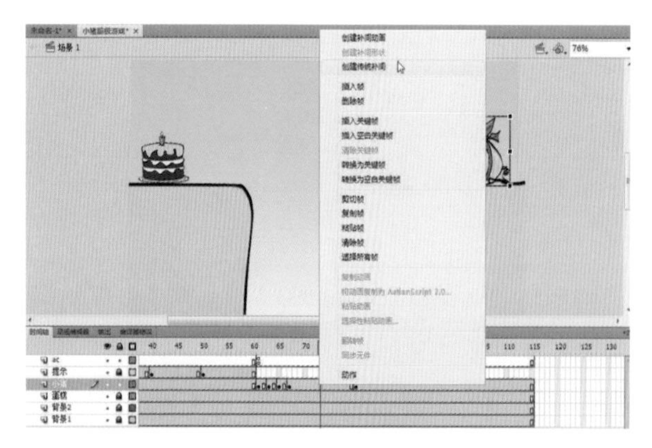

图2-192 右键菜单中选择【创建传统补间】选项

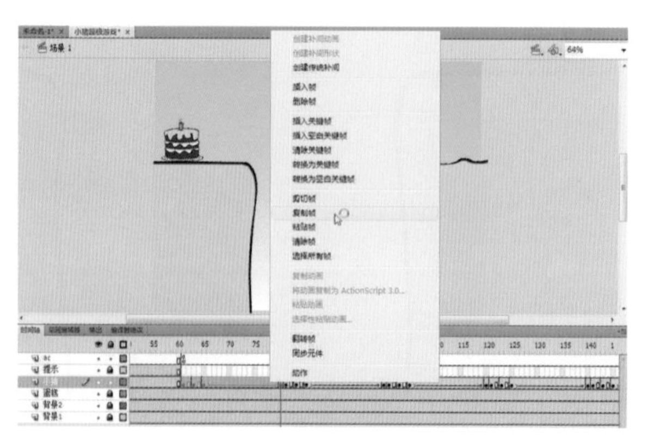

图2-193 连续粘贴五个"小猪"动作

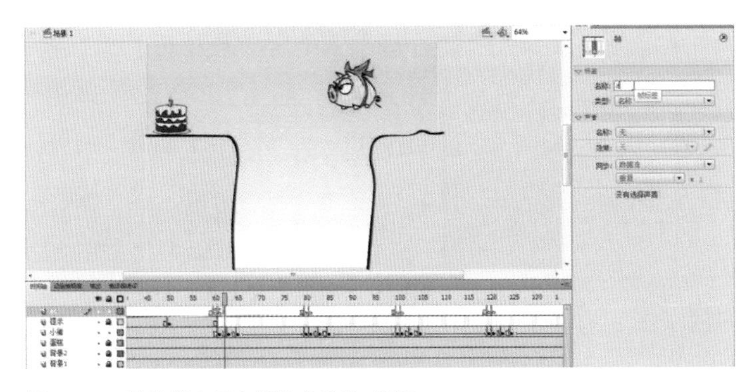

图2-194　属性栏中键入标签名称为a标签

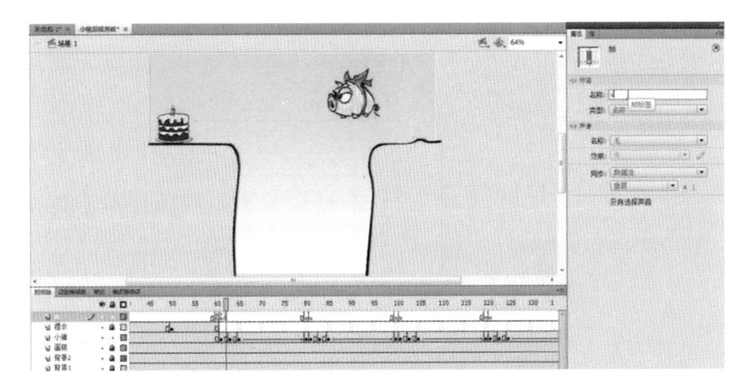

图2-195　按钮“aa01”、“aa02”加入代码语句，实现跳转至帧标记“a”

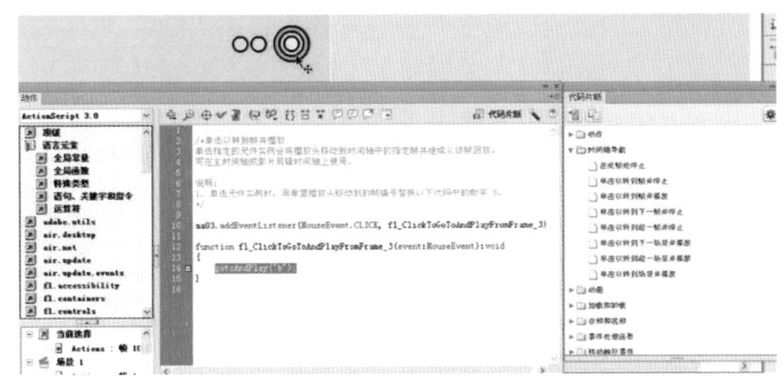

图2-196　按钮“aa03”、“aa04”加入代码语句，实现跳转至帧标记“b”

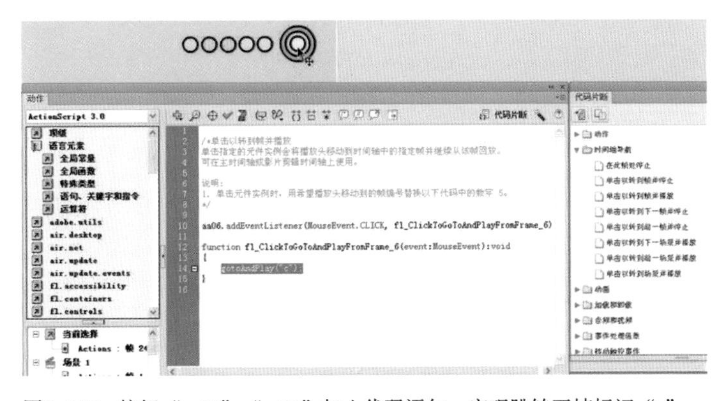

图2-197　按钮“aa05”、“aa06”加入代码语句，实现跳转至帧标记“c”

（4）选择“ac”层，在第61~80帧、81~100帧、101~120帧、121~140帧、141~160帧处【插入关键帧】，并在每一段第1帧处打开属性栏，键入标签名称，每段依次为a、b、c、d、ok五个标签，如图2-194所示。

（5）选择“ac”层第80帧、100帧、120帧、140帧处的右键菜单中选择【动作】，弹出【动作】对话框，键入“gotoAndPlay（1);”。

步骤5　给游戏按钮加入动作语句

（1）分别给按钮命名为“aa01”、“aa02”、“aa03”、“aa04”、“aa06”、“aa07”。

（2）选中按钮“aa01”、“aa02”，鼠标右键单击，选中动作，动作面板下选中【代码片段】>【时间轴导航】>【单击转到帧并播放】。修改代码为gotoAndPlay（"a"）;，如图2-195所示。

（3）选中按钮“aa03”、“aa04”，鼠标右键单击，选中动作，动作面板下选中【代码片段】>【时间轴导航】>【单击转到帧并播放】。修改代码为gotoAndPlay（"b"）;，如图2-196所示。

（4）选中按钮“aa05”、“aa06”，鼠标右键单击，选中动作，动作面板下选中【代码片段】>【时间轴导航】>【单击转到帧并播放】。修改代码为gotoAndPlay（"c"）;，如图2-197所示。

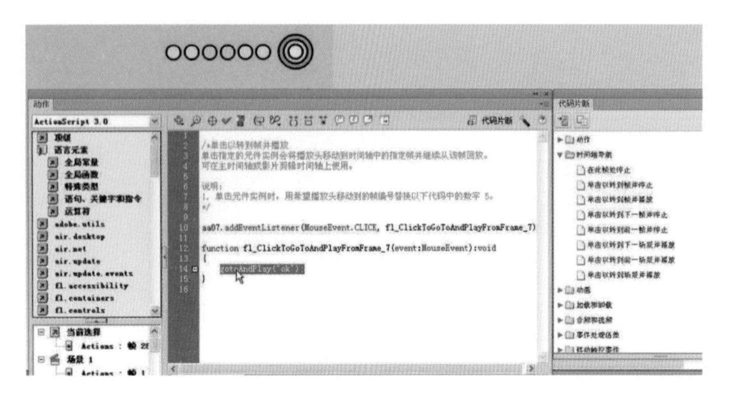
图2-198 按钮“aa07”加入代码语句，实现跳转至帧标记“ok”

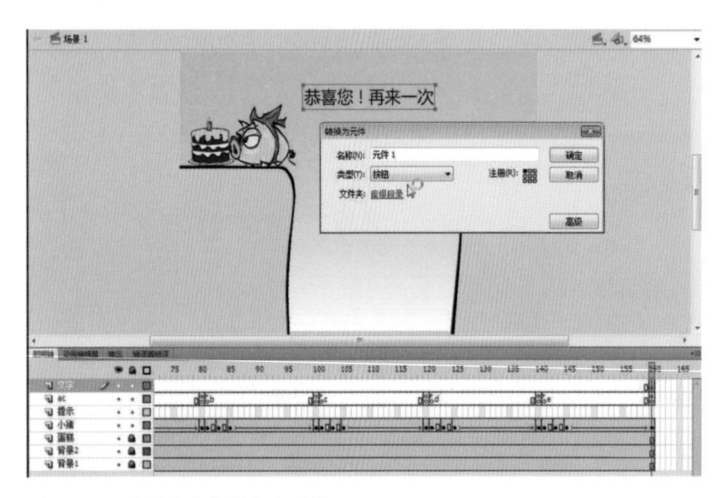

图2-199 右键将文字转化为元件

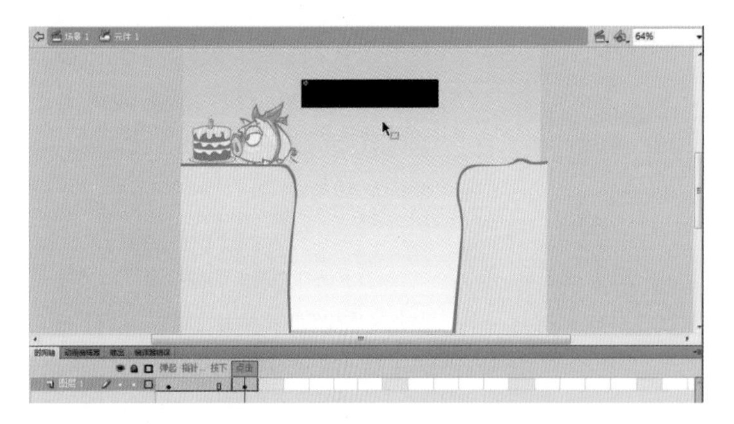
图2-200 选择工具栏中的【矩形工具】将文字覆盖按钮感应区

图2-201 测试游戏效果

（5）选中按钮“aa07”，鼠标右键单击，选中【动作】面板的【代码片段】>【时间轴导航】>【单击转到帧并播放】。修改代码为gotoAndPlay（"ok"）;，如图2-198所示。

（6）选择160帧处，右键菜单中选择【动作】，弹出【动作】对话框中键入“stop（）;”。

步骤6 游戏成功后的按钮制作

（1）新建图层“文字”最后一帧插入关键帧处，选择工具栏中【文字工具】在舞台中键入“恭喜您！再来一次”，右键转化为元件，弹出【转化为元件】对话框中键入“元件1”，类型模式选择“按钮”，单击【确定】按钮，如图2-199所示。

（2）双击进入【元件1】按钮进入内部，选择【点击】帧处【插入关键帧】，选择工具栏中的【矩形工具】，将文字覆盖按钮感应区，如图2-200所示。

（3）双击按钮空白区域回到“场景1”中，选择按钮【元件1】右键菜单，选择【动作】面板下选中【代码片段】>【时间轴导航】>【单击转到帧并播放】。修改代码为*gotoAndPlay(1);*。

（4）选择【控制】菜单下的【测试影片】选项，测试游戏效果，并调节最后一段，完成小猪跳过悬崖成功，如图2-201所示。

步骤7　添加声音

（1）导入小猪跳跃和成功欢呼声音两个，打开【库】进行声音效果测试，如图2-202所示。

（2）在时间轴“小猪”层上，选择第61帧、81帧、101帧、121帧、141帧处打开属性栏中的声音名称选择“跳跃声音”，在第160帧处打开属性栏，将声音名称选择为“成功后声音”，如图2-203~图2-205所示。

（3）选择【控制】菜单下【测试影片】选项，测试游戏效果，如果此时小猪跳跃动作没有声音，打开属性栏中调节【同步事件】，选择【事件】选项，再次测试游戏效果，如图2-206、图2-207所示。

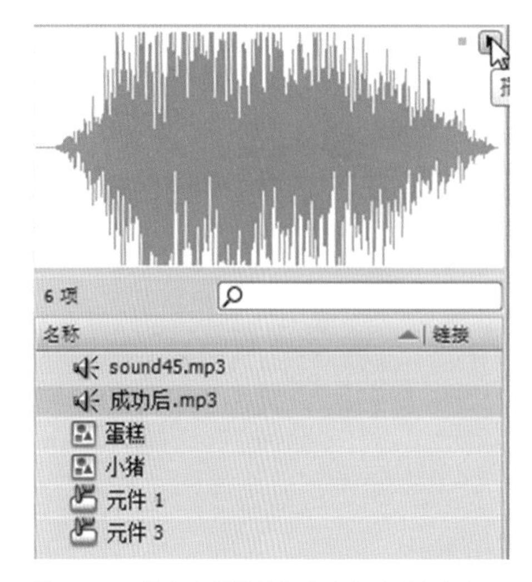

图2-202　导入小猪跳跃和成功欢呼两个声音

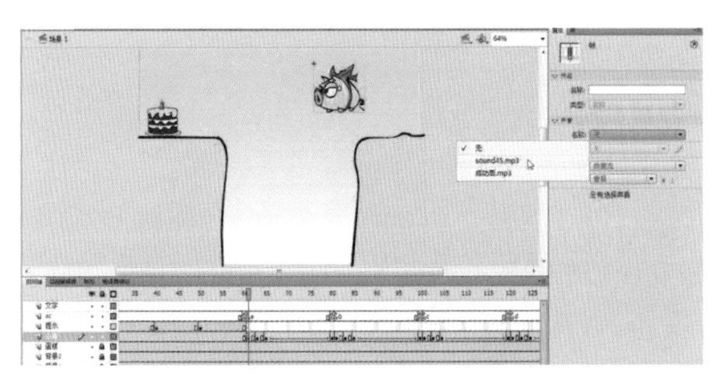

图2-203　第61帧处属性栏中的声音名称选择为“跳跃声音”

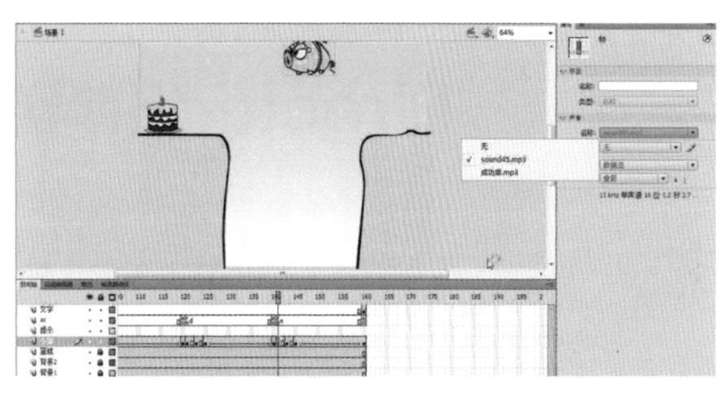

图2-204　第141帧处属性栏中的声音名称选择为“跳跃声音”

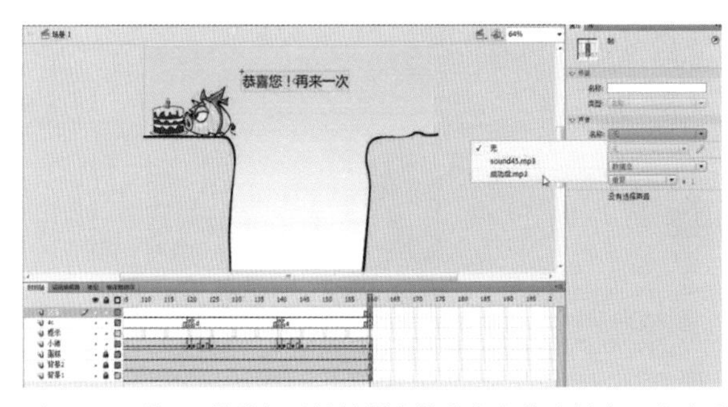

图2-205　第160帧处打开属性栏中的声音名称选择为“成功后声音”

图2-206　调节【同步事件】，选择【事件】选项

图2-207　选择【控制】菜单下的【测试影片】选项，测试游戏效果

课后思考

Flash交互游戏设计的关键内容是什么？

活学活用

本实例为Flash游戏类，采用相同的技术，可以制作出不同的Flash游戏互动设计效果。

现场创作实训

根据所学内容，设计一个游戏场景，策划

一款基于移动终端的交互式小游戏。

创作要求

◎强调游戏的易用性和对玩家的激励机制；
◎注意动画的节奏感，突出故事情节；
◎要求画面色调协调统一；
◎注重游戏设计寓意表达准确及创意效果。

2.2 Director编创软件应用

任何设计方案最终都要通过技术手段来生成，互动媒体设计创意最终从设计到产品也要通过一个平台来实现，Director就是一个非常成熟的多媒体编创软件。在该软件中，虽然不能绘制过于复杂的图形或形状，它主要提供了一个多种媒体共同交互、整合的平台，在这个软件平台上可以调用任何已设计好的图形图像及视频、音频等素材，实现交互创意。

2.2.1 Director界面

在使用Director制作多媒体电影的过程中，如果能够非常清楚地了解Director的工作环境，则可以在很大程度上提高Director电影的开发效率。Director的工作环境主要包括演员表（Cast）、舞台（Stage）、剧本（Score）、控制面板（ControlPanel）、属性检查器（PropertyInspector）和“脚本”（Script）窗口等。如图2-208所示。

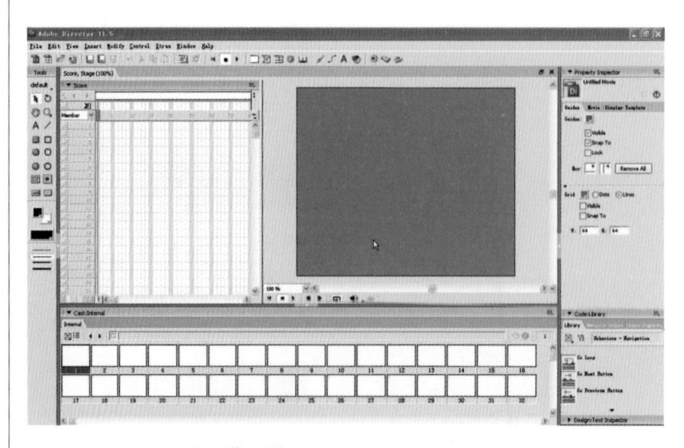

图2-208 Director的工作环境

（1）Cast: Internal（后台）演员表窗口

作品中的所有素材经过导入后，均作为演员保存在该面板中，随时使用。演员是Director电影中最基本的工作要素，演员表则是Director电影中所有演员的集合。使用演员表，用户不仅可以创建或导入新演员，还可以查看和编辑已经存在的演员。

有的演员既能出现在舞台上，也能出现在剧本窗口中；有的演员则只能出现在剧本窗口中，而不能出现在舞台上。能够同时出现在舞台和剧本窗口中的演员主要包括文本、位图、矢量图形、动画和视频等；只能出现在剧本窗口而不能出现在舞台上的演员主要包括声音、调色板和字体等，它们一般出现在剧本窗口的特效通道中。

在将演员放置到舞台上和剧本窗口中形成精灵以后，还需要对精灵在电影中的出场位置、出场方式和出场时间等进行设置。同一个演员可以对应舞台和剧本窗口中的多个精灵，而每一个精灵又可以有其独有的属性设置。改变精灵的属性不会影响与之对应的演员的属性，但是，改变演员的属性却会影响与之对应的精灵的属性。

在Director中，演员表的显示方式有两种：传统显示方式和列表显示方式。以传统方式显示的演员表，演员表中每一个演员的右下角都带有演员所属类型的类型图标。如图2-209所示。

何为演员？已经导入Director中的素材称之为演员，演员的类型包括图像、文字、声音、视频、动画、行为等。演员是存储在演员库中的素材。
何为精灵？演员从演员库中登上舞台后称之为精灵，在Director中真正参演的不是演员而是精灵。

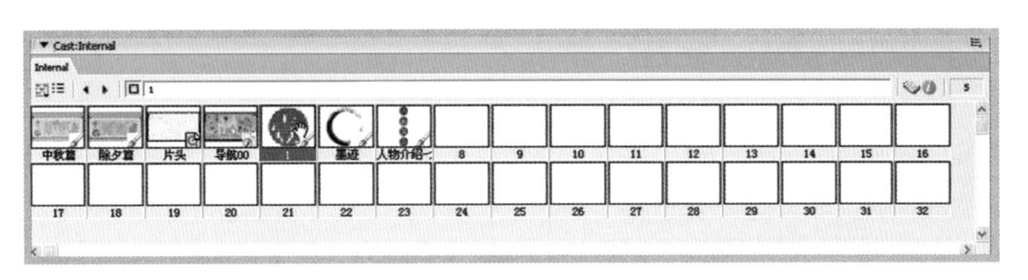

图2-209　Director的演员表

（2）Score（时间线）剧本窗口

该面板主要由普通经营通道窗口、特效通道窗口和时间标尺组成，主要用于记录作品的编程过程。

除了演员表和舞台，Director还需要使用剧本来告诉演员什么时候出场、执行什么操作以及什么时候退场。在Director中，用户可以使用剧本对演员所要执行的操作进行排序，并使其与电影的播放同步发生。在Director中，选择Window Score命令可以打开剧本窗口。

剧本窗口中的水平横行又被称作“通道”，它用于组织和控制演员在电影中的时序关系。Director的剧本提供了多达1000个的精灵通道，用于给精灵编号并控制精灵在电影中出现的时间、地点和行为。除了舞台上的演员以外，电影还需要许多其他方面的元素，比如音乐、解读等。

有的电影还需要加入与观众进行交互的功能，这些都可以通过剧本的特效通道完成。Director剧本提供的特效通道有速度通道、调色板通道、过渡通道、两个声音通道和一个行为通道。如图2-210所示。

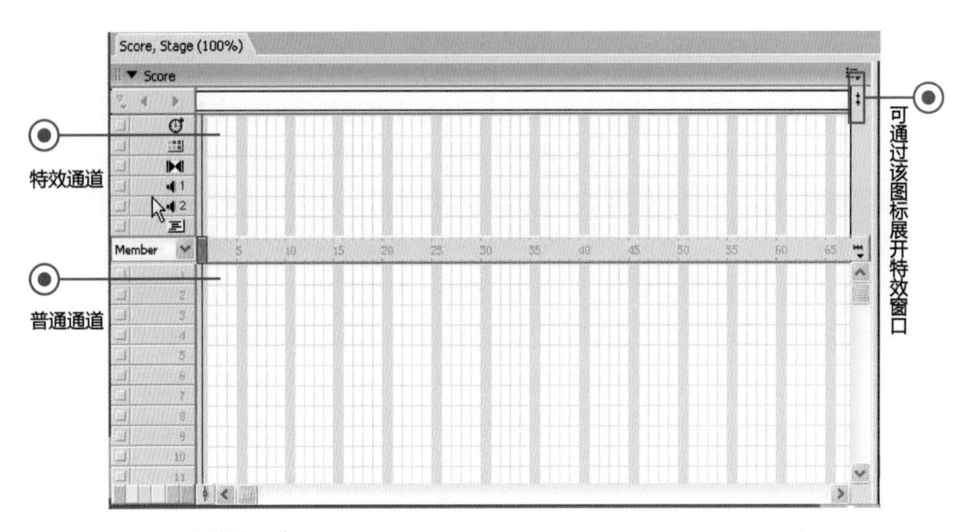

图2-210 Director的特效通道

在特效窗口上方的空白处单击鼠标，可出现游标；当游标不需要时，用鼠标选中当前游标，向下拖拽即可。

在特效窗口最下面通道的空帧上双击鼠标，即可弹出“对话框用语”语言编程。

在通道窗口中，各通道的排列顺序是由下而上依次排列的。下面通道中的内容将遮盖上面通道中的内容（与Photoshop中的图层相反）。

（3）Stage（舞台、工作区）窗口

所有素材（演员）均在该面板中进行编程与表演。舞台是演员演出的场所，它可以覆盖整个计算机屏幕，也可以只占据计算机屏幕的一部分。在Director电影播放的时候，观众看到的所有演出都发生在舞台上。在开始创建任何一部电影之前，都需要对舞台进行设置。如图2-211所示。

图2-211 Stage（舞台、工作区）窗口

（4）Property Inspector（属性）面板

该面板中记录了素材在舞台中的通道号、文件名称、内部与外部的对性、锁定、合层模式、帧属性和行为设置等。如图2-212所示。

① Sprite（常用卡片夹）：主要用于素材在舞台上的坐标位置、尺寸大小及色彩等设置。

② Behavior（编程卡片夹）：主要用于作品中的编程语言的编写。

③ Movie（视频卡片夹）：该卡片夹非常重要，主要用于视频舞台的尺寸设置、色彩调整等。

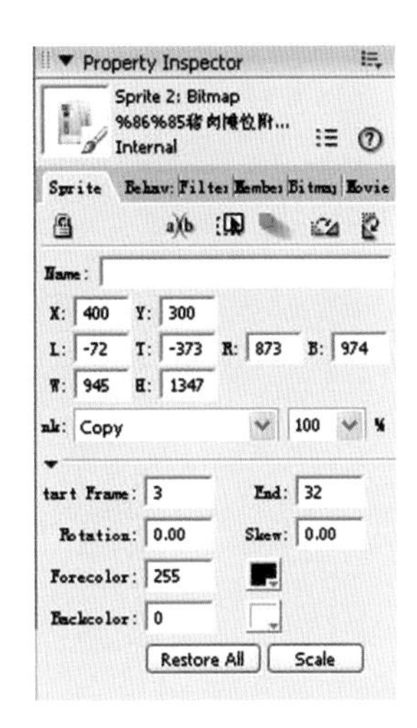

图2-212　Property Inspector（属性）面板

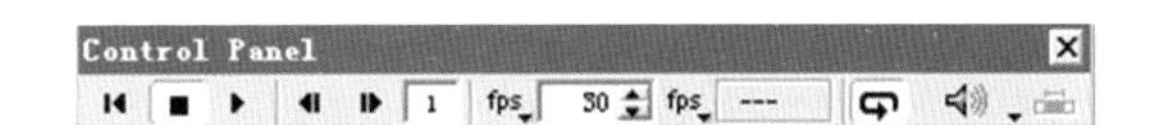

图2-213　控制面板

（5）控制面板

在Director中，使用控制面板可以对电影的播放进行控制，选择*window control Panel*命令可以打开控制面板。使用控制面板，用户可以非常方便地调整电影的播放速度、声音的音量或随意跳到电影中的某一个场景并继续播放。在Director11中，控制面板中的部分按钮已经集成到舞台窗口中。如图2-213所示。

（6）属性检查器

Director中的每一个演员和精灵都具有一定的属性，使用属性检查器中相应的标签可以对它们进行查看和设置。此外，使用属性检查器还可以对整部电影的属性进行设置。在舞台处于打开状态的情况下，选择*Modify Movie Properties*命令，可以打开属性检查器中的Movie标签，使用该标签中的各个选项就可以对整部电影的属性进行设置。

Director中的属性检查器共有两种显示方式。一种是图形显示方式，另一种是列表显示方式，单击属性检查器右上角的*List View Mode*按钮1，可以将属性检查器的显示方式从一种切换到另一种；单击属性检查器中部的扩展箭头，可以隐藏或显示属性检查器下部的面板。

如果要查看和设置整部电影或某个对象的属性，只需选中舞台或所要修改的对象，然后再打开属性检查器中的对应标签，并设置标签中相应的选项。

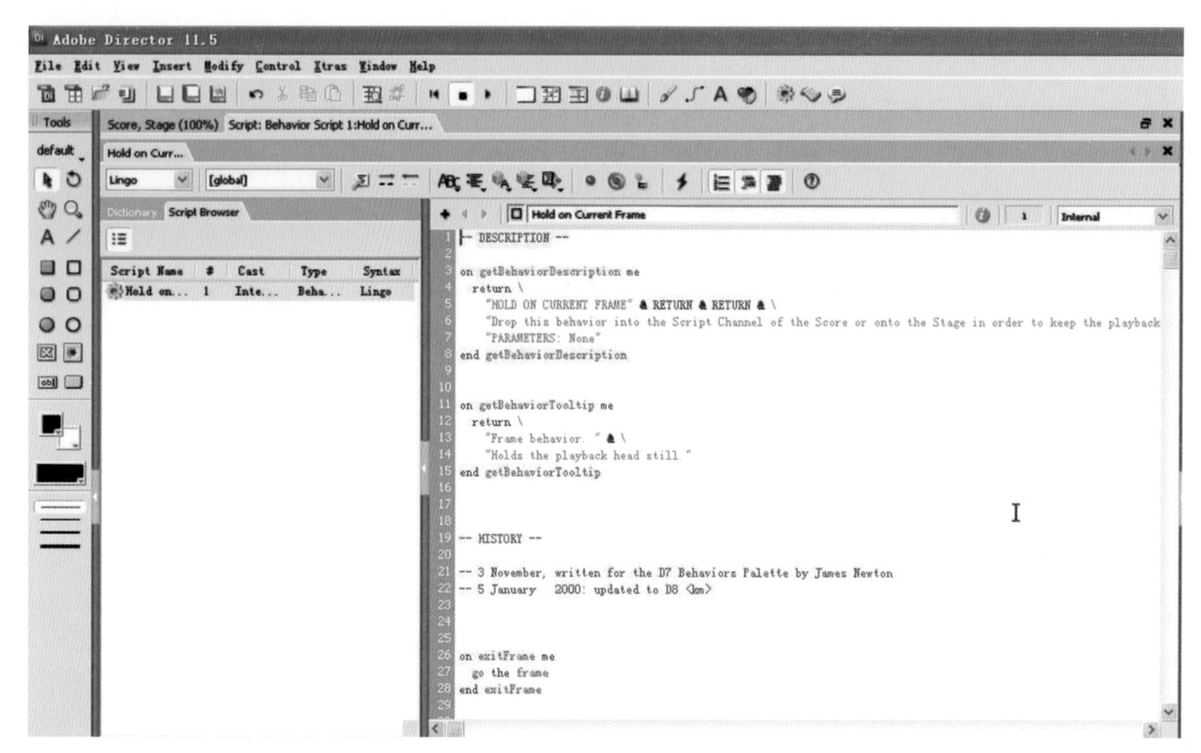

图2-214 脚本窗口

(7)脚本窗口

通过编写脚本，可以为Director电影加入交互特性。在Director中，几乎所有的脚本都可以使用脚本窗口编写，选择*window script*命令可以打开脚本窗口。Director中的脚本既可以用Lingo语言编写，也可以用Javascript编写。其中，Lingo是Dirctor中传统的脚本语言，Javascript则是新引入Director 11中的脚本语言。如图2-214所示。

(8)使用帮助系统

虽然使用Director可以完成非常复杂的任务，但它使用起来依然是很简单的。Director的帮助系统非常有用，因为它包括了与Director命令、特性有关的所有文档资料，而这些资料是经常会用到的。

如果要使用Director的帮助系统，可以依据下面的基本操作步骤：

① 打开Director中的Help菜单，打开Help子菜单，通过单击相关条目可以打开不同的帮助信息窗口。

② 在打开的帮助信息窗口中，可以看到帮助的内容、目录和特殊的帮助主题。

2.2.2 简单的多媒体节目

(1)多媒体节目的自动播放

① 导入素材，菜单File——Import，存放在Cast（后台）窗口中。如图2-215所示。

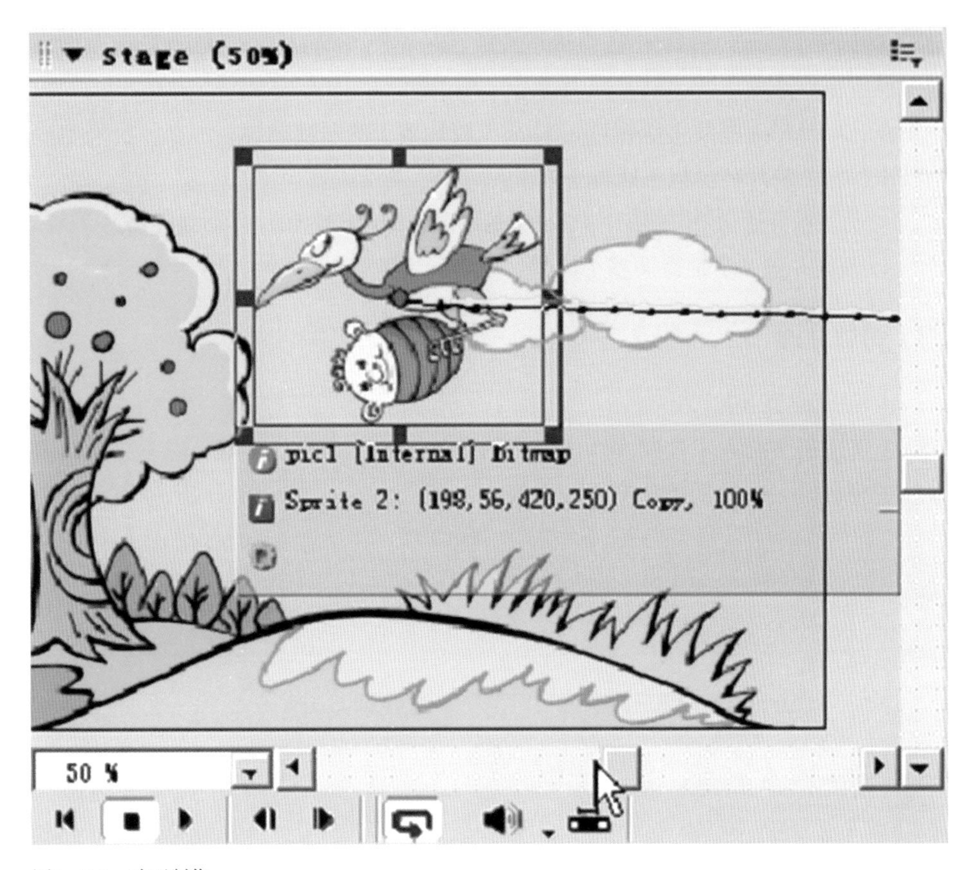

图2-215　动画制作

② 设置舞台的尺寸为640×480；将导入的素材（bg1、pic1、pic2、pic3、pic4）分别拖拽到舞台中，并调整好它们在舞台中的位置和在Score（时间线）面板中各普通精灵通道的位置，然后可将精灵通道1中的bg1在Sprite面板上将其锁定。

③ 选中需要进行动画的素材（pic1、pic3、pic4）中心的红点向一方拖拽，则出现一条动画运动路线，调整开始帧和结束帧的图片，即可产生运动效果。如图2-215所示。

④ 添加关键帧：在Score（时间线）面板中的普通精灵通道2中，选中所要创建帧的位置，单击鼠标右键，在打开的快捷菜单中选择Inserty Keyframe选项，然后调整当前帧中图片的大小和位置等。

⑤ 预览并进一步细微调整（位置、大小、速度等）。

（2）Film Loop（胶片环）

Film Loop（胶片环）是Director软件中的重要特色之一，它可以使演员以动画的形式出现，还可以在此基础上继续进行动画编辑。

① 在Score（时间线）面板的普通精灵通道中选择一个位置，分别将需要制作成Film Loop（胶片环）的素材拖拽到同一通道中，前后排放好，并调整好延迟的时间（普通帧的位置）。

② 按住Shift键选中两帧，全部选中后拷贝（快捷键：Ctrl+C），选中“Cast”后台中的一个新单位粘贴（快捷键：Ctrl+V），在打开的“Create Film Loop”对话框中起名为“loop”（可随意起名）。

③ 选中“Cast”后台中的“loop”，在“Property Inspector — Film Loop”面板中可设置循环选项。

注：如果将时间线上编辑Film Loop（胶片环）的两帧删掉，那么，已经生成的Film Loop（胶片环）将不能再还原。

④ 替换精灵通道2中的图片（pic1）的动画，即可产生胶片环动画效果。

⑤ 预览并进一步细微调整（位置、大小、速度等）。

（3）特效通道

① 速度通道 。

速度通道主要用于控制多媒体节目的播放速度，如快、慢等，但不会影响声音和视频在Director中的播放速度。如图2-216所示。

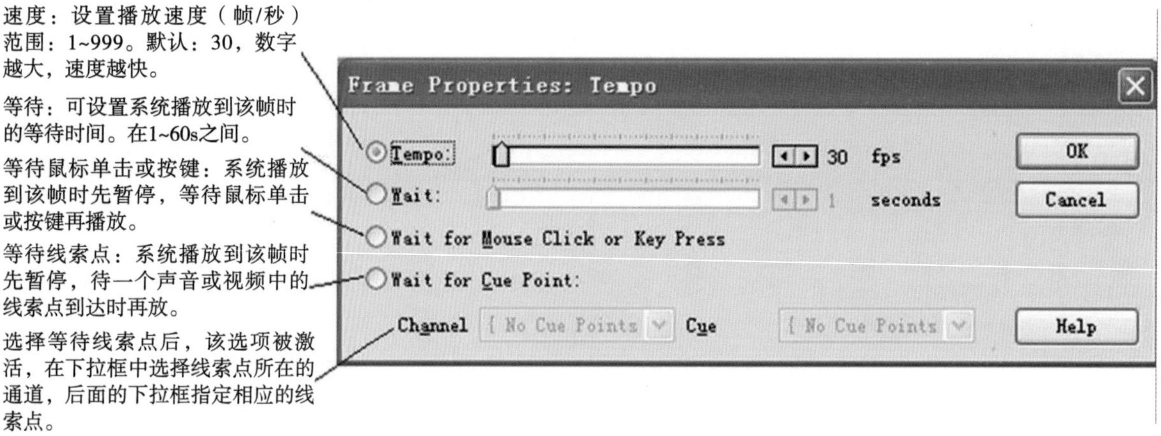

速度：设置播放速度（帧/秒）范围：1~999。默认：30，数字越大，速度越快。

等待：可设置系统播放到该帧时的等待时间。在1~60s之间。

等待鼠标单击或按键：系统播放到该帧时先暂停，等待鼠标单击或按键再播放。

等待线索点：系统播放到该帧时先暂停，待一个声音或视频中的线索点到达时再放。

选择等待线索点后，该选项被激活，在下拉框中选择线索点所在的通道，后面的下拉框指定相应的线索点。

Frame Properties: Tempo

Tempo: 30 fps

Wait: 1 seconds

Wait for Mouse Click or Key Press

Wait for Cue Point:

Channel {No Cue Points} Cue {No Cue Points}

OK Cancel Help

图2-216 速度通道

② 调色板通道 。

用于控制多媒体节目中的调色板。

③ 转场通道 。

在交互多媒体节目中，转场是指基于帧的概念，主要用于帧与帧之间的画面转换处理。如图2-217所示。

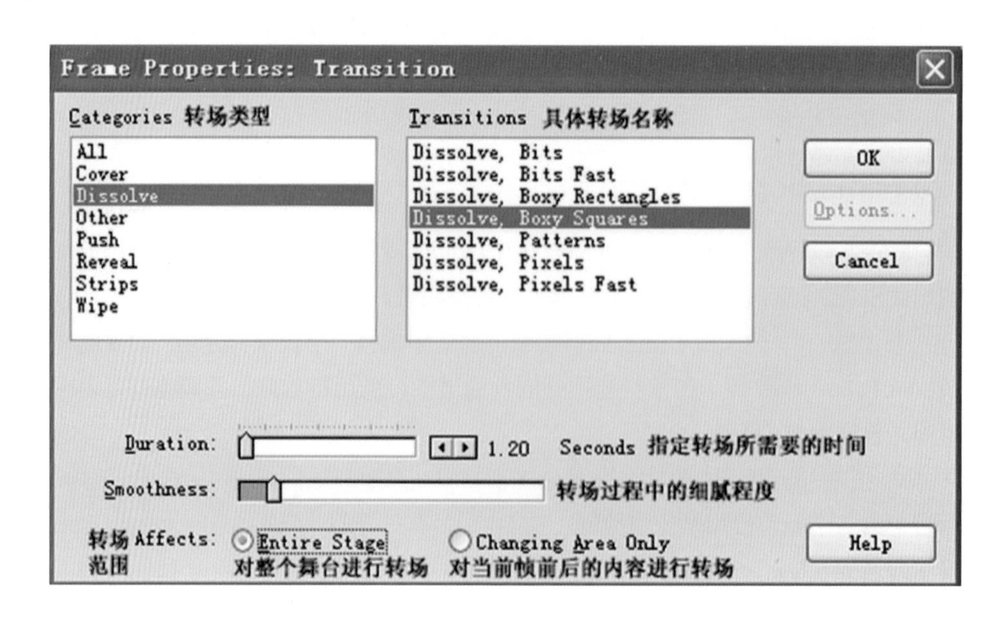

图2-217 转场设计

④ 音效通道 🔉2。

窗口中提供了两个声音通道，主要用于添加多媒体节目中的声音特效，所添加的声音不受播放速度的控制，但帧的长度会影响播放。

⑤ 行为通道 。

用于添加脚本类型的行为（Lingo）语言。

（4）在特效通道上添加Lingo语言

① 为多媒体节目设置其播放的速度、等待时间等，只要在速度通道中的相应关键帧处双击鼠标，即可打开对话框，在对话框中进行相应的参数调整。

② 为多媒体节目添加音效：将以导入的音效文件从Cast（后台）窗口拖拽到音效通道中的相应关键帧处即可。

③ 设置转场效果：只要在转场通道中的相应关键帧处双击鼠标，即可打开对话框，在对话框中选择所需要的转场特效。

2.2.3 文本演员

（1）利用工具箱添加文本

点击工具箱中的文字输入工具，可直接在舞台中添加文字，利用工具箱中的色彩工具可以设置文字的颜色；在已输入到舞台中的文字上点鼠标右键，可以设置文字的字体、字号、样式等。

此种输入方法创建的文字是矢量的，并可直接创建在舞台中（同时也生成在后台Cast窗口中），其视觉效果非常直观，并可以对舞台中的文字随时修改；修改时，只要在舞台中的文字上双击鼠标即可。如图2-218所示。

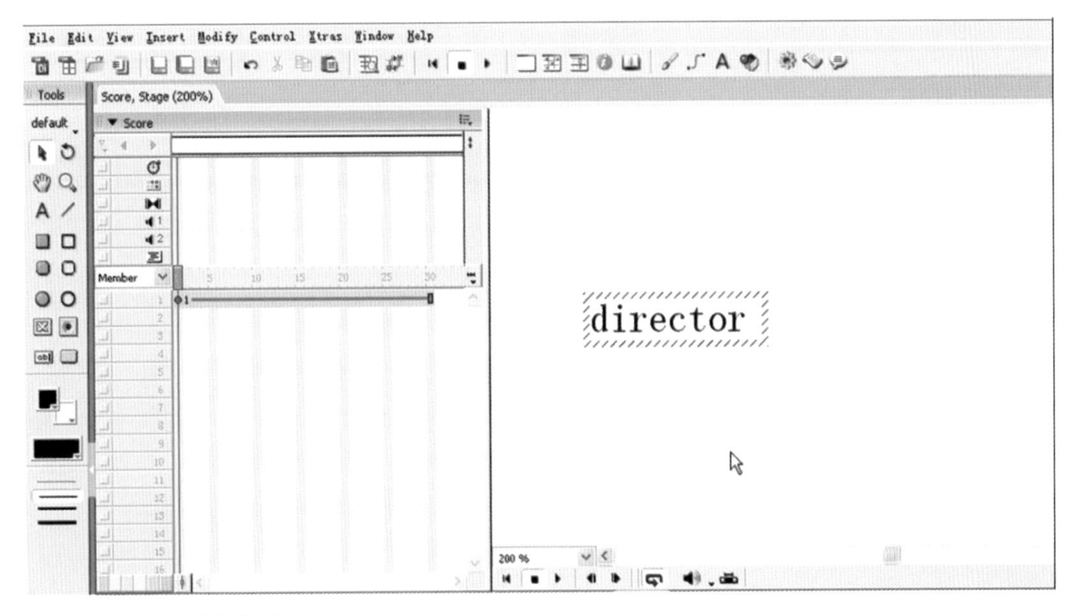

图2-218　利用工具箱添加文本

（2）利用文本编辑窗编辑文本

此种输入方法创建的文字也是矢量的，与利用工具箱添加文本基本相同，只不过是创建在Cast（后台）窗口中，利用界面上方的快捷工具栏中的文字输入工具来创建。点击快捷工具栏中的文字输入工具可打开编辑窗口，在其中可设置和编辑文字，修改时，直接双击Cast窗口中的文本演员即可。如图2-219所示。

（3）位图文本（在Paint窗口中编辑文本）

此种输入方法创建的文字是位图的，也是创建在Cast窗口中，它的好处是已经创建好的文字不会受系统中字库的影响。点击快捷工具栏中的 图标（Paint），在打开的编辑窗口中可利用文字输入工具进行设置和编辑文字，在文字上点鼠标右键设置字体、字号、样式等；但文字一旦确定，将不能再进行编辑。如图2-220所示。

图2-219 利用文本编辑窗编辑文本

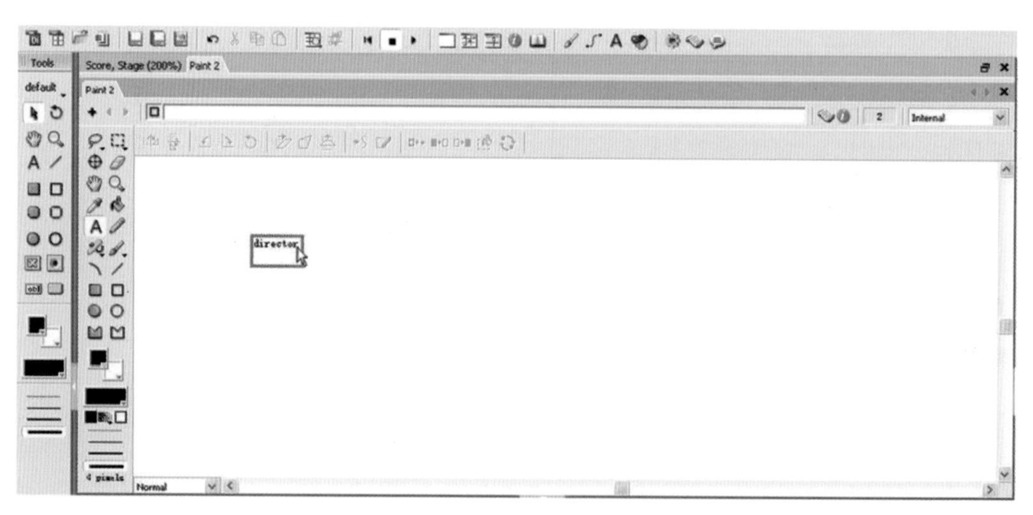

图2-220 位图文本

基本操作

① 利用工具箱中的文字工具为多媒体节目设置矢量文字“完”，并在“Property”面板中的“nk:”设置中设置“Backround Transparent”（背景透明）。

② 快捷工具栏中的图标（Paint）为多媒体节目设置位图文字“The end”，并在“Property”面板中的“nk:”设置中设置“Backround Transparent”（背景透明）。

2.2.4 简单的脚本（Lingo）语言

（1）脚本语言（Lingo）简介

Director中的脚本语言是指控制演员、精灵、帧和其他多媒体行为的程序，和其他程序一样，在Director中该程序称为Lingo语言，是众多编程语言的其中一类。

对于Lingo或JavaScript语言，脚本和行为是相同的，它们都是一系列用Lingo或JavaScript编写的命令。在Director8之前，Director中的自定义脚本分配给演员的脚步与分配给精灵的脚步或脚步通道中的帧的脚本是相对的。使用行为检查器（Behavior Inspector）创建的脚本以及由库面板（Library Palette）提供的行为，是有一些区别的。而现在每一套使用了Lingo或JavaScript的命令都可以看作是行为，也就是脚本。用户可以把每一套Lingo或JavaScript命令都看作是脚本或行为。

但脚本和行为是存在一定区别的——所有的行为都是脚本，但并不是所有的脚本都是行为。就思维方式而言，行为的编写必须是面向对象的，并且对于每一个对象的实体都是可以对其参数进行自定义的。这一点区别没有任何错误。实际上，如果这一点区别得到了普遍地应用，它将是非常有用的。

脚本（或行为）是使用Lingo或JavaScript编写的一系列命令，Lingo或JavaScript都是Director中的脚本语言。脚本可以描述为一个简单的动作（例如在单击某一个按钮的时候，发出蜂鸣声）或一系列复杂的动作（例如在交互游戏中，文字如何在舞台上移动）。在Director的所有用于实现与用户之间交互的工具中，Lingo或JavaScript是最强有力的工具。

用户可以使用Director中的脚本（Script）窗口来即时编写脚本，也可以使用Director中的行为检查器（Behavior Inspecto）选择事件和动作来编写脚本；还可以从库面板（Library Palette）中拖动内置的行为到某一对象上从而创建脚本。在本书后面的内容中，主要使用脚本窗口来即时编写脚本，有时也使用行为检查器来编写脚本。无论是创建自定义的脚本或使用Director中的内置脚本，行为检查器始终是获得与有关脚本信息的最好方式。

（2）脚本的基本功能

Lingo和JavaScript语言是Director Mx 2004自带的模块化、面向对象的程序设计语言，它们是Director Mx 2004实现其交互功能的重要工具语言。随着Director Mx

2004中多媒体技术的不断完善，Lingo和JavaScript语言已经达到了很完善的程度，功能非常强大，主要表现在以下几个方面：

① 可以制作交互的多媒体作品。

② 可以对声音进行控制。

③ 可以对数字视频进行控制。

④ 可以对文本进行控制。

⑤ 可以对按钮的行为进行控制。

⑥ 可以对演员进行控制。

⑦ 可以对电影中画面的切换进行控制。

⑧ 可以扩充Director Mx 2004的功能。

⑨ 可以对3D动画语言进行控制。

当然，Lingo和JavaScript语言的功能还有很多，例如对网络的支持等。总之，使用Lingo和JavaScript语言，用户可以创作出更加优秀的电影作品。

（3）脚本的类型

在Director中，用户可以编写多种类型的脚本。通常所选择编写脚本的类型与下面几个因素相关：

① 存储脚本的位置。

② 分配给脚本的对象（例如精灵或演员）。

③ 脚本可以起作用的位置（例如在某一帧或在整部电影中）。

通常可以编写的脚本类型大致可以分为以下几种类型：

① 初级事件脚本（通常称为初级事件处理程序）。该种脚本通常不算作一类脚本，它是一种“假想控制”脚本。初级事件脚本常常用作第一事件或初级事件的接收器。初级事件脚本可以截取某些事件，例如，当用户单击鼠标左键或按下键盘上的某一个键时发生的事件，以及最后一次单击鼠标左键或按下键盘上的一个键后经过指定时间所发生的事件。

② 剧本脚本。该种脚本只能由剧本窗口中的对象调用。用户可以将剧本脚本分配给精灵或帧，并且只有当电影中的精灵或帧处于激活状态的时候，该种脚本才是可用的。剧本脚本又可以分为精灵脚本和帧脚本，精灵脚本的分配对象是剧本中的精灵。如果需要在一小段时间内或在剧本中的某些特殊部分中控制演员的行为，可以创建精灵脚本，一个精灵可以带有多个精灵脚本。帧脚本的分配对象为剧本中特定的帧。如果希望脚本在某一帧中起作用或希望在不需要用户输入的情况下控制播放头的行为，可以编写帧脚本。经常使用的帧脚本就是使播放头在某一特定事件（例如单击按钮）发生之前停留在某一帧的帧脚本，一个帧只能带有一个帧脚本。

③ 演员脚本。演员脚本是与特定演员相关的脚本，演员脚本可以对任何与该演员对应的精灵产生作用，演员脚本的分配对象是演员。在希望演员无论在什么时候出现在剧本窗口中都执行相同的脚本命令时，演员脚本是非常有用的。如果是在创建类似于Return或Main Menu按钮（它们都可以执行相同的动作）的演员，可以创建演员脚本。一个演员只能带有一个演员脚本。

④ 电影脚本。电影脚本是分配给整部电影的脚本。当电影播放的时候，电影脚本在整部电影中都是可用的。电影脚本可以控制电影开始、结束或暂停时要发生的事情。如果希望在电影中的任何位置都可以访问脚本，可以将脚本放置在电影脚本中。如果每一个演员或帧都需要访问相同处理程序中的函数，可以将处理程序放在电影脚本中。例如，在电影开始播放的时候，用来检测显示器色深的处理程序可以放置在电影脚本中。用户可以像使用其他类型的脚本一样来使用电影脚本。

⑤ 父脚本。父脚本是一种与脚本对象有关的代码框架或类。

除演员脚本以外，所有的脚本都在演员表中占据一个演员位置，多个精灵和帧可以使用相同的剧本脚本，不同演员可以共享同一个演员脚本。演员脚本存在于演员中，只有在选中演员并单击“演员表”（CastMember Script）按钮的时候才能够访问。

在一个事件（例如单击鼠标）发生的时候，Director可以通过发出相同名称的消息做出反应。例如，当用户释放鼠标左键的时候，发生的是mouseUp事件。Director通过发出mouseUp消息做出反应。Director中消息的传递顺序依次为精灵脚本、演员脚本、帧脚本以及电影脚本。在这些脚本中，Director将会依次寻找与消息名称相同的处理程序。在大多数情况下，消息将运行它所遇到的与之相匹配的第1个处理程序，然后消息的传递就会停止。当然，也有例外的情况，就是属于精灵级别的脚本。一个精灵可以带有多个脚本，多个消息常常在所有的精灵脚本中进行查找，并在停止查找之前运行所有找到的与之相匹配的处理程序。例如，一个精灵可以带有两个以上的on mouseUp处理程序，而到达精灵的mouseUp消息将按顺序运行存在于分配给精灵的mouseUp脚本中的所有处理程序。

在电影中，Director按照特定的顺序在脚本中对与所发出消息相匹配的处理程序进行查找后，如果不能找到任何与消息相匹配的处理程序时，Director将忽略消息的存在，并且不做出任何响应。

（4）Lingo语言的添加方式

在本书中详细介绍了Lingo语言的种类，我们根据它的添加方式，将其归纳为三大类：

① 添加在Score（时间线）中的特效精灵通道中的“特定”的帧上，主要用于控制系统在播放的过程中多媒体节目的播放进程状态。当播放磁头进行到该帧时执行此行为，例如停止、跳转、调用等，这是在自动播放过程中产生的特效，也是为系统添加的。

基本操作

在行为通道中特定的关键帧上双击鼠标，在打开的“Script”面板中可看到其基本语言的表现形式为：

```
on exitFrame me
end
```

在两行之间输入相应的Lingo语言即可。如图2-221所示。

② 添加在Cast（后台）窗口中的演员上，添加脚本后的演员左下角会出现脚本图标，同时，该演员也就成为了一个特殊演员。在舞台中凡是以该演员为母体的精灵就都会具有脚本语言。

基本操作

在Cast窗口中的演员上单击鼠标右键，打开快捷菜单后选择“Cast Member Script…”选项，在打开的“Script”面板中可看到其基本语言的表现形式为：

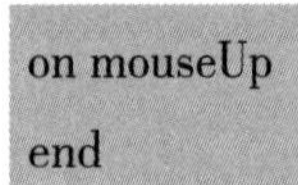

```
on mouseUp
end
```

在两行之间输入相应的Lingo语言即可。如图2-222所示。

③ 添加在舞台中的精灵上，此方法是最常用的方法，添加后的精灵将具备脚本语言，但该脚本语言不会影响到Cast窗口中的演员母体。

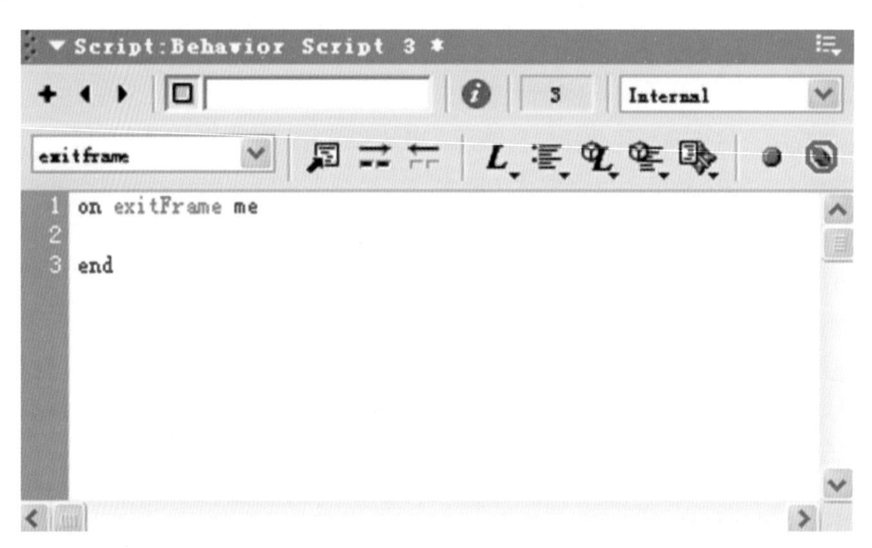

图2-221 输入Lingo语言

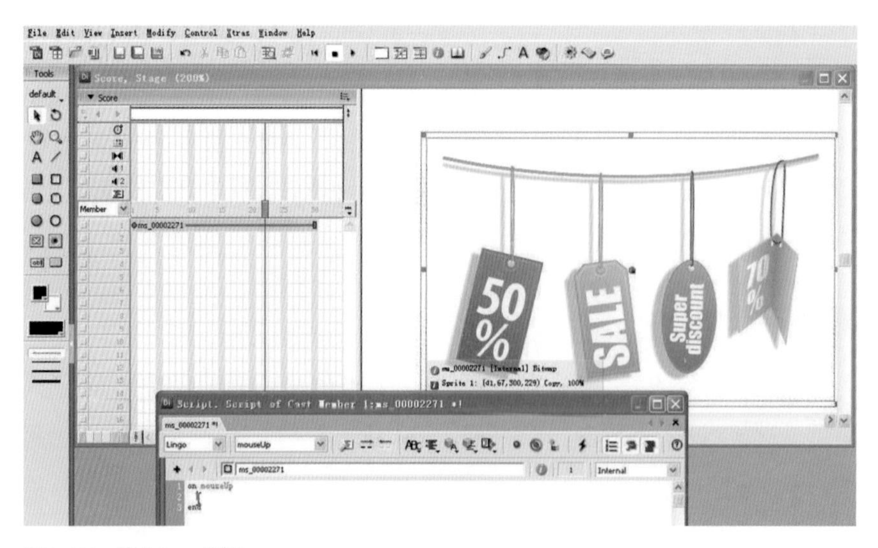

图2-222 输入Lingo语言

基本操作

在舞台中的精灵上单击鼠标右键，打开快捷菜单后选择“Script…”选项，在打开的“Script”面板中输入相应的Lingo语言即可（其语言的表现形式与演员的相同）。如图2-223所示。

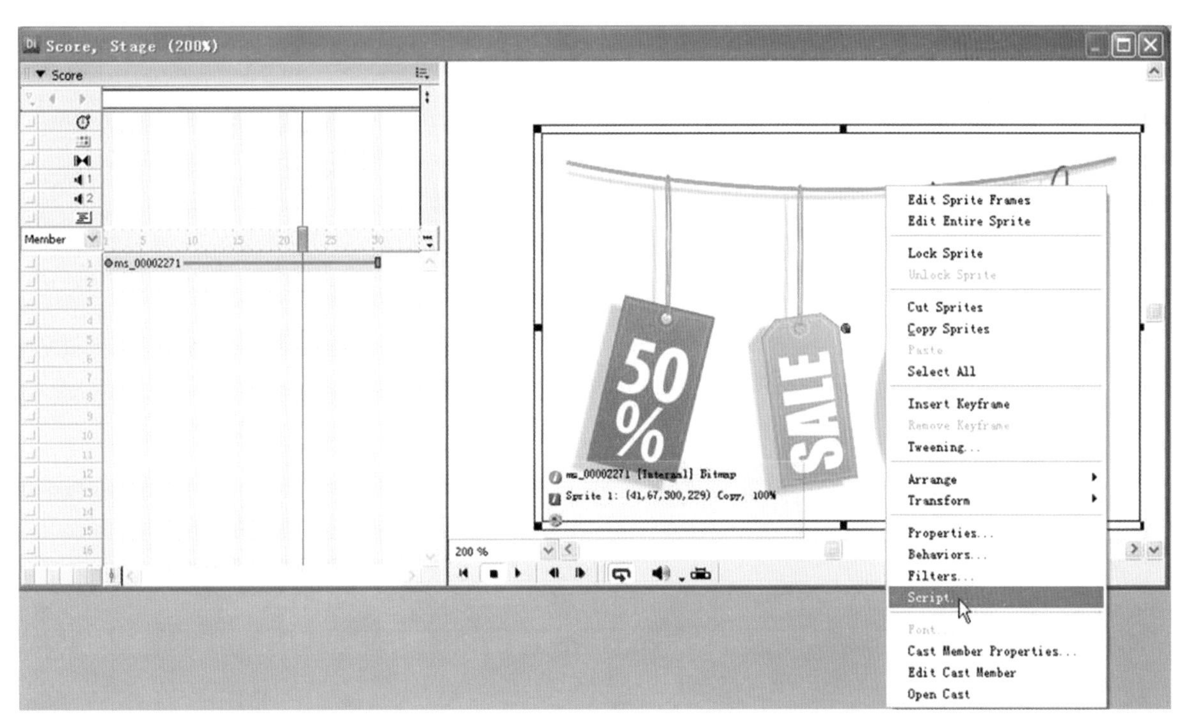

图2-223 在“Script”面板中输入相应的Lingo语言

（5）Lingo语言的基本应用

① 为多媒体节目设置“停止”行为。

```
on exitFrame me
   go to the frame
end
```

为多媒体节目设置“跳转”行为。

```
on exitFrame me
   go 26
end
```

② 在演员上设置“跳转帧”行为。

```
on mouseUp
   go 1
end
```

在演员上设置“下一帧”行为。

```
on mouseUp
   go next
end
```

③ 在精灵上设置“跳转帧”行为。

```
on mouseUp
   go 2
end
```

④ 为多媒体节目设置“退出”行为。

```
on mouseUp
   quit
end
```

（6）Lingo语言的灵活应用

① 用Lingo语言控制精灵的移动。

a．导入素材图片，并将其拖拽到舞台中。

b．选中Score（时间线）中该精灵的所有帧，然后选择菜单“View—Sprite Toolbar”，此时将在Score中打开“Sprite Toolbar”面板。如图2-224所示。

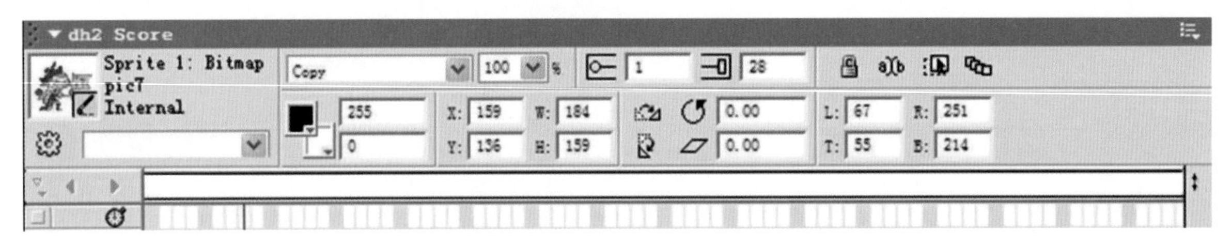

图2-224 “Sprite Toolbar”面板

c．在“Sprite Toolbar”面板中选中“ ”即可。

d．回到舞台中预览，可用鼠标拖拽精灵。

② 用Lingo语言控制精灵的隐藏、显示。

a．导入素材图片，同时利用“ ”绘制“隐藏”“显示”按钮，并将其拖拽到舞台中。

b．在舞台中的“隐藏”按钮上单击鼠标右键打开的“Script”面板，输入：

```
property spriteNum
on mouseUp me
   sprite（1）.visible=false
end
```

c．在舞台中的“显示”按钮上单击鼠标右键打开的“Script”面板，输入：

```
property spriteNum
on mouseUp me
   sprite（1）.visible=true
end
```

d．回到舞台中预览，可用鼠标控制精灵的显示和隐藏（显示、隐藏整个通道）。

③ 钟表的时间设置。

a．利用“ ”绘制钟表表盘，利用“ ”绘制指针，并将其拖拽到舞台中。

b．在行为面板Code：Library中，选择Library卡片夹中的图标“ ”，弹出下拉菜单，在下拉菜单中选择“Controls”选项；在该选项下面，选择“Analog Clock”图标，并用鼠标将该图标分别拖拽至舞台中的“时、分、秒”指针上，同时，在弹出的“Analog Clock”对话框中设置相应的“时、分、秒”选项。如图2-235所示。

c．导入声音文件，在声音通道中添加声音，在行为通道中设置行为“停止”。

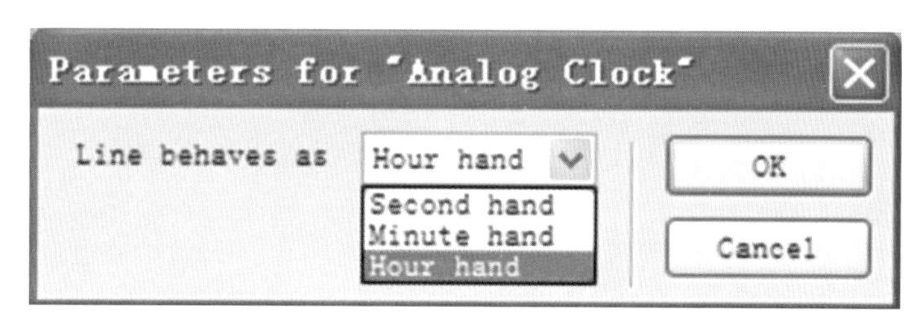

图2-225 Analog Clock

d．回到舞台中预览，即可看到当前的时间。

④ 利用Lingo语言调用声音。

a．在行为通道中添加：

```
on exitFrame me
   puppetsound 1, "xiao1"
end
```

b．在演员上添加：

带链接的按钮

```
on mouseUp
   puppetsound 1, "ding"
go 1
end
```

用按钮调用声音

```
on mouseenter
   puppetsound 1, "ding"
end
```

c．在精灵上添加：

```
on mouseUp me
   puppetsound 1, "ding"
   go 2
end
```

⑤ 利用Lingo语言调用Director节目。

a．在（演员）精灵上添加：

```
on mouseUp me
   play movie "dh1-lingo"
end
```

b. 在行为通道的关键帧上添加：

```
on exitFrame me
   go to movie"n9"
end
```

注：在调用Director多媒体节目时，要将“Xtras”文件夹拷贝到Director多媒体节目所在的文件夹中（C:\Program Files Macromedia\Director MX\）。

然后，将Dtrector安装后文件夹中的下列六个文件拷贝到“Xtras”文件夹中：

msvcrt.dll

Proj.dll

Dirapi.dll

Projctrc.dll

Iml32.dll

Director.exe.manifest

（7）利用Flash按钮控制多媒体节目

① 在Flash中设计制作按钮，并为按钮添加行为语言：

打开“动作—帧”面板，选择“动作—浏览器/网络—getURL”，双击鼠标，在面板右边的“URL（U）：”处书写“lingo:go to frame 2”，完整显示为：

```
on（release）{
   getURL（"lingo:go to frame 2"）;
}
```

② 将Flash按钮输出后，导入Director中，将实例“dh1-lingo.dir”中的“开始”按钮替换成Flash按钮，并将Flash按钮的背景设置为透明。

③ 然后打包，即可实现一个简单的Flash按钮控制效果。

思考题

▶ 思考lingo语言与ActionScript语言在编写方面的异同。

2.3 Director案例学习

在前一阶段讲述软件基本应用的基础上，分别设计和选取六个典型经典案例，通过教师的拆解、分析和引导，使学生具备熟练、灵活应用Director编创平台的能力，同时也初步培养学生的互动媒体产品项目综合设计能力。

2.3.1 案例1:《百威啤酒互动广告设计》

情景化案例描述

本案例是一个经典百威啤酒的互动广告设计。在多年的市场熏陶之后，百威啤酒终于在中国树立了其高端啤酒的形象，设计师将不同酒精度的酒杯作为按钮，通过用户不断地点击不同酒精度数的按钮，画面中的女人变得越来越漂亮。在画面底部始终会有一个警告按钮，提示如果你喝多了，第二天就会变得很可怕。使用户在愉悦的浏览中加深对品牌的理解。

学习重点

- 更换光标
- 更换鼠标成员
- 图像之间的跳转
- 按钮对声音的控制

制作流程

步骤1　导入素材

点击菜单File—Import，置入时间轴普通经营通道中。背景图在通道1中，人物在通道2的关键帧中，按钮在通道4~8中，依次将素材通过Sprite中的坐标值进行对齐设置；用工具箱中的“矩形”

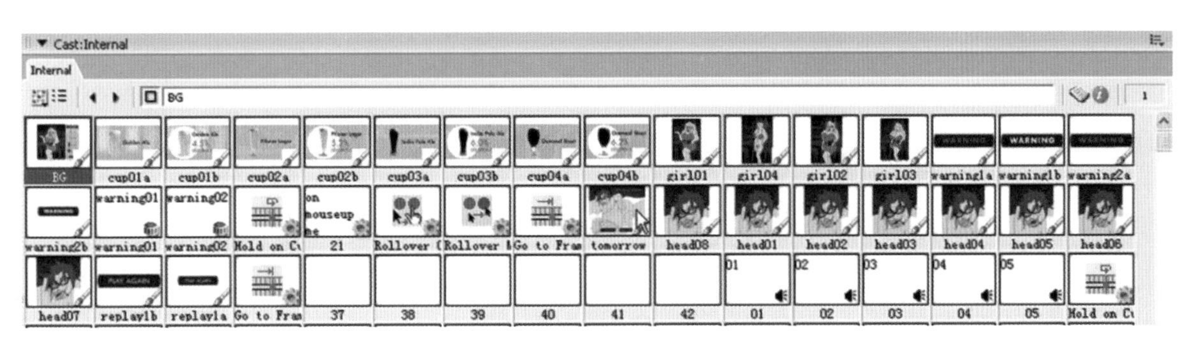

图2-226　导入素材

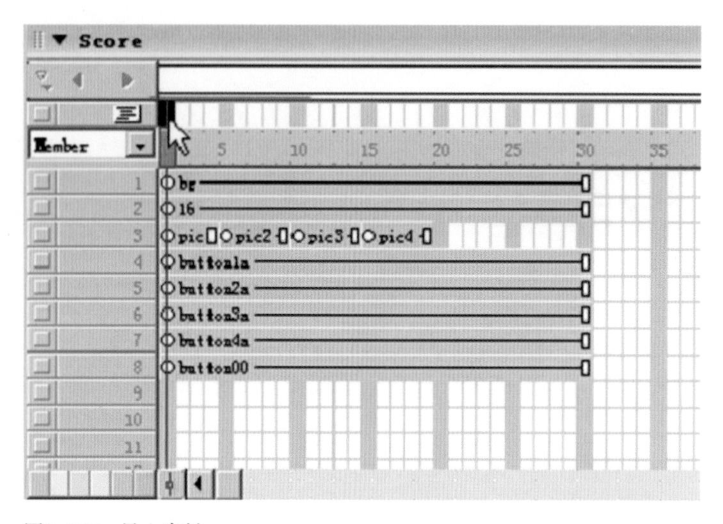

图2-227 导入素材

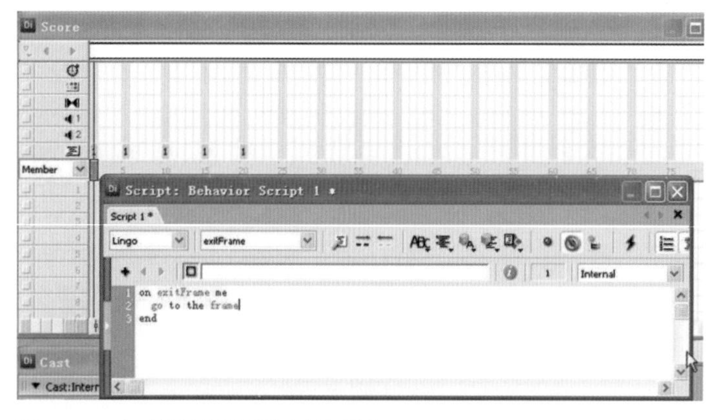

图2-228 在时间轴行为通道上添加语言

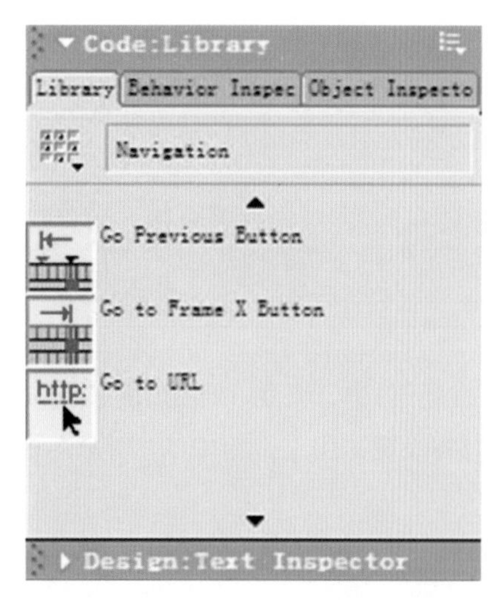

图2-229 在“Navigation”中添加行为

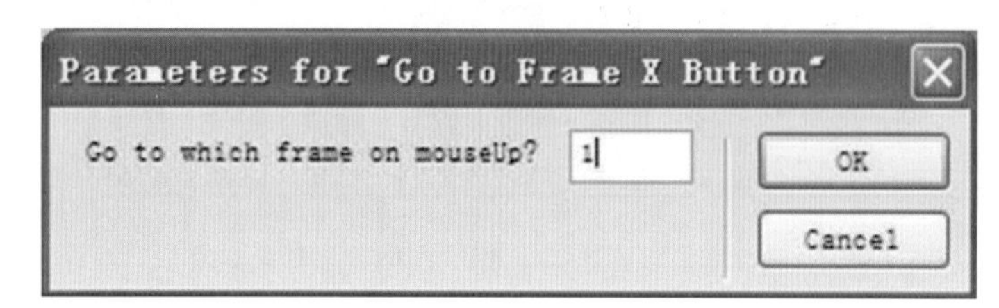

图2-230 在“Navigation”中添加行为

工具绘制长方形，并置于通道3中，放在背景右边，并通过Sprite调整其色彩和透明度。如图2-226、图2-227所示。

步骤2 编辑与设置

（1）在时间轴行为通道“ ”的空帧上双击，写入：

```
on exit Frame me
    go to the Frame
end
```

如图2-228所示。

（2）进行按钮设置：选择行为面板Code：Library，点击Library卡片夹，选择图标“ ”，弹出下拉菜单，在下拉菜单中选择“Navigation”选项；在该选项下面，选择“Go to frame X button”图标，并用鼠标将该图标拖拽至舞台中的按钮上。如图2-229所示。

（3）在弹出的对话框中，输入当前按钮对应素材的帧号。如图2-230所示。

（4）在特效通道第一行中，与素材相对应的空帧上依次设置编程语言，例如“第2步”。

（5）设置按钮的另一种状态，先将按钮的第二种状态导入，存放在Cast窗口中，可先不必放入时间轴中。如图2-231、图2-232所示。

（6）在舞台中选中按钮的第一种状态，再选择行为面板Code：Library，点击Library卡片夹，选择图标，弹出下拉菜单，在下拉菜单中点击“Animation—Interactive”选项；在该选项下面，选择“Rollover Member Change”图标，并用鼠标将该图标拖拽至舞台中的按钮上，在对话框中选择按钮的第二种状态。

说明 在Property Inspector面板的Sprite卡片夹中，“nk：”选项中要选择“Copy”。

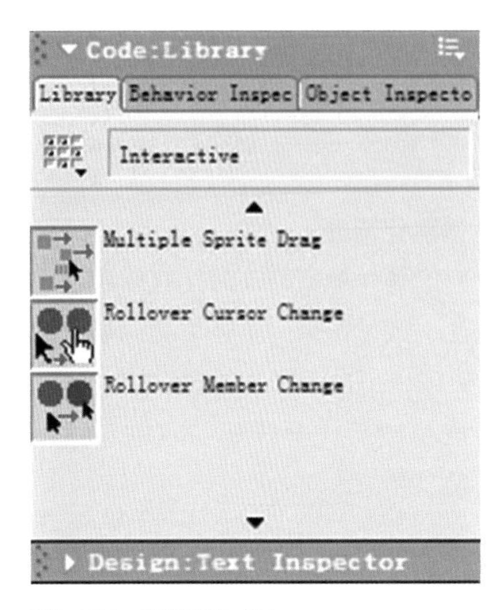

图2-231　替换鼠标成员

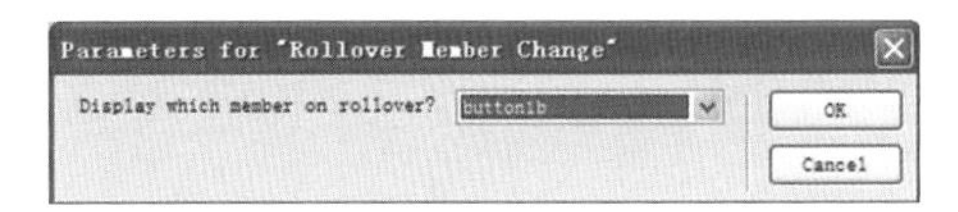

图2-232　替换鼠标成员

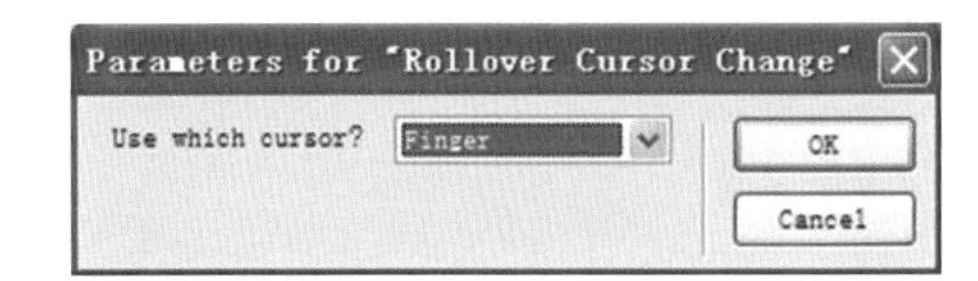

图2-233　更改光标形象

（7）设置按钮的鼠标状态，将鼠标指针变为手型；再选择行为面板Code：Library，点击Library卡片夹，选择图标，弹出下拉菜单，在下拉菜单中选择“Animation—Interactive”选项；在该选项下面，选择“Rollover Cursor Change”图标，并用鼠标将该图标拖拽至舞台中的按钮上，在对话框中选择“Finger”状态。如图2-233所示。

（8）设置按钮的声音：先将所选的声音文件导入，存放在Cast窗口中，可先不必放入时间轴中。

（9）在Cast窗口选中一个空素材的格子，然后按 Ctrl+0 键，在打开的语言编程面板中书写代码。

说明代码含义 当鼠标单击按钮时，声音通道1播放音乐“01”。

```
On mouseup me
    Puppetsound 1,” 01”
End
```

图2-234　打包前提示保存源文件

（10）将该语言素材演员从Cast窗口中拖拽到舞台的按钮上，然后选中按钮，打开Property Inspector面板的Behavior卡片夹中，将声音设置调整到其他设置的最上方。

（11）打包：选择菜单File—Create Projector，此时弹出对话框提示保存原文件；确定后，在打开的对话框中选择“Options”进行设置，然后点击“OK”；选中打包文件，选择“Add”，然后选择“Create”，最后选择“保存”。如图2-234、图2-235所示。

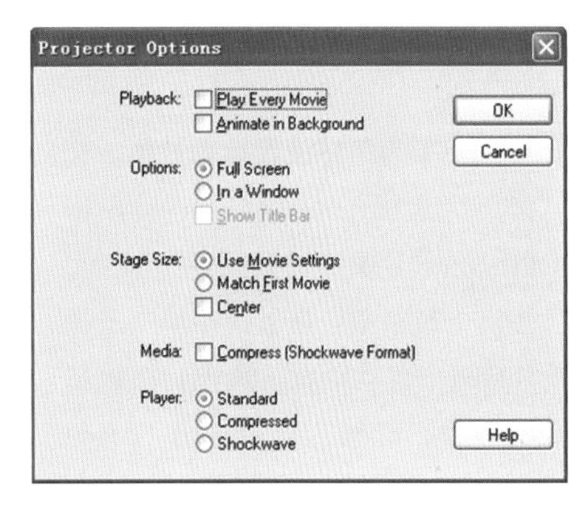

图2-235　文件打包

2.3.2 案例2：互动游戏设计

情景化描述

这是一个交互式的扎气球游戏设计，经过指定的热区，光标会变成钉子，用户可以拿钉子去扎气球。气球扎破后，会伴随一定的音效效果。

学习重点

- 用位图替代鼠标
- 鼠标触及热区感应事件
- 图像之间的跳转
- 按钮对声音的控制

制作流程

（1）导入素材。点击菜单File—Import，置入时间轴普通通道中，背景图在通道1中，并在Sprite面板将其锁定；气球（qq1—qq4）在通道3~6中，利用工具箱中的“矩形”工具绘制区域，并放在舞台的通道7中，通过Sprite调整其色彩和透明度；将锥子放入舞台通道8的第5帧上（“矩形”区域以外）。如图2-236所示。

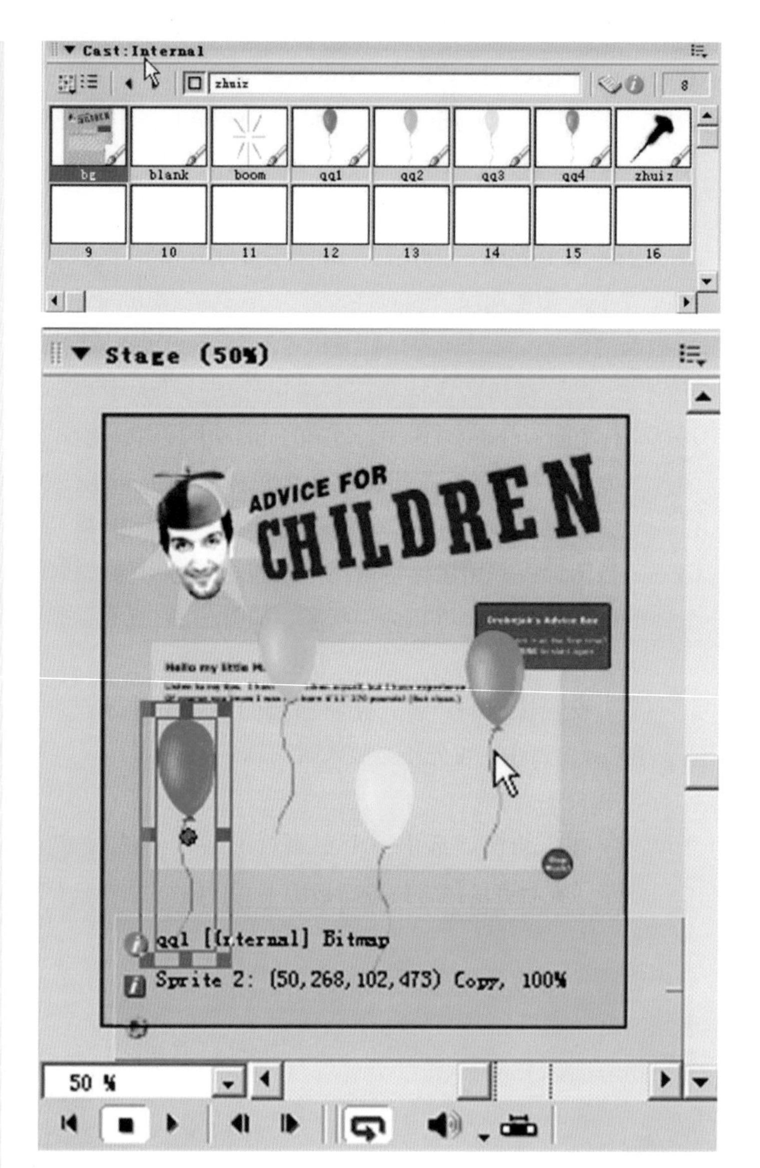

图2-236 导入素材

（2）添加停止行为。在行为通道1和5的空帧上双击，写入：

```
on exit Frame me
   go to the Frame
end
```

Parameters for "Slide In Out"

Slide in or out? In

Automatic slide direction (point uses values entered below) Point

Point Horizontal Value 115

Point Vertical Value 403

Start automatically, when clicked, or by message? Automatic

Slide cycles (0 = one slide only, -1 = repeat forever) -1

Time period for slide (seconds) 1.90

OK Cancel

图2-237 为气球设置运动效果

（3）为气球设置运动效果。选择行为面板Code：Library，点击Library卡片夹，选择图标“ ”，弹出下拉菜单，在下拉菜单中选择“china—自动动画”选项；在该选项下面，选择“自动进出（Slide In/Out）”图标，并用鼠标将该图标拖拽至舞台中的每个气球上，在打开的对话框中设置运动的距离、速度、循环。如图2-237所示。

（注：“China”选项安装：打开“中文行为库”文件夹，并将其中的文件拷贝，粘贴到文件夹“Director—Lids”中，在“Lids”文件夹中新建文件夹“China”，将文件放入其中即可。）

（4）设置鼠标跟随的效果。在Photoshop中制作透明位图，约20×20。由于鼠标改换为位图时，对色深是有要求的，先在Cast窗口选中透明位图，再选择菜单“Modify—Transform Bitmap”命令，将锥子图片中的颜色转换为8Bits，这时会在“Cast”后台窗口中出现一个鼠标指针图标，并起名为“aaa”；

（5）添加鼠标透明。选择菜单“Insert—Media Element—Cursor”命令，在对话框中选择“Add”，即可点击“Preview”和“Stop”按钮预览和停止。如图2-238所示。

（6）设置跟随鼠标。点击Library卡片夹，选择图标“▒”，弹出下拉菜单，在下拉菜单中选择“交互Interactive”选项；在该选项下面，选择“跟随鼠标（Sprite TrackMouse）”图标，并用鼠标将该图标拖拽至舞台中的锥子上，在打开的对话框中选择“精灵中央对齐光标热点”选项。

（7）将鼠标指针与钉子对齐。在舞台中双击锥子图片，打开Image窗口，如图2-239所示。

（8）为透明热区添加行为。将通道7中绘制的区域解锁，在舞台的区域上点鼠标右键，选择“Script”选项打开行为面板，在其中书写：

```
on mouseenter me
    cursor (member"aaa")
```

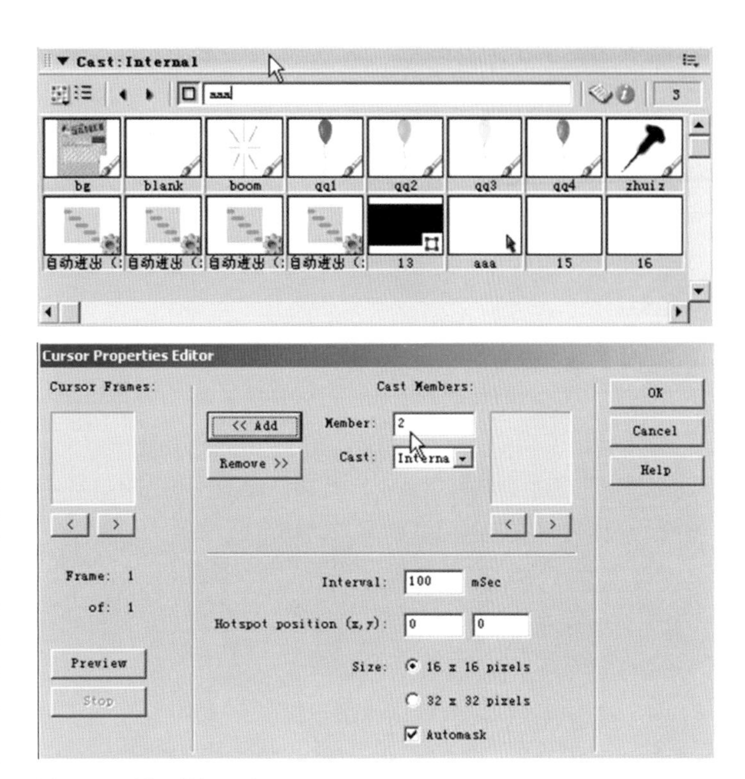

图2-238　设置鼠标跟随

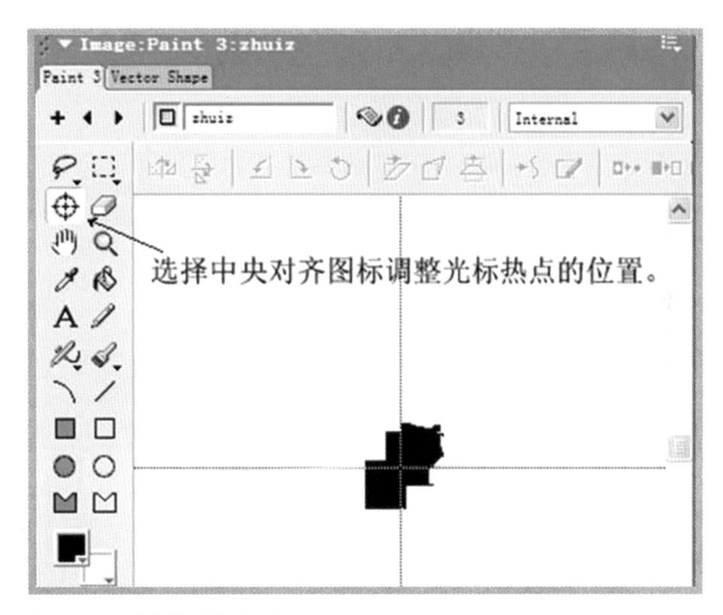

图2-239　对齐鼠标指针和钉子尖

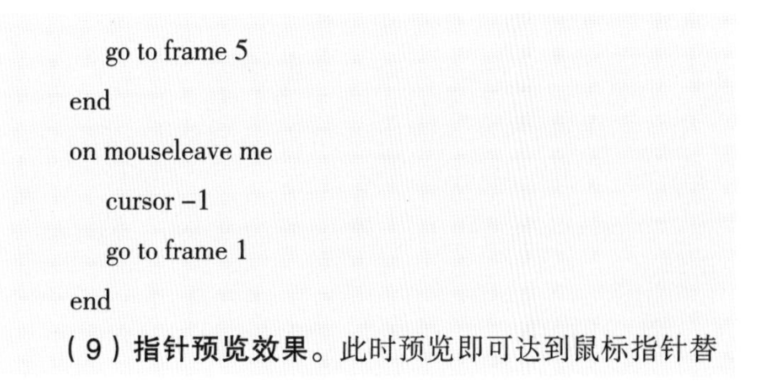

```
    go to frame 5
end
on mouseleave me
    cursor -1
    go to frame 1
end
```

（9）指针预览效果。此时预览即可达到鼠标指针替换的效果。如图2-240所示。

（10）制作气球被扎破的效果（Film Loop）。

① 将气球爆破的图片拖拽到时间线上的任意位置，将结束帧与第一帧重合，再拖拽一次放在此帧后面，并将该帧爆破的图片设置为透明，按住Shlft键选中两帧拷贝（Ctrl+c）；

② 选中Cast（后台）中的一个新单位粘贴（Ctrl+v），在打开的“Create Film Loop”对话框中起名为“boom2”；

③ 选中Cast中的“boom2”，在“Property Inspector—Film Loop”面板中钩掉“Loop”选项，使其不再循环。

④ 将时间线上的两帧删掉。

图2-240 预览鼠标指针替换

（11）为鼠标扎气球动作添加代码。选中Cast中的一个新单位，按快捷键 Ctrl+0 打开行为面板，在其中书写：

```
on mousedown me
  case the currentspritenum of:
    3:sprite（3）.member=member"boom2"
      4:sprite（4）.member=member"boom2"
      5:sprite（5）.member=member"boom2"
    6:sprite（6）.member=member"boom2"
  end case
end
```

（12）为动画添加声音。导入声音文件，“ding”“ding1”；选中“Cast”后台中新创建的行为，点右键选择“Cast Member Script”再次打开行为面板，在其中继续书写：

```
on mousedown me
  case the currentspritenum of:
    3:sprite（3）.member=member"boom2"
    puppetsound 1，"ding"
    4:sprite（4）.member=member"boom2"
    puppetsound 1，"ding"
    5:sprite（5）.member=member"boom2"
    puppetsound 2，"ding1"
    6:sprite（6）.member=member"boom2"
    puppetsound 2，"ding1"
  end case
end
```

（11）、（12）两个步骤可合为一步，如图2-241所示。

（13）为气球加载行为。将新创建的行为从Cast中分别拖拽到时间线上的4个气球通道上。

（14）打包。选择菜单File—Create Projector打包，完成。如图2-242所示。

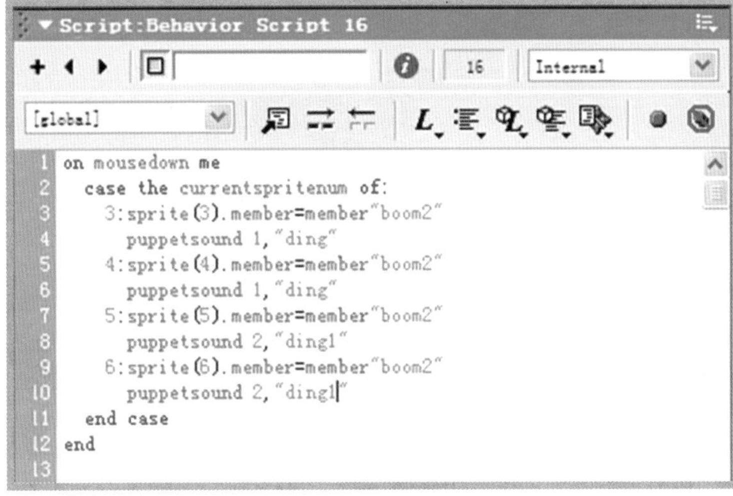

图2-241　为动画添加声音

图2-242　预览效果

2.3.3　案例3：绝对伏特加互动广告设计

情景化描述

绝对伏特加已经在世界范围内不同的广告盛会上获得了至少300多个奖项。在美国，烈酒广告主不能使用电视或电台媒介，为了让平面及网络广告获得与电视广告同样震撼的效果，广告主在创意上下足了功夫。该互动广告宣传的卖点是通过让用户亲自使用榨汁机榨柠檬的过程加深对广告的印象，绝对纯粹的伏特加酒就像鲜榨出的柠檬汁一样。

学习重点

- 鼠标的跟随与吸附效果
- 鼠标触及热区感应事件
- 图像之间的跳转
- 按钮对声音的控制
- Loop动画的灵活应用

制作流程

（1）在面板Property Inspector—Movie中设置舞台尺寸：345×290；导入素材：菜单File—Import。如图2-243所示。

（2）把背景（background.jpg）放入时间轴经营通道：通道1中，将结束帧设置为60处；并在Sprite面板中将其锁定。

（3）分别制作抬起（Up）和压下（Down）的运动酒瓶（Loop）：

① 先制作压下（Down）的运动酒瓶，在Cast：Internal（后台）窗口中选中酒瓶图片bottle07~bottle01，并按住 Alt 键，将其拖拽到时间轴的普通经营通道中的任何位置。这时形成逐帧动画；选中普通经营通道中的逐帧动画拷贝（或拖拽）到Cast：Internal窗口中（Ctrl+c 、Ctrl+v ），形成Flam Loop，并起名为Down，再在面板Property Inspector—Film Loop中勾掉Loop选项。

说明 酒瓶图片在Cast：Internal窗口中的摆放顺序一定为倒序bottle07~bottle01。

② 根据步骤①，再制作抬起的运动酒瓶Flam Loop，并起名为Up。

说明 调整酒瓶图片在Cast：Internal窗口中的摆放顺序，此时的顺序一定为正序bottle01~bottle07。

（4）将Loop（down）放在通道2的第5帧中，再将Loop（up）放在通道2的第6帧中，并调整其位置，使它们均与背景图案对齐。

（5）根据步骤4的制作方法，再分别在通道2的第20帧放Loop（down）、第21帧放Loop（up）；第35帧放Loop（down）、36帧放Loop（up），使运动酒瓶的压下和抬起分别在通道2中重复3次（可用快捷方式 Ctrl+c 、Ctrl+v ）。

（6）选中通道21的第60帧，将Cast：Internal窗口中的素材“Over”拖拽到舞台中，并将位置对齐。

（7）在行为通道1和5、16和20、31和35、59和60的空帧上双击打开“Sprite”面板，写入：

```
on exitFrame me
  go to the frame
end
```

（8）选中通道8的第1帧，回到舞台中间，在酒瓶的中间利用工具箱中的“矩形”工具绘制方形，并在Sprite面板中将其设置为透明，然后将其拷贝到本通道的第5帧。如图2-244所示。

（9）根据步骤6的制作方法，再分别在通道8的第16帧和第20帧、第31帧和第35帧、第59帧处分别拷贝此透明的方形。

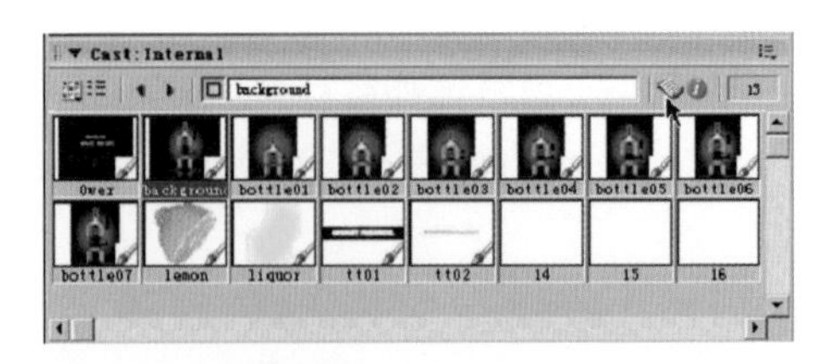

图2-243 导入素材

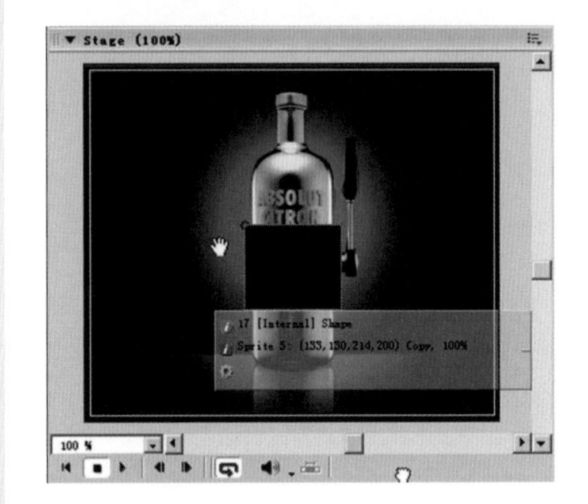

图2-244 绘制热区

（10）分别选中通道8中各帧的透明方形，此时透明方形的选中状态将显示在舞台中，为每一个透明方形添加行为（Lingo语言），在透明方形上点鼠标右键，选择“Script”选项打开行为面板，写入：

```
on mouseenter me
  go to frame（5）
end

on mouseleave me
  go to frame（6）
end

on mouseenter me
  go to frame（20）
end

on mouseleave me
  go to frame（21）
end
```

```
on mouseenter me
   go to frame（35）
end

on mouseleave me
   go to frame（36）
end

on mouseenter me
   go to frame（60）
end
```

（11）在快捷工具栏中选中“Paint”图标如图2-245所示。

在打开的Image Paint对话框中利用圆形工具绘制一个小的正圆，关掉对话框，然后选中通道7的第1帧，将小圆图标从Cast：Internal窗口拖拽到舞台中，将其调为透明，并将结束帧调到第4帧（或直接利用工具箱中的圆形工具在舞台中绘制一个小的正圆，并将其调为透明）。如图2-246所示。

（12）为所绘制的透明圆设置“跟随鼠标”：在Library卡片夹中选择图标“ ”，在下拉菜单中选择“china—交互Interactive”选项；在该选项下面，选择“跟随鼠标（Sprite TrackMouse）”图标，并用鼠标将该图标拖拽至舞台中的透明圆上，在打开的对话框中选择“精灵中央对齐光标热点”选项。

图2-245　Image Paint

（13）选中通道7中的第1帧至第4帧进行拷贝，然后粘贴到通道7中的第16~19帧、第31~34帧。

（14）选中通道20中的第1帧，将柠檬（lemon）拖拽到画面以外左侧，并将结束帧调到第4帧；选中通道20中的第16帧，将柠檬（lemon）拖拽到画面以外右侧，并将结束帧调到第19帧；选中通道20中的第31帧，将柠檬（lemon）拖拽到画面以外下方，并将结束帧调到第34帧。

（15）为柠檬（lemon）设置“跟随精灵（Follow Sprite）效果：在Library卡片夹中选择图标“ ”，

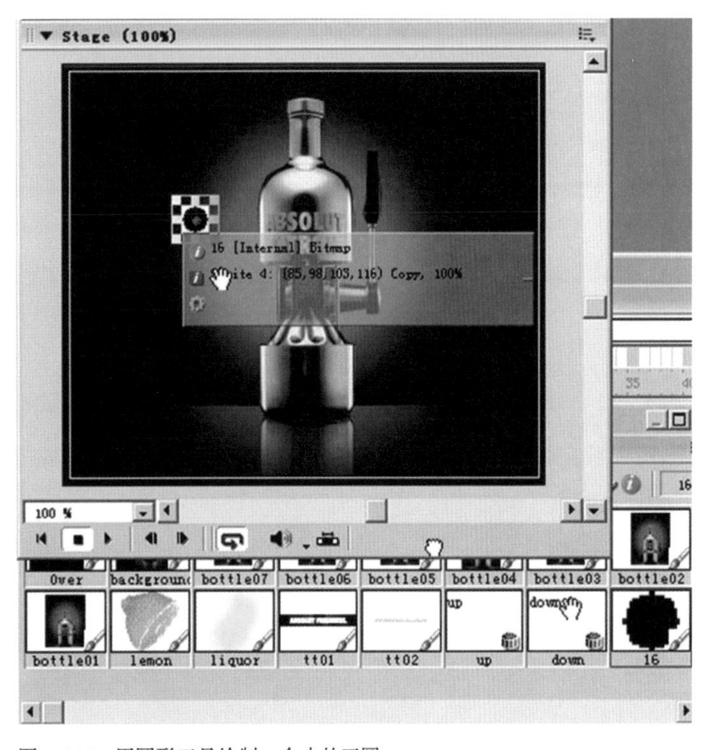

图2-246　用圆形工具绘制一个小的正圆

在下拉菜单中选择“china—交互Interactive”选项；在该选项下面，选择“跟随精灵（Follow Sprite）”图标，并用鼠标将该图标拖拽至通道20中的第1帧、第16帧、第31帧上，在打开的对话框中输入跟随精灵的通道值和跟随速度等选项。如图2-247所示。

说明 因柠檬（lemon）在舞台以外，所以将“跟随精灵”添加到通道中。

（16）为柠檬（lemon）设置“朝向精灵（Turn Towards Sprite）效果：在Library卡片夹中选择图标“ ”，在下拉菜单中选择“china—交互Interactive”选项；在该选项下面，选择“朝向精灵（Turn Towards Sprite）”图标，并用鼠标将该图标拖拽至通道20中的第1帧、第16帧、第31帧上，在打开的对话框中输入被跟随精灵的通道值和朝向。如图2-248所示。

（17）到舞台中选择第60帧中的素材（Over），再选中通道22中的第60帧，利用工具栏中的矩形工具在“Replay”处绘制长方形，并将其调成透明；然后在透明长方形上点鼠标右键，在快捷菜单中选择“Script”，在打开的行为面板中书写：

图2-247 跟随精灵

图2-248 朝向精灵

```
on mouseUp me
  go to frame（1）
end
```

（18）制作被酒瓶压碎的效果：

① 把素材（liquor）从Cast：Internal窗口中拖拽到时间轴中的任何通道中；

② 在舞台窗口中，用鼠标拖拽素材（liquor）中心的小红点到左边，使其运动方向为左下方；

③ 在时间轴中选中结束帧，并缩短过渡帧为5帧；回到舞台中调整结束帧中的素材（liquor），把素材（liquor）放大并设置透明；

④ 选中素材（liquor）的所有帧，拷贝到Cast：Internal窗口中，并起名为liquor01。

⑤ 同理，制作liquor02，使其运动方向为右下方。

（19）将liquor01、liquor02分别放在时间轴中的通道9~通道13中的第5帧、第20帧、第35帧中，并在舞台中调整（缩放）到合适的位置。

（20）制作渐变的文字：首先将素材（tt03）拖拽到时间轴通道15的第5帧中，并将结束帧拖拽延长至60帧，然后锁定。

（21）再将素材（tt02）拖拽到时间轴通道16中的第5帧中，将结束帧拖拽延长至60帧，并将其在舞台中素材（tt02）的高度调短。

（22）将素材（tt01）拖拽到时间轴通道17中的第5帧中，将结束帧拖拽延长至60帧，并在舞台中调整位置，然后锁定。

（23）再回到通道16中，在第16帧处、第20帧处点鼠标右键，在快捷菜单中选择“Insert Keyframe”添加关键帧，将其在舞台第20帧处的素材（tt02）高度调高一点。

（24）同理，按步骤23的方法，分别在第31帧处、第34帧处和第59帧处添加关键帧，并将第34帧处的素材（tt02）高度调至文字完全显示的状态。

（25）为作品添加音效：在Cast：Internal窗口选中已导入的声音文件（01），将其拖拽到时间轴音效通道中的第5帧、第20帧、第35帧和第60帧处。如图2-249所示。

（26）选择菜单File—Create Projector打包，完成。如图2-250所示。

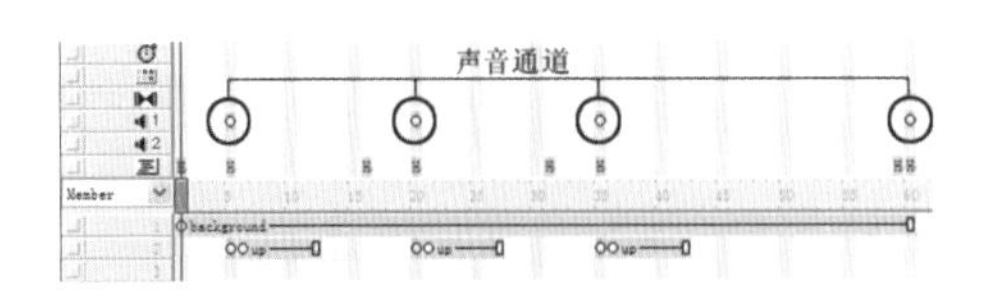

图2-249　为作品添加音效

图2-250　整体效果

2.3.4　案例4：视音频交互设计

多媒体视频虽然在Director中应用非常广泛，可是有些视频文件在Director中是不支持的，但我们依然可以解决这些问题。其中应用最多的是AVI文件和QuickTime文件。

项目一：可控制的AVI视频效果

（1）导入素材（菜单File—Import）：各遥控按钮和AVI视频（zfinal），设置舞台视窗的尺寸为280×260。

（2）把各遥控按钮分别放入时间轴普通经营通道2~6中，AVI视频（zfinal）放入通道1中，并在舞台中调整好它们的位置。

（3）在Cast：Internal窗口中分别选中各个遥控按钮，单击鼠标右键，在快捷菜单中选择“Cast Member Script...”，在行为面板中添加行为语言：

播放：

```
on mouseUp
   set the movierate of sprite 1=1
end
```

暂停：

```
on mouseUp
  set the movierate of sprite 1=0
end
```

快放：

```
on mouseUp
  set the movierate of sprite 1=4
end
```

注：1可以=2、3、4……，数字越大，速度越快。

慢放：

```
on mouseUp
  set the movierate of sprite 1=0.4
end
```

注：1可以=0.2、0.3、0.4……，数字越小，速度越慢。

倒放：

```
on mouseUp
  set the movierate of sprite 1=-1
end
```

注：倒放时的速度是与播放时的速度相对应的，播放时的速度快，倒放时的速度也快，反之则慢。

（4）选择菜单File—Create Projector打包，完成。

项目2：可控制的QuickTime视频效果

（1）导入素材（菜单File—Import）：背景、各遥控按钮、划条、划块和QuickTime视频（juran）；设置舞台视窗的尺寸为450×400。如图2-251所示。

（2）将背景素材拖拽到普通通道1中，QuickTime视频（juran）拖拽到普通通道2中，并进行设置。如图2-252所示。

注：将“DTS”选项钩掉，可为视频添加覆盖的位图或边框，如普通通道12中的素材“tv”可覆盖在QuickTime视频“juran”文件上。

（3）将各遥控按钮、划条和划块分别拖拽到普通通道4～11中，并在舞台中调整好它们各自的位置。

（4）设置各遥控按钮、划条和划块：在Library卡片夹中选择图标，在下拉菜单中选择“china—Media”选项。

① 设置播放：在该选项下面，选择“控制QT按钮（QuickTime Control Button）”图标，并拖拽到舞台中的播放按钮上，在弹出的对话框中设置好各选

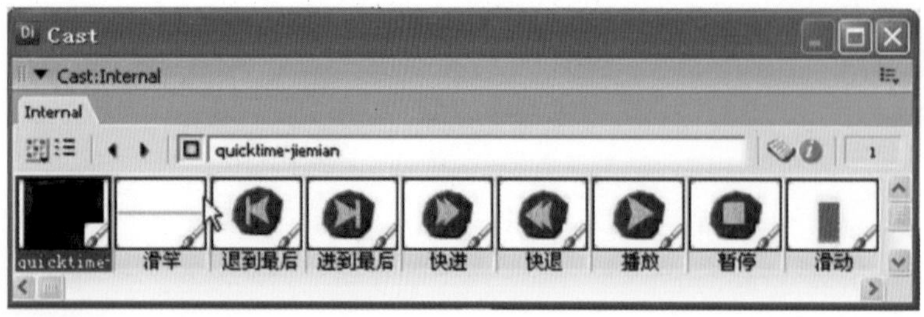

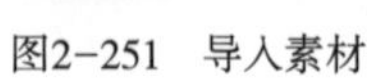
图2-251 导入素材

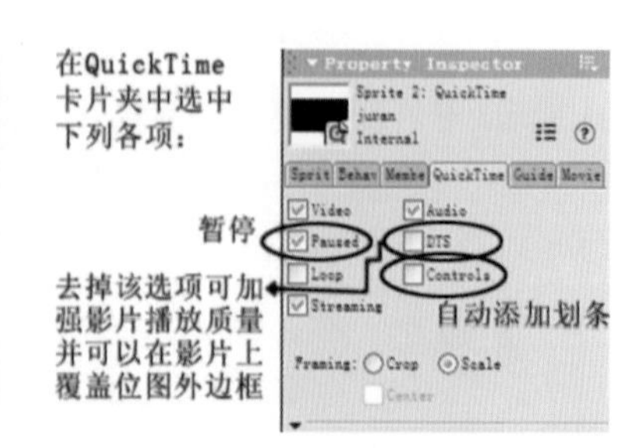

图2-252 QuickTime视频属性

项。如图2–253所示。

② 同理，按步骤①的方法分别设置：“停止”“退到最后”“倒转”“后退”“结束”各按钮。

③ 在Library卡片夹— — “china—Media”选项下面，选择“QT电影控制块（QuickTime Control Slider）”图标，并拖拽到舞台中的QuickTime视频（juran）上，在弹出的对话框中设置划条为11（11是指：控制该影片的划块在普通通道11中）。如图2–254所示。

④ 在Library卡片夹— — “交互（Interictive）”选项下面，选择“建立滑动块（Constrain to line）”图标，并拖拽到舞台中的滑动块上，在弹出的对话框中设置。如图2–255所示。

⑤ 滑动距离（in pixels）的调整：在舞台中先选中开始处的滑动块，查看该滑动块X的坐标（X：222）。如图2–256所示。

⑥ 再将滑动块拖动到划条的结束处，查看该滑动块X的坐标（X：385）；然后将滑动块调整回开始处。如图2–257所示。

⑦ 将两处的坐标值相减，将数值（163）调整到“建立滑动块（Constrain to line）”对话框中的“滑动距离（in pixels）：”处（参见步骤④）。

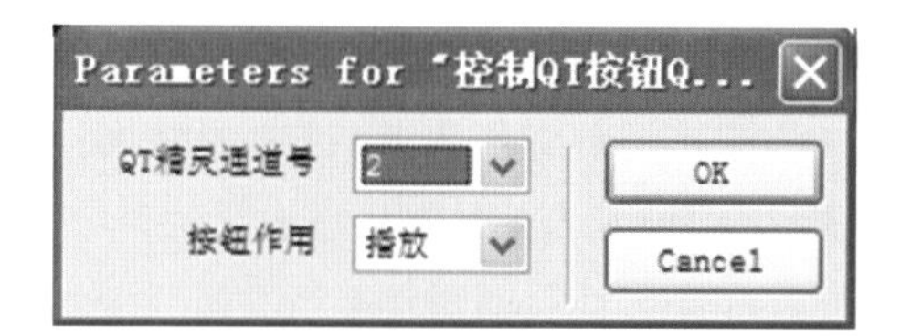

图2–253　设置各遥控按钮

图2–254　QuickTime Control Slider

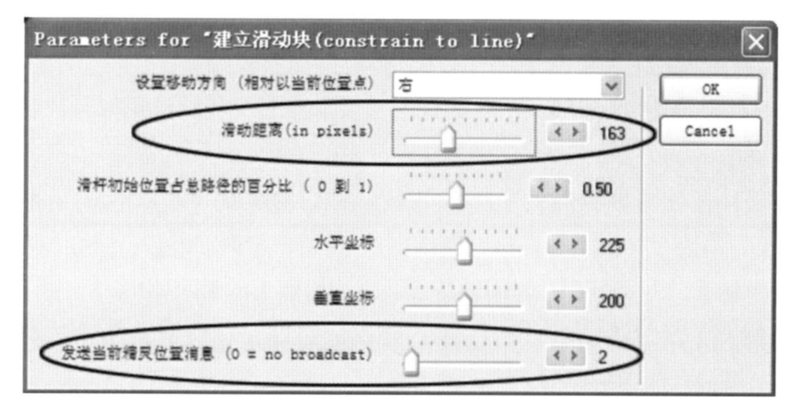

图2–255　Constrain to line

图2–256　滑动块X的坐标

⑧ 将“建立滑动块（Constrain to line）”对话框中的“发送当前精灵位置消息（0=no broadcast）”选项调整到2（因为该滑动块指向的QuickTime视频文件在普通通道2中）（参见步骤④）。

（5）在时间轴行为通道的结束帧中添加停止，写入：

```
on exit Frame me
   go to the Frame
end
```

图2-257 滑动块X的坐标

图2-258 整体效果

（6）选择菜单File—Create Projector打包，完成。如图2-258所示。

项目3：多媒体音频的导入与应用

声音是多媒体应用中必不可少的重要内容之一，所以，为视频增添声音特效也就成了Director中的重要环节。音效在Director中主要分内部音效和外部音效两种。

内部音效：是指将声音文件导入到Director中进行编辑和调用。这些声音文件通常都比较小，主要应用在按钮等视觉素材上，可设置为循环效果。

外部音效：是指将声音文件不导入到Director中，而是通过链接行为进行编辑和调用。这些声音文件通常都比较大，如一首歌等，主要应用在整体视频的配音上，通常设置为不循环。

声音特效交互流程：

（1）导入素材（菜单File—Import）：各遥控按钮和声音文件；设置舞台视窗的尺寸为500×330。

（2）将各遥控按钮拖拽到舞台中，并调整好它们的位置，在Library卡片夹— —“China—导航（Navigation）”选项下面，选择“在当帧循环（Hold on Current Frame）”图标，并拖拽到在时间轴特效通道行为通道的第一帧中。

（3）选中舞台中的“外部音效”按钮，点鼠标右键，在快捷菜单中选择“Script…”，在打开的行为面板中写入：

```
on mouseUp me
  sound playFile 2, "audio/Only you"
end
```

注：“audio/Only you”是声音文件夹和声音文件。

（4）选中舞台中的“内部音效”按钮，点鼠标右键，在快捷菜单中选择“Script…”，在打开的行为面板中写入：

```
on mouseUp me
  puppetsound 1, "back1"
  set the volume of sound 1 to 255
```

```
end
```

注：此效果为鼠标单击后播放音乐。

（5）同步骤（4），选中舞台中另一个“内部音效”按钮，添加行为：

```
on mouseenter me
   puppetSound 1，0
   puppetsound 2，"ding"
end
```

注：此效果为鼠标划过后播放音乐。

（6）同步骤（4），选中舞台中的“停止音效”按钮，添加行为：

```
on mouseUp me
   sound stop 1
   sound stop 2
end
```

（7）同步骤（4），选中舞台中的“音效渐入”按钮，添加行为：

```
on mouseup me
   puppetsound 1，"back1"
   sound fadeIn 1，5*60
end
```

（8）同步骤（4），选中舞台中的“音效渐出”按钮，添加行为：

```
on mouseup me
   sound fadeout 1，5*60
end
```

（9）选择菜单File—Create Projector打包，完成。如图2-259所示。

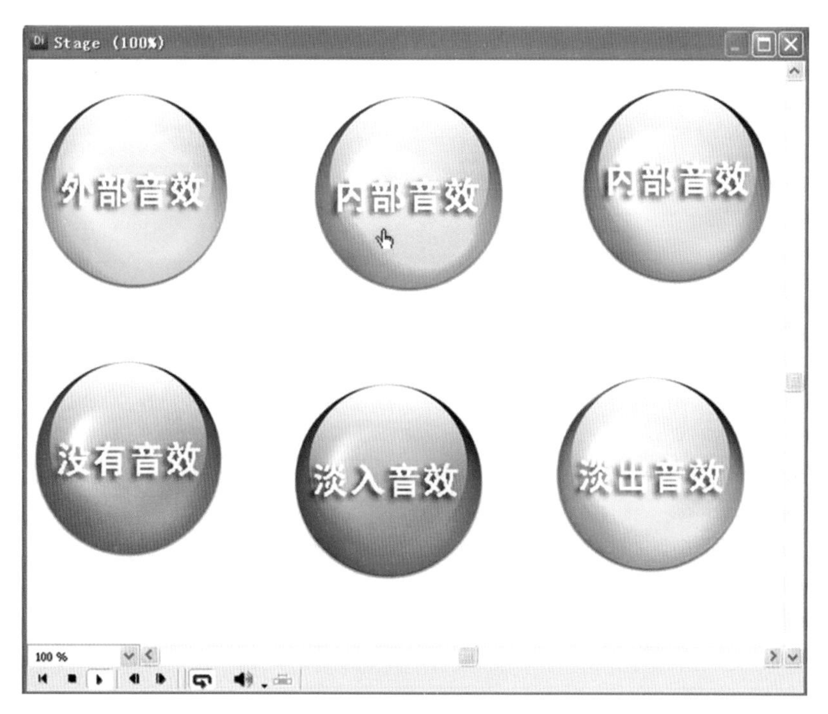

图2-259　整体效果

2.3.5 案例5：Flash动画与Director的互动

Flash电影作为多媒体的重要组成部分，它与Director的配合自然是非常频繁的，我们可以用Flash设计按钮来控制Director中的各种精灵，也可以使用Director中的按钮精灵来控制Flash电影，其表现手段可谓是变化丰富的。Flash与Director的配合主要分为以下几种：

（1）完整的Flash电影

将一段完整的Flash电影（或游戏等）置入到Director中进行播放，其Flash电影本身不受Director的控制，而Flash电影也不控制Director中的其他精灵。

（2）Flash电影作为元素

在Director中置入Flash元素，如Flash按钮、影片片段、Flash特效等，在Director中控制其他精灵的表演，或被其他精灵所控制。

（3）利用按钮控制的Flash电影

① 导入素材（菜单File—Import）：各遥控按钮和Flash电影；设置舞台视窗的尺寸为640×510。如图2-260所示。

② 将各遥控按钮分别放入普通通道1~5中。

③ 鼠标单击“ ”图标打开绘图面板，在其中利用矩形工具绘制划块（17）、划条（18）和背景条（bg），并把他们放入普通通道6、7、9中。如图2-261所示。

④ 把Flash电影放入普通通道8中；然后利用工具箱中的文字输入工具“A”在舞台的背景条（bg）中书写：“总帧数：”“当前帧数：”“质量”“文件大小”，同时出现在Cast:Interanl窗口中和安排在普通通道10~13中，并在舞台中将他们排放整齐。

⑤ 利用工具箱中的“ ”工具分别在“总帧数：”“当前帧数：”“文件大小”的后面单击鼠标，出现输入框 即可（不输入如何文字），然后在“质量”后面的输入框中书写：“AutoHigh、AutoLow、High、Low”，同时出现在Cast:Interanl窗口中和安排在普通通道14~17中，并在舞台中将他们排放整齐。

⑥ 为各遥控按钮、记录和Flash电影添加行为：

a. 在Library卡片夹— —“元素控制”选项下面，选择“Flash全套——控

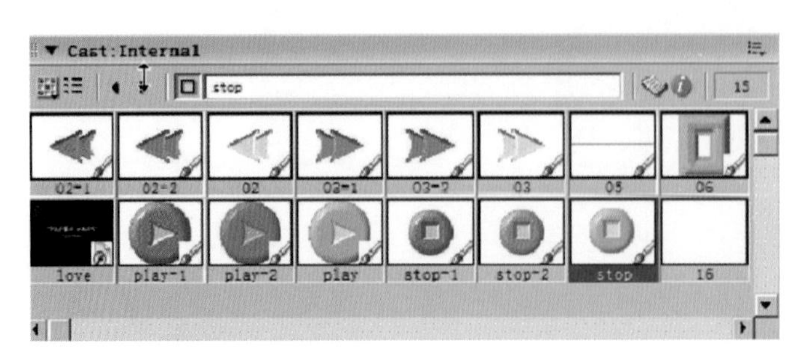

图2-260 导入素材

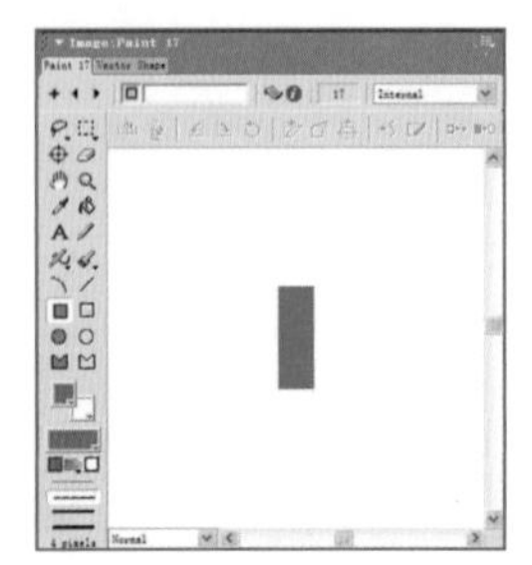
图2-261 绘图面板

制按钮”图标，并拖拽到在舞台中的播放按钮（按钮1）中，并设置相应的参数。如图2-262所示。

b. 同步骤a，设置其他的遥控按钮。

c. 同步骤a，将“Flash全套——播放进度条”图标拖拽到进度滑块（17）上，并设置相应的参数。如图2-263所示。

d. 在Library卡片夹—　—“元素控制”选项下面，选择“Flash全套精灵”图标，并拖拽到在舞台中的Flash电影（love）上，参数为默认。如图2-264所示。

e. 在Library卡片夹—　—“China—元素控制”选项下面，选择“Flash全套——总帧数”图标，并拖拽到在舞台中的“总帧数：”后面的输入框　上，参数为8（Flash电影所在的精灵通道数）。

f. 同步骤d，分别将“Flash全套——当前帧数获取”、“Flash全套——画面质量”、“Flash全套——文件大小”图标拖拽到“当前帧数：”“质量”和“文件大小”后面的输入框　上，参数为8（Flash电影所在的精灵通道数）。

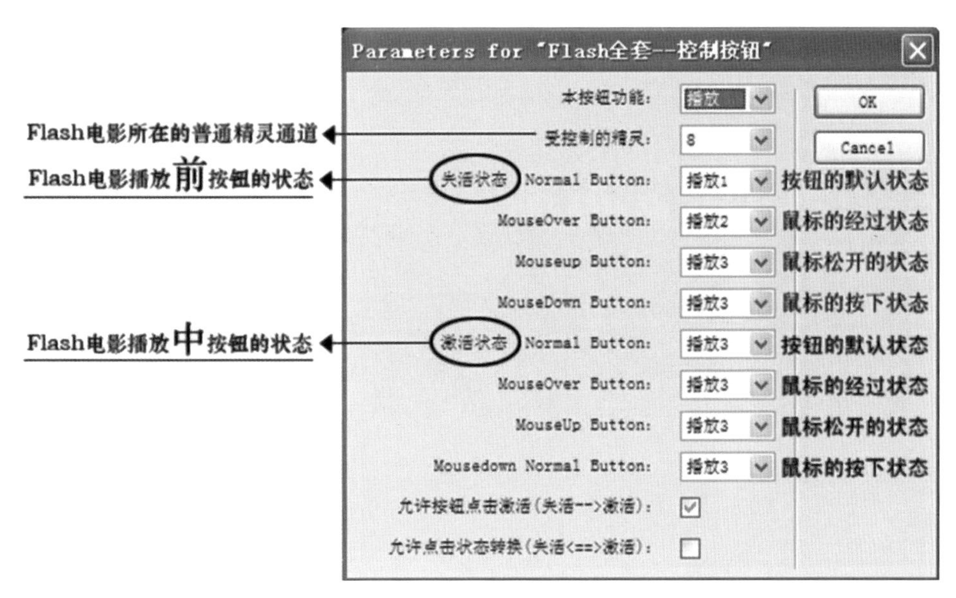

图2-262　元素控制

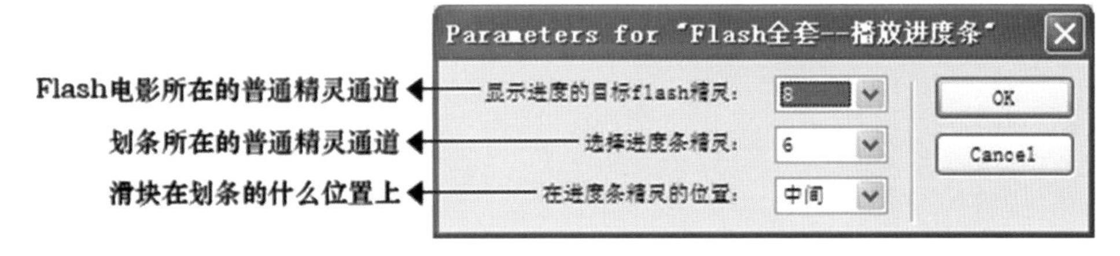

图2-263　播放进度条

图2-264　Flash全套精灵

g．播放测试；选择菜单File——Create Projector打包；完成。如图2-265所示。

（4）利用Flash按钮控制的视频

Flash设计制作动态导航的功能要比Director强大的多，因此需要在ActionScript语言和Lingo语言之间实现互动。

① 首先在Flash按钮原文件中的每个按钮元件上添加行为语言，如图2-266所示。

② 导入素材（菜单File——Import）：Flash按钮（button）、QuickTime（juran）、AVI（zfinal）视频文件；设置舞台视窗的尺寸为500×330。

③ 将Flash按钮（button）放入普通通道1中的第一帧，将AVI（zfinal）视频文件放入普通通道2中的第一帧，并将结束帧与第一帧重合。在舞台中摆放到相应的位置上。

④ 再将Flash按钮（button）放入普通通道1中的第十帧，将QuickTime（juran）

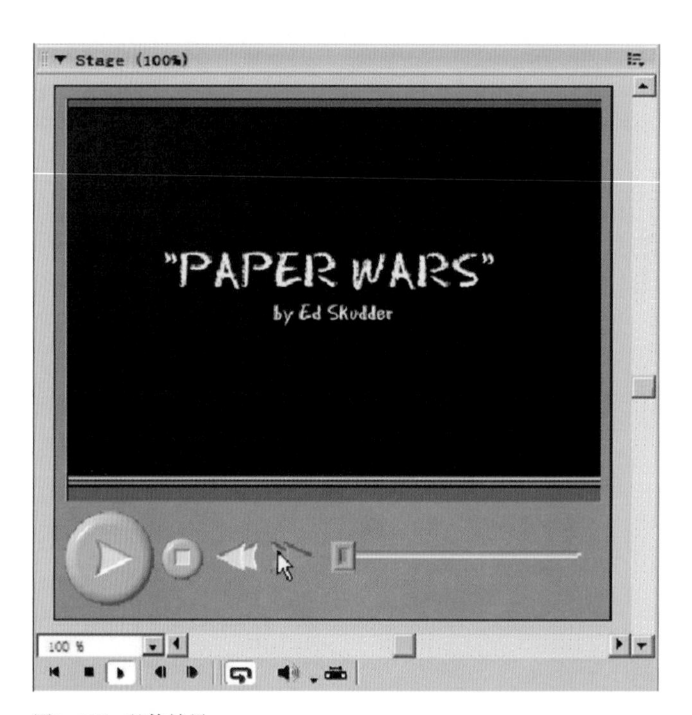

图2-265 整体效果

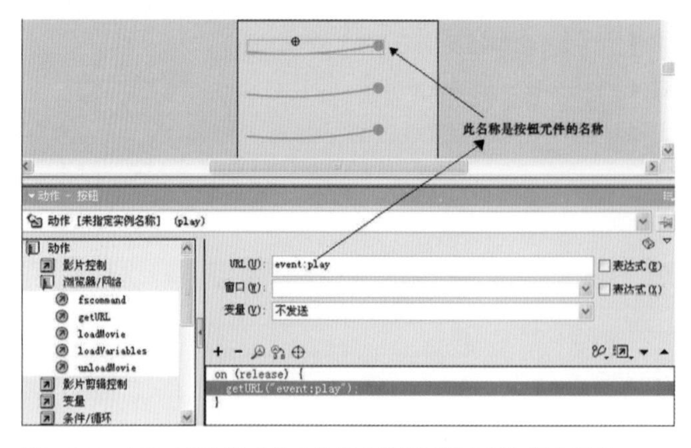

图2-266 在Flash按钮原文件中的每个按钮元件上添加行为语言

视频文件放入普通通道2中的第十帧，并将结束帧与第一帧重合。在舞台中摆放到相应的位置上。

⑤ 在Library卡片夹— —“China—导航（Navigation）”选项下面，选择“在当帧循环（Hold on Current Frame）”图标，并拖拽到在时间轴特效通道的行为通道的第一帧和第十帧中。

⑥ 在舞台中先选中第一帧的Flash按钮（button），单击鼠标右键，在快捷菜单中选择“Script…”，在行为面板中添加行为语言：

```
on play me
   set the movierate of sprite 2=1
end
```

然后在Cast:Internal窗口中将行为名称改为“Play”，这样做方便查找和调整。如图2-267所示。

⑦ 然后在Property Inspector面板中选择Behavior卡片夹，选择添加行为，在打开的菜单中选择“New Behavior...”。如图2-268所示。

⑧ 在打开对话框的对话框中为新的行为命名为：paues（可随意）。如图2-269所示。

⑨ 然后在Property Inspector面板中的Behavior卡片夹中的新命名行为（pause）上单击鼠标右键，在快捷菜单中选择“Script...”，在行为面板中添加行为语言：

```
on pause me
   set the movierate of sprite 2=0
end
```

⑩ 按照步骤⑦、⑧的操作方法，继续创建其他行为“quick、slow、back、next、next1”并分别设置行为语言。如图2-270所示。

“quick”的行为语言：

```
on quick me
   set the movierate of sprite 2=4
end
```

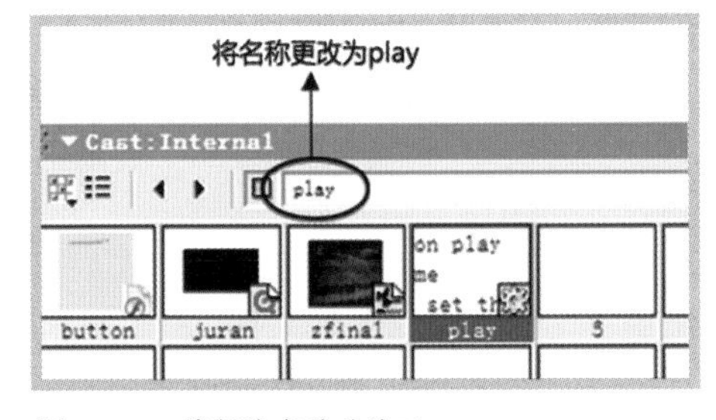

图2-267　将行为名称改为Play

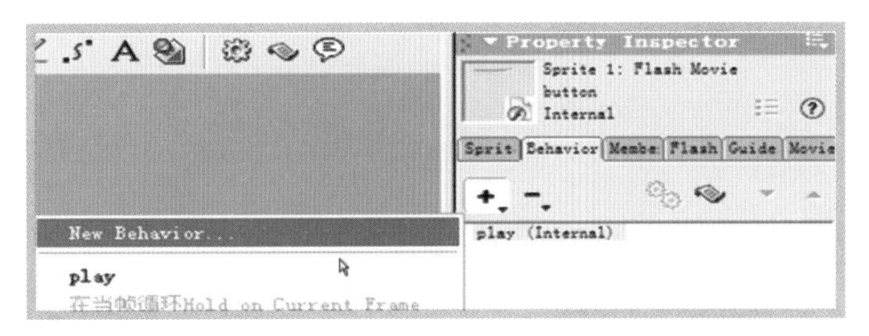

图2-268　New Behavior

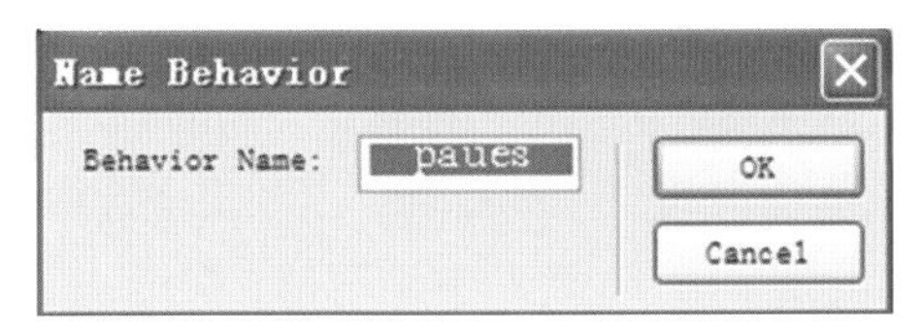

图2-269　paues

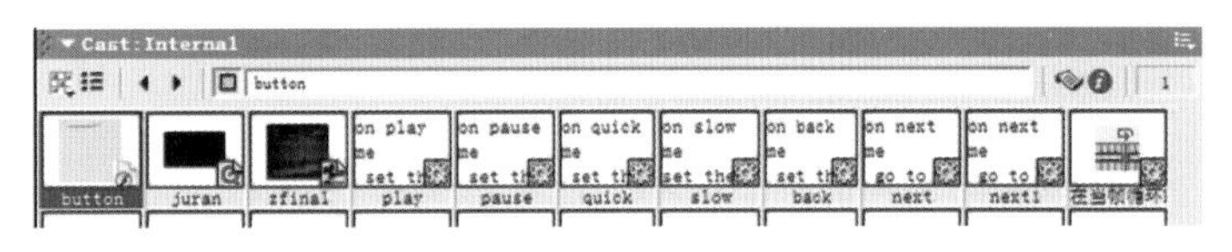

图2-270　继续创建其他行为

"slow"的行为语言：

```
on slow me
  set the movierate of sprite 2=0.4
end
```

"back"的行为语言：

```
on back me
  set the movierate of sprite 2=-1
end
```

"next"的行为语言：

```
on next me
  go to frame 10
end
```

"next1"的行为语言（在第十帧中）：

```
on next me
  go to frame 1
end
```

⑪ 将行为"pause 、quick、slow、back、next"从Cast:Internal（后台）窗口中依次拖拽到舞台中第一帧的Flash按钮（button）上即可。

⑫ 第十帧的Flash按钮（button）的行为设置和第一帧的Flash按钮（button）完全相同，只是把行为"next"改为行为"next1"。

⑬ 播放测试；选择菜单File—Create Projector打包；完成。如图2-271所示。

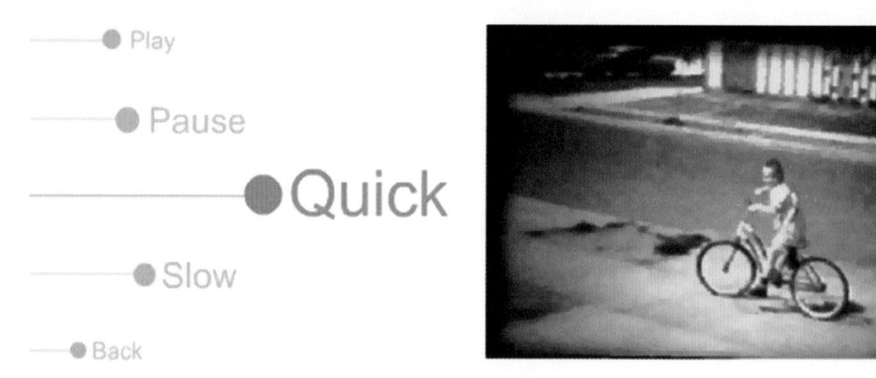

图2-271 整体效果

（5）Flash电影与Director结合交互

① 首先设计制作Flash电影，并在Flash电影原文件中的开始帧和结束帧上添加行为语言：stop。

② 导入素材（菜单File—Import）：背景（bg1）、Flash电影、亮点（button）和音频文件；设置舞台视窗的尺寸为1026×400。

③ 将背景（bg1）和Flash电影分别放入普通通道2、4中，将亮点（button）制作成"Loop"，然后在"Property Inspector"面板中的"Film Loop"卡片夹中选中"Autio和Loop"（循环）选项；并放入普通通道3中，并将结束帧与第一帧重合。在舞台中摆放在相应的位置上（尽量接近Flash电影的开始点）。

④ 选择工具箱中的“矩形”工具为素材（bg1）绘制一个灰背景，并放入普通通道1中，在舞台中摆放在相应的位置上。

⑤ 在Library卡片夹— 器 —“china—导航（Navigation）”选项下面，选择“在当帧循环（Hold on Current Frame）”图标，并拖拽到在时间轴特效通道的行为通道的第一帧。

⑥ 在舞台中选中普通通道3中的“Loop（button）”，单击鼠标右键，在快捷菜单中选择“Script...”，在行为面板中添家行为语言：

```
property CanPlay
on mouseenter me
   sprite（4）.play（）
   puppetSound 1，"ding"
   set the soundlevel to 1
end

on mouseleave me
   CanPlay=true
end
on exitframe me
   if CanPlay=true then
     if sprite（4）.frame>1 then
       sprite（4）.frame=sprite（4）.frame-1
     else
       sprite（4）.stop（）
       CanPlay=false
     end if
   end if
end
```

Flash电影所在的精灵通道为4，写法为：sprite（4）；play（）：指开始播放。

当鼠标移动到“Loop”上时，声音文件“ding”开始被调用并播放（如果不需要声音，可以不添加此语言）。

⑦ 播放测试；选择菜单File—Create Projector打包、完成。

2.3.6 Director的打包技巧

在Director中，打包是一项重要的环节，可以采用多种打包的方式，即可以打包成多种文件格式，也可以使其文件量变小，还可以对打包的文件进行加密。下面针对于这些技巧，我们来学习一些有效的打包方法（以an1.dir和n9.dir为例）。

（1）传统打包

直接选择菜单File—Publish，即可将原文件自动打包，其一切设置为默认。

（2）打包设置

选择菜单File—Publish settings...，打开对话框。如图2-272~图2-274所示。

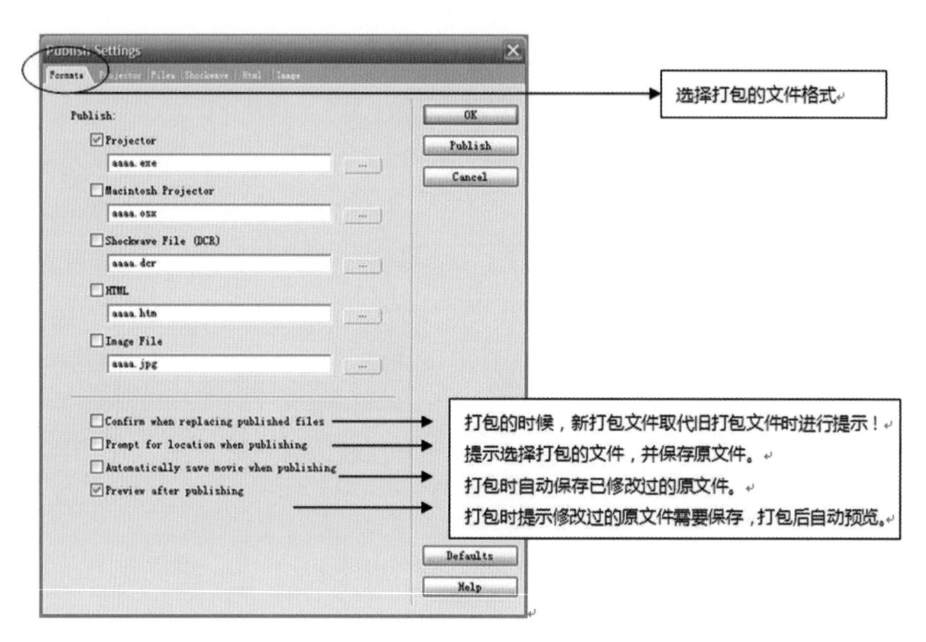

图2-272　Publish settings

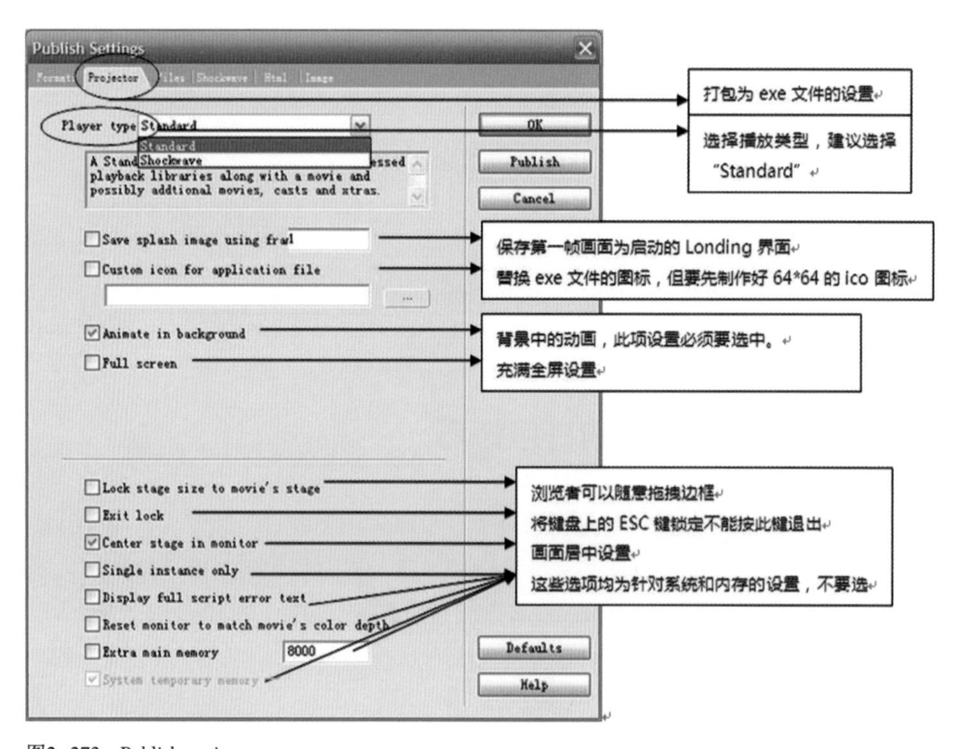

图2-273　Publish settings

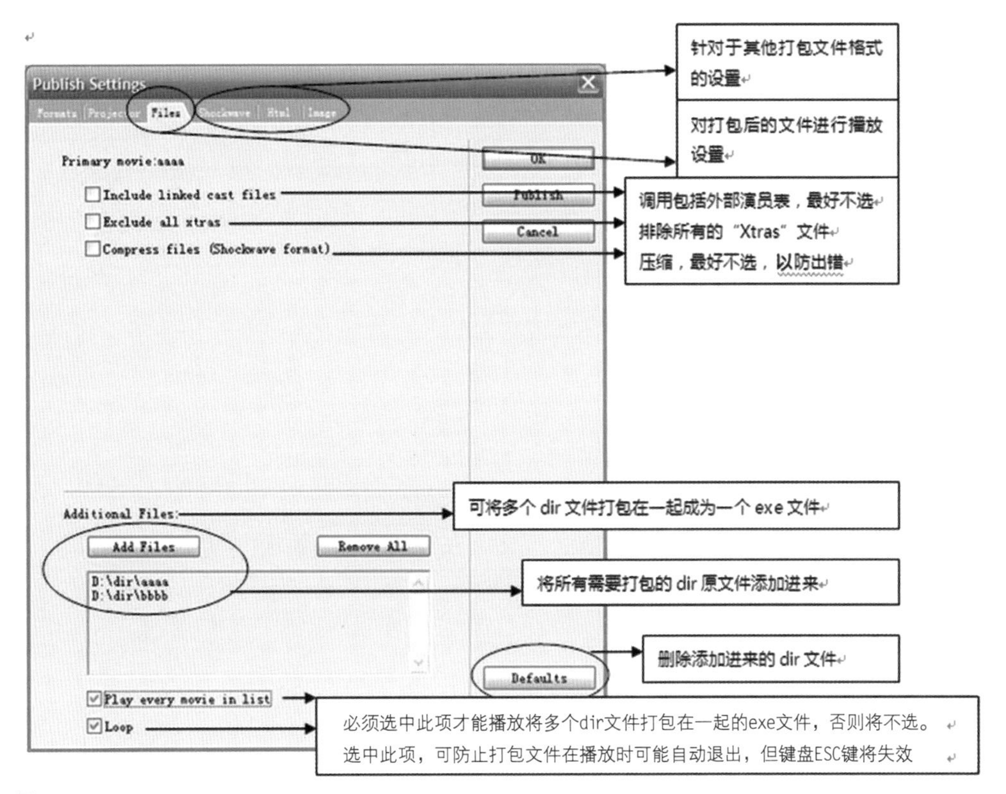

图2-274　Publish settings

（3）设置播放窗口

打包后的播放窗口是直接面对浏览者的界面，所以将其设置的更加人性化非常重要。此设置在右边的“Property”属性面板中，选择“Display Template”卡片夹，如图2-275所示。

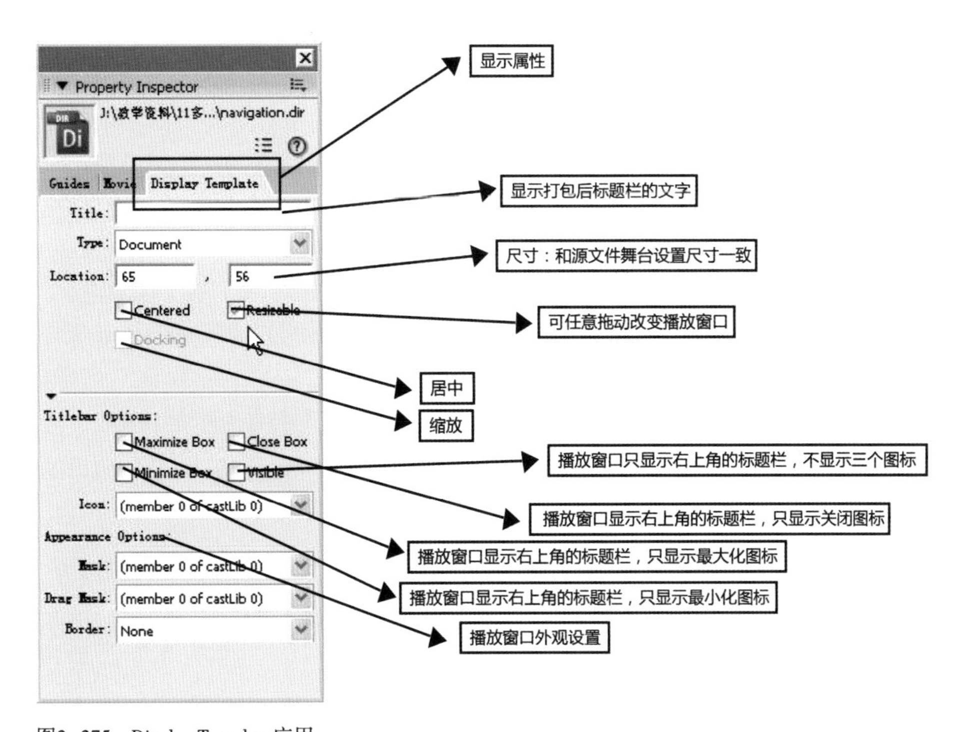

图2-275　Display Template应用

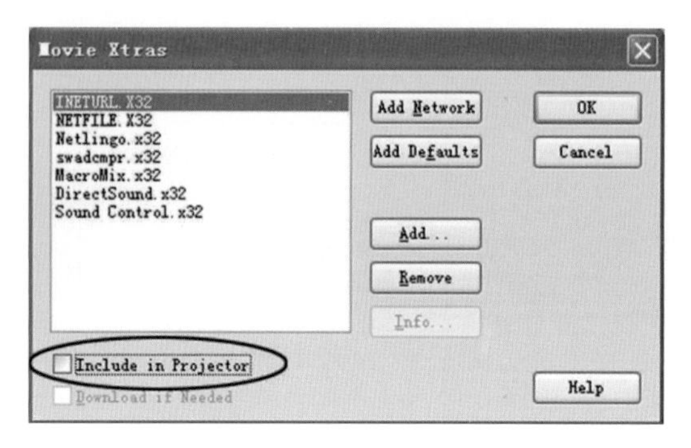

图2-276 MovieXtras

（4）压缩打包

① 新建文件：File—New—Movie，然后保存。

② 在时间轴行为通道的空帧上双击，在打开的行为面板中写入：

```
on exitFrame me
   go to movie"n9"
end
```

③ 在菜单中选择“Modify—Movie—Xtras...”，在“MovieXtras”对话框中，将每一个选项下面的小方块都勾掉。如图2-276所示。

④ 选择菜单File—Publish settings...，打开对话框，在相应的卡片夹下设置文件格式、文件名称、全屏、居中等，然后在Files卡片夹中选中“排除所有的Xtras文件”选项。

⑤ 点击“OK”，再选择菜单File—Publish进行打包和保存。

⑥ 找到Director安装后的文件夹：（C:\Program Files Macromedia\Director MX 2004\），将该文件夹中的“Xtras”文件夹拷贝到n10.dir打包后的文件夹中，然后再将Director安装后文件夹中的下列六个文件拷贝到“Xtras”文件夹中：

msvcrt.dll

Proj.dll

Dirapi.dll

Projctrc.dll

Iml32.dll

Director.exe.manifest

⑦ 完成。对比两种打包方式，此种方法是最佳的（也可以直接将Director文件用此方法打包，例如an1.dir）。

⑧ 制作光盘自动开启：必须要有“autorun.inf”，可到相关文件夹中寻找，或搜索。例如C:\SWSetup\Roxio。然后将此文件“autorun.inf”拷贝到n10.dir打包后的文件夹中，再将此文件“autorun.inf”双击打开，里面有两句话：

[autorun]

OPEN= Projector.exe ← 将此句：“OPEN=”后面的文件名改为n10.dir打包后的文件名：Projector.exe。

⑨ 保存，完成。

（5）为Dir原文件加密

Director打包后，在连接时，支持两种主要文件：一个是dir文件，另一个是

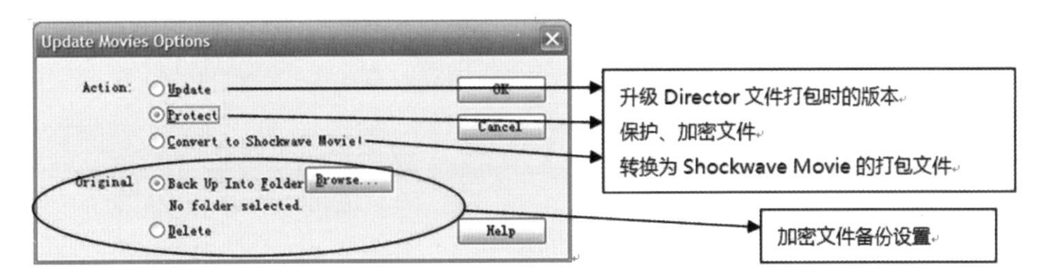

图2-277 “Protect”选项

dxr的加密文件。

① 选择菜单File—Xtras—Uptate Movies...，选择“Protect”选项。如图2-277所示。

② 在打开的“Update Movies Options”对话框中点击“Browse...”按钮，在打开的“Select folder for original files”对话框中，选择一个新文件夹或新建一个文件夹并打开，然后点击“Select Folder”按钮。

③ 在回到“Uptate Movies Options”的对话框中点击“OK”按钮，在打开的“Choose Files”对话框中选中将要加密的dir原文件，点击“Proceed”按钮。

再点击“Coninue”按钮确认后，即可在原文件夹中得到加密的dxr文件，又可在新文件夹中得到dir的原文件备份。

思考题与练习

- 选择自己喜欢的专辑，根据专辑风格设计制作音乐播放器。

2.4 综合案例：《中国山水画》

设计团队：张　满　李　迎　赵　玥　邓立营

情景化描述

本案例以中国山水画为表现主题，通过融入中国水墨画元素的片头视频、交互导航、交互动画等互动元素展示，介绍了典型朝代、大师的代表作品，通过趣味性的交互和实景导航烘托了主题气氛，增加了观者浏览的趣味性。

学习重点

- 根据项目内容确定互动媒体产品风格
- 界面设计整体把握
- 综合运用所学flash知识完成片头、片尾动画设计及交互式导航制作
- 熟练运用flash与director两个软件完成互动项目

制作流程

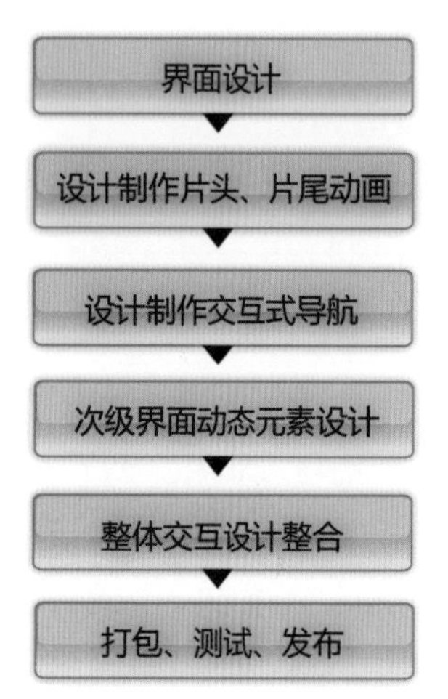

图2-278 片头视频界面

图2-279 主界面设计

图2-280 次级界面设计

2.4.1 界面设计

设计者对界面进行了精心设计，主页面以中国山水画元素为背景，采用了光影随即移动显示图像的设计方法，营造了一种中国元素的形象特征和视觉语言表现。作品中，各种界面设计也都体现了形式风格的统一、图文排列有序、层次分明、主题形象突出、色彩和谐、典雅的特点。设计充分运用了多种媒体形式和视听语言，生动的向人们展示和传播了中国山水画。作品主题鲜明，内容丰富、风格突出，设计制作精美，交互功能设计科学，给用户以愉悦的用户体验。作品具有很强的艺术感染力，很好地展现了中国文化。如图2-278~图2-281所示。

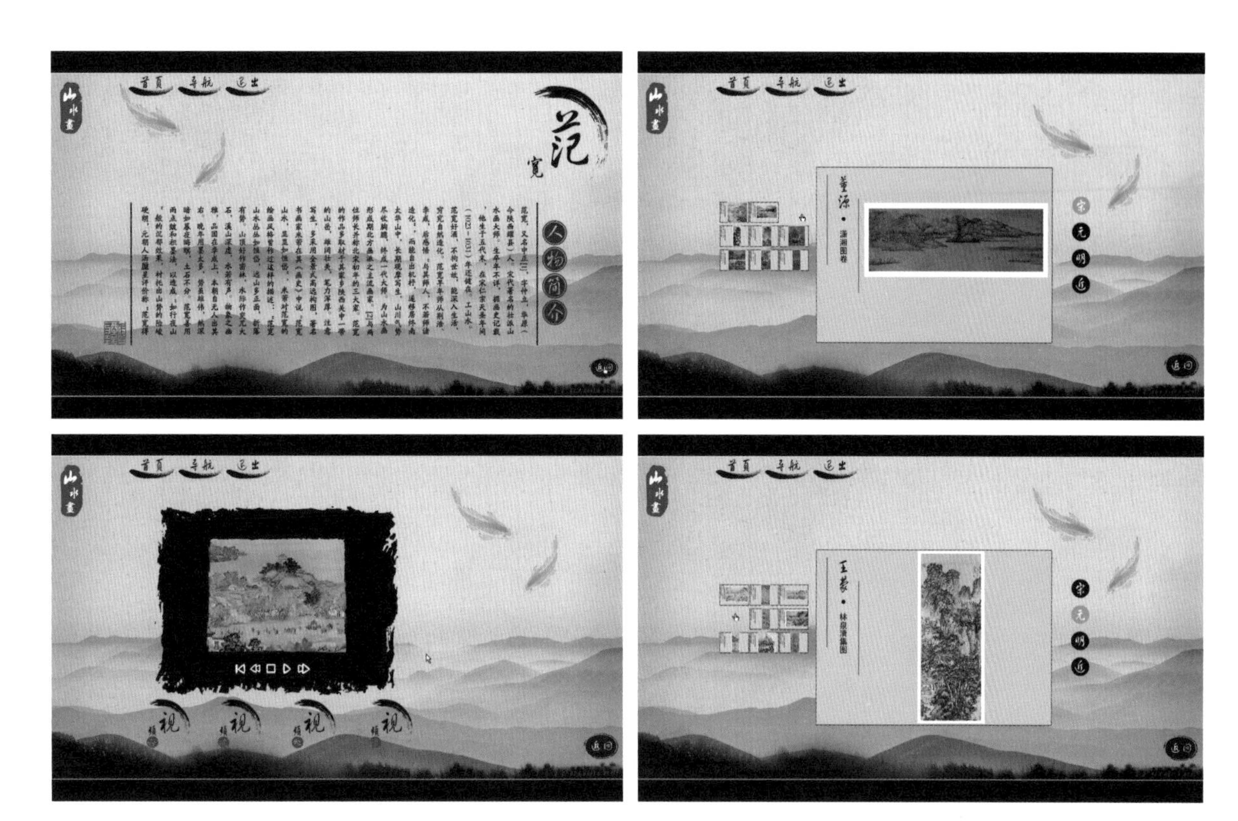

图2-281　三级界面设计

2.4.2 制作片头、片尾动画设计

（1）片头动画设计与制作

该作品片头动画由Premire与Flash软件共同配合完成。其中水墨风格的水滴效果由Premire中的滤镜功能完成，动画效果由Flash动画中的传统补间与遮罩层动画完成。

（2）片尾动画设计与制作

作品片尾动画由Flash软件完成，主要是由水墨风格的背景色与文字搭配构成画面元素，为突出文字的可视性，在背景图上设置了白色半透明底色。动画主要由文字自下而上的补间动画组成，如图2-282所示。为突显片尾动画的节奏感，在补间中添加的缓动值，如图2-283所示。

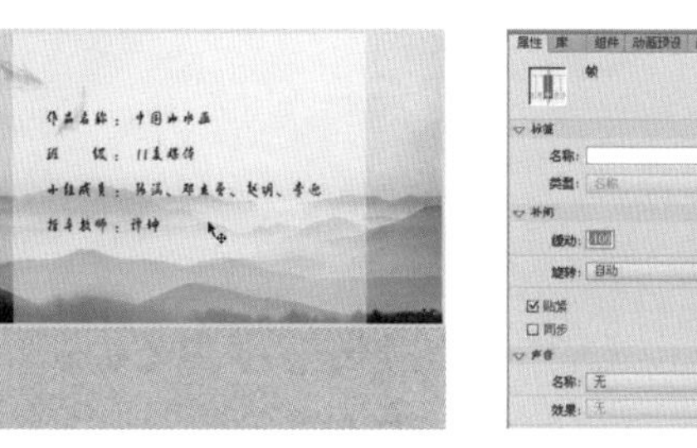

图2-282　文字自下而上的补间动画

图2-283　调节补间动画缓动值

说明 缓动值是正数情况下，数值越大动画节奏越缓慢；缓动值是负数的情况下，数值越大节奏越快速。

2.4.3 交互式导航设计制作

(1) 整体思路

导航背景采用整幅山水画图像自画面右面缓慢往左移动的动画。导航按钮用朝代的首字为主要元素，动态效果采用鼠标滑过分别出现笔墨纸砚具象形态导航的效果。

(2) 制作流程

① 导航背景自右至左移动补间动画，为确保动画首尾不出现跳帧状态，将背景图复制一张，并做镜像处理，贴在第一个图的右面。如图2-284所示。

② 将四个按钮素材导入场景中，依次放置在舞台上，每个图层放一张图像，调整其大小及位置，并转化为影片剪辑。如图2-285所示。

③ 新建“按钮模糊层”在第5、10、15、20帧依次插入关键帧，每一帧上放置4个按钮图，并转化为影片剪辑，其中当前按钮是清晰，其他三个按钮添加模糊滤镜效果。如图2-286所示。

④ 建立双击打开影片剪辑，建立按钮放大补间动画，并在最后一帧添加停止动作。如图2-287所示。

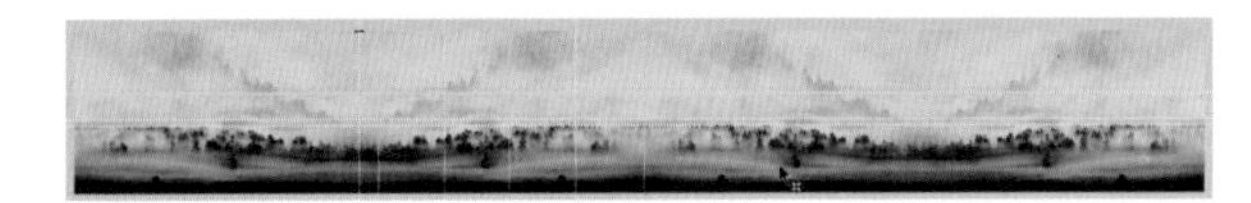

图2-284 右半边图像为镜像图

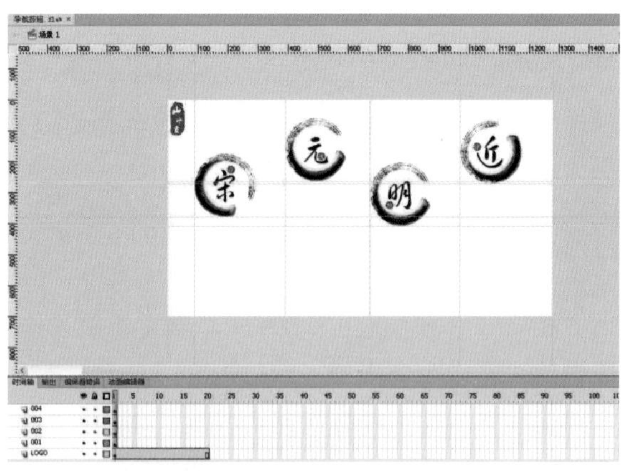

图2-285 将四个按钮素材导入场景中

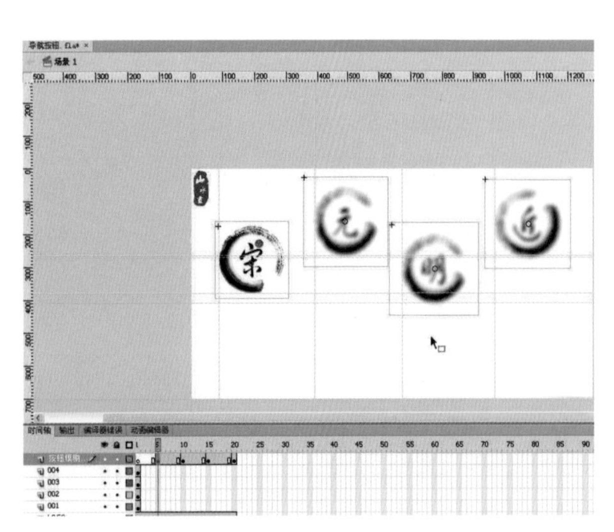

图2-286 新建“按钮模糊层”

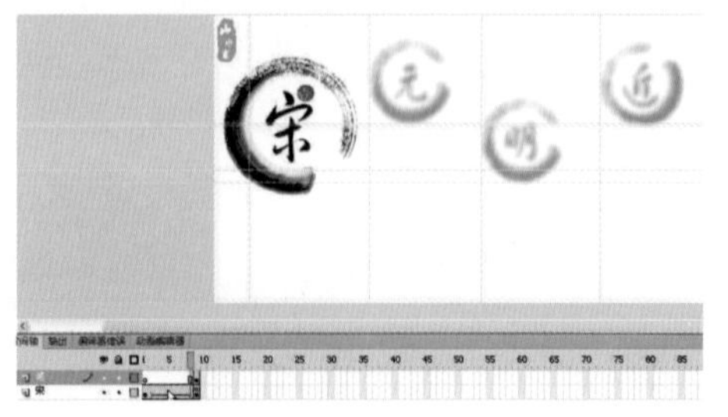

图2-287 按钮放大补间动画

⑤ 新建一层，在最后一帧插入关键，将文字粘贴到当前位置，并转化为影片剪辑。双击打开影片剪辑，制作毛笔写字遮罩层动画。如图2-288所示。

⑥ 并为4个关键帧添加标记为“fa、fb、fc、fd”，并在每个关键帧上添加停止。如图2-289所示。

⑦ 新建一层，为四个按钮图像添加透明按钮，如图2-290所示，并添加实现鼠标滑过按钮变大并执行动作的命令，如图2-291所示。用同样的方法完成其他三个按钮放大动画的制作及代码的加载。

说明 导航按钮在白色背景下制作，便于导入Director后实现背景透明和鼠标制作变为手指。

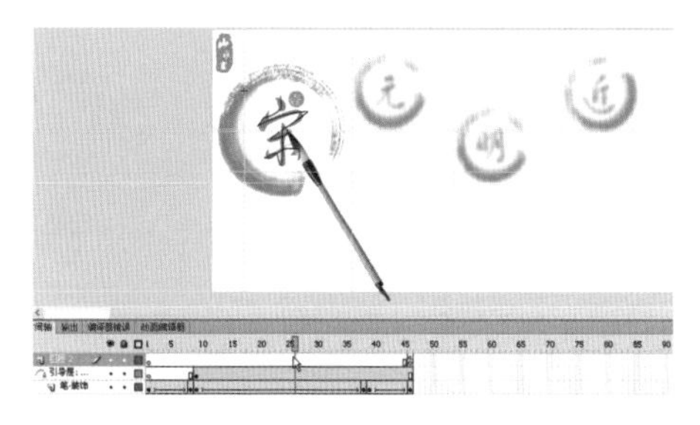

图2-288 毛笔写字遮罩层动画

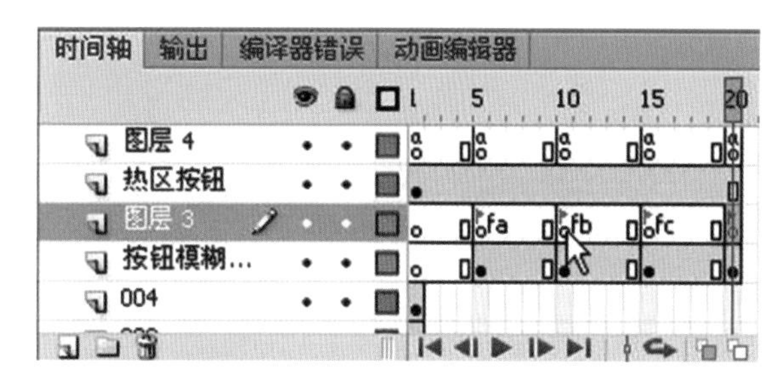

图2-289 添加帧标记

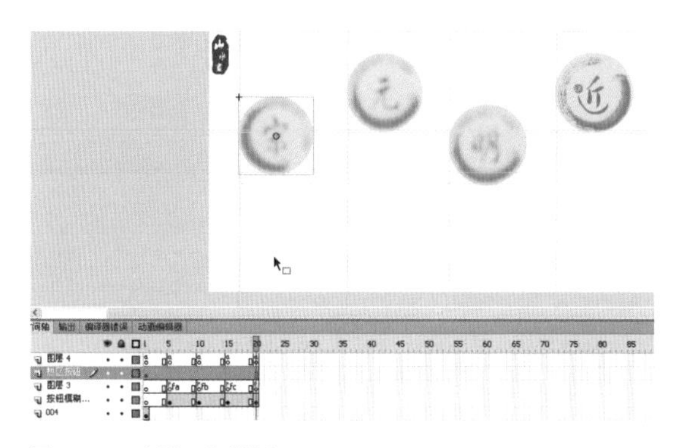

图2-290 添加透明按钮

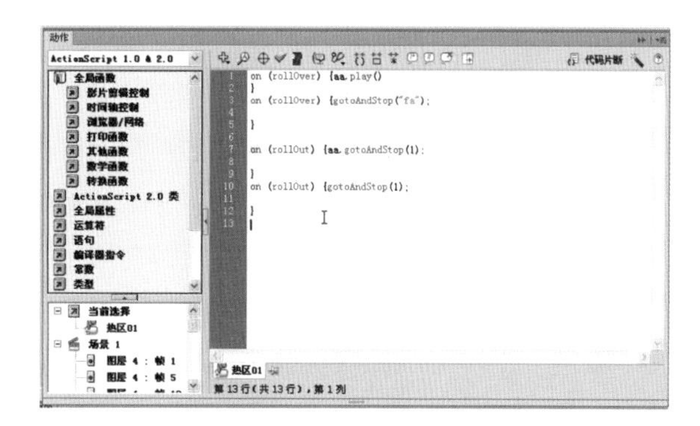

图2-291 添加实现鼠标滑过的代码

2.4.4 次级界面动态元素设计

（1）次级界面导航为新建元件中的按钮，如图2-292所示。在鼠标指针经过处，转化为影片剪辑，双击打开后完成动画效果制作，并在最后一帧添加停止。如图2-293所示。

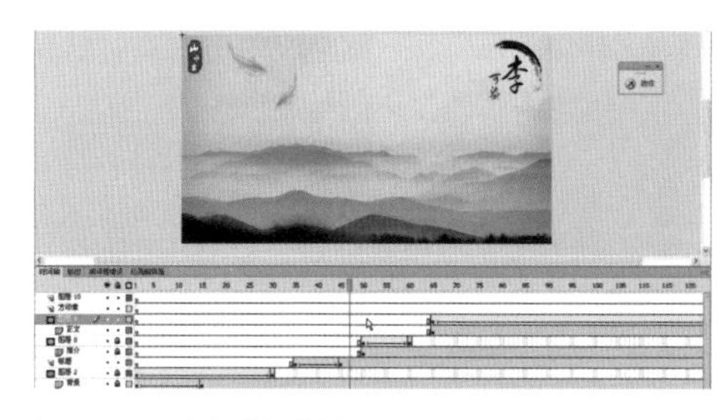

图2-292 次级界面按钮

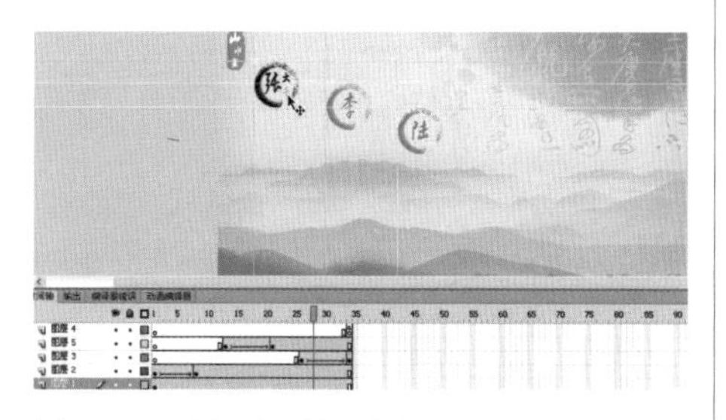

图2-293 次级界面按钮指针经过动画

图2-294 次级界面作品展示页面

（2）次级界面作品展示页面动画由补间动画和遮罩层动画制作出文字缓缓出现的效果。如图2-294所示。

2.4.5 交互设计整合

（1）建立片头Director文件。新建Director文档，设置尺寸为1028×700，将片头视频导入。第30帧处为“点击进入”按钮绘制透明热区，为热区添加将鼠标指针更改为手指的行为。如图2-295所示。

（2）建立导航Director文件。将导航页面导入Director中，第一帧添加停止命令，四个按钮绘制透明热区，给热区添加将鼠标指针更改为手指的行为。如图2-296所示。

（3）建立次级页面Director文件。依次将几个作品页面Flash导入Director中，第五帧添加停止命令，三个按钮绘制透明热区，为热区添加将鼠标指针更改为手指的行为。如图2-297所示。

说明 如要控制flash动画在Director的播放时间，可添加“Loop for X Seconds”的命令（延时某某秒跳转到某个标记处）。

（4）实现片头—导航—次级页面的交互跳转。为每一个director文件命名，并保证把要跳转的director文件放置在一个文件夹下。为按钮或热区添加代码实现跳转。

```
on mouseUp
    go to movie "某director文件名"
end
```

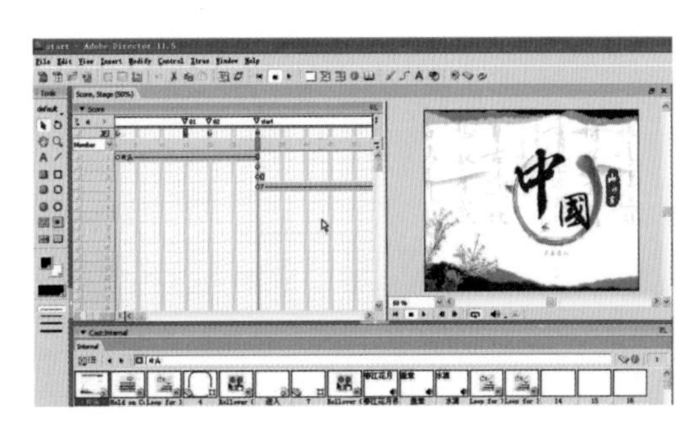

图2-295 建立片头Director文件

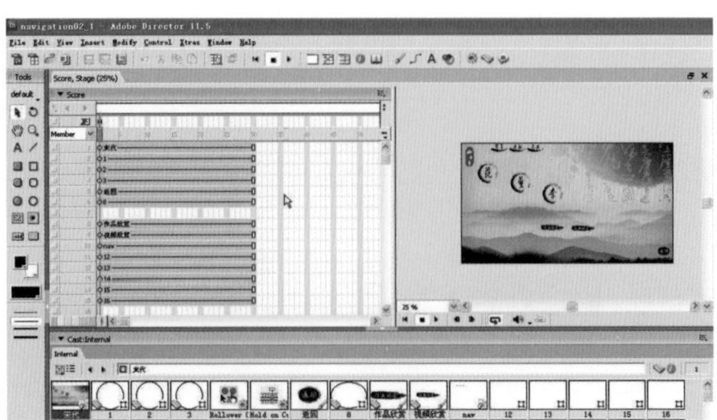

图2-296 建立导航Director文件

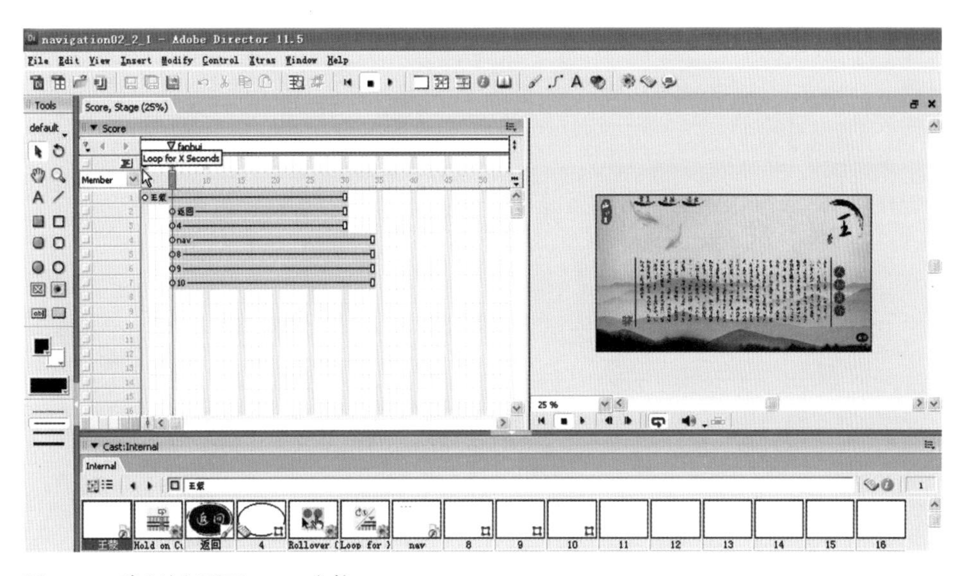

图2-297　建立次级页面Director文件

2.4.6 打包、测试、发布

（1）修改发布设置，设为全屏播放。

（2）在Display Template面板中将标题栏设置的选项全部去选。如图2-298所示。

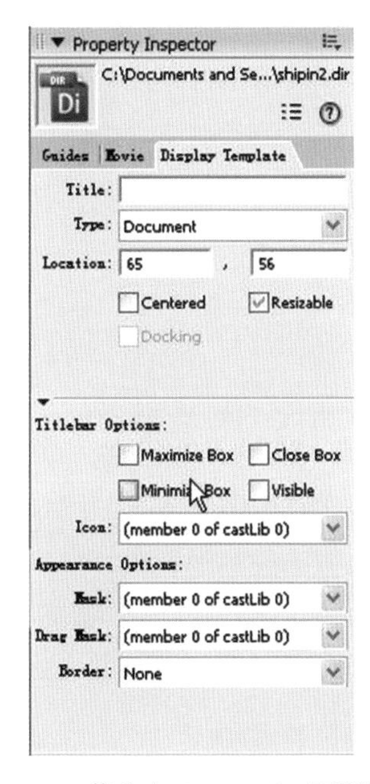

图2-298　修改Display Template面板设置

思考与练习

- 策划设计一部互动媒体产品的流程有哪些？
- 根据个人兴趣，选择一款非物质文化产品主题的内容作为介绍载体，策划、设计制作一部互动媒体产品。

第3章 | 项目实践

互动媒体产品项目实战

学习目标

通过对优秀互动媒体产品进行深入的案例剖析、流程讲解，让学生进一步掌握互动媒体产品艺术设计的流程和方法，借鉴优秀案例的创作思路、内容与组织结构、媒体形式的运用和语言表达及交互导航的运用，为下一步真实项目实战奠定坚实的基础。

学习重点

- 互动媒体产品项目策划及实战
- 内容与组织结构
- 媒体形式的运用和语言表达
- 设计风格与艺术表现特色

教学建议

项目教学采用A、B组“双轨交互并行”的项目教学方式。

建议课时：142课时

学习建议

课余时间多访问一些专业的多媒体设计论坛，如互动中国、交互设计专业委员会官网、宇风多媒体论坛、视觉中国等网站，及时了解最新的业内设计动态。

3.1 互动媒体产品的项目策划与脚本设计

在互动媒体产品编创与设计过程中，项目策划与脚本设计是首要工作。选题和脚本是互动媒体产品设计的重要前提和依据，一部成功的多媒体作品首先取决于有一个好的选题和脚本。尽管不同种类的产品选题与脚本设计有所侧重，但基本的方法和流程是一致的，本章以多媒体光盘这一产品形式为例，阐述互动媒体产品的选题与脚本策划方法。

3.1.1 互动媒体产品项目策划

（1）互动媒体产品的题材类型

按作品的内容分可分为政治、教育、文化、科技、生活、艺术、商业等题材，按功能分可分为工具、教材、专业、娱乐等题材，按应用载体可分为PC终端、移动终端。

（2）选题原则

在进行项目策划之前，首先要确定选题意图，一般情况下分为两种：自发创作和客户委托创作。自发创作是指设计师根据自己的兴趣爱好选定一个主题，以自己的意图为主自由地进行创作。客户委托创作是指设计任务来自于客户的委托，设计师需根据客户要求进行有条件的创作。

如果是设计师自主开发、探讨新的创作手法，那么在这一步中首先需要搜索大量、最新的互动媒体作品进行了解、分析，这样才能够避免创作出与别的设计师雷同的作品，同时也能够了解最新的设计需求和流行风格。在对现有的互动媒体产品进行深入了解的同时，设计师就可以尝试着寻找还没有人涉足的设计盲点，探寻还没有人发现并使用的设计元素，从而确立初步的设计对象。

如果是由客户委托设计的互动媒体产品，在这一步中需要设计师与客户充分沟通，了解客户的设计意图、设计对象的形象特征、设计对象的相关背景资料、客户的设计要求和目的、搜集相关竞争对手的各类信息等资料，然后确立基本的设计方向。无论是哪种设计意图，都应该遵循以下选题原则，只是需要根据设计意图而有所侧重。

① 个性化原则。

个性化就是选题的独创性和开创性。独创性指在作品的内容、形式、展示平台、交互手段、创作角度及载体包装等方面的创新。在确定选题前就应该对现有的作品进行搜集并分析，然后确定自己的主题与风格，形成鲜明的个性特色，避免和已经发布的作品雷同。选题应围绕自己的设计意图，不抄袭或模仿别人的风格，才能给浏览者留下深刻的印象。客户委托设计的产品应该在客户要求的范围内尽量发挥个性化的原则，设计师自主设计的互动媒体产品更应该注重个性化的原则。

② 可行性原则。

无论是设计师自主设计的作品还是客户委托设计的作品，在选题时都要遵从可行性原则，必须充分研究实现该选题应该具备的主客观条件，如实现的手段、设备情况、技术与艺术结合情况、团队之间的合作情况、资金支持等因素。除此之外还要充分估计客观情况可能发生的变化，如社会形式的变化、用户的需求变化、产品后期的升级与维护等因素。因此，在策划选题时应该对未来情况的变化有充分的思想准备，在策划指标、完成时间等方面留有余地，最好形成可行性报告。

③ 可表达性原则。

互动媒体产品具有交互性强、信息量大、音视频文字并茂等特点，因此在选题时应该尽量选择那些适合发挥综合媒体应用的选题，注重选题的可表达性。一般来说，抽象的题材不利于表达。此外，由于互动媒体作品是非线性传播的方式，不适合表达线性结构式题材。

（3）选题思路

① 已有交互产品的再改进。

② 针对日常生活中遇到的问题构思交互解决方案。

③ 基于大数据的时代背景，寻求交互方式的可能性。

（4）项目策划书设计

项目策划书是项目策划的具体文件，是策划目标的落实和体现，由文字描述和信息结构图两部分组成。文字描述包括：所策划的选题类型、名称、选题背景、意义、作用、作品对象、主题、主要内容、主题结构，以及作品的特色、优势、参与的媒体、功能运用展示载体等。信息结构图包括：各级界面内容树状图、媒体应用备注及交互方式注释。互动媒体产品项目策划书格式及要求如下：

《作品名称》互动媒体产品项目策划书

序　号	内　容	要　求
1	作品形式	网站设计、多媒体光盘、触摸屏、互动影像装置、移动 APP 产品应用
2	题材类型	内容题材的准确定位，如政治、教育、文化、科技、生活、艺术、商业等题材

续表

序 号	内 容	要 求
3	作品名称及含义	体现产品主题，准确、简洁、有深度
4	选题背景	选题的原因、依据和理由，创意的背景，同类产品的创作情况及可行性分析
5	产品的主题	产品内容的中心思想及主线
6	产品的风格	简约型、时尚型、古典型，需根据作品主题确定
7	产品特色	内容、表现形式及技术应用
8	技术支持	产品将采用的主要技术及团队技术情况分布或解决的方案
9	素材及材料来源	素材及资料来源，包括已有资料和将要搜集的资料
10	主题结构图	作品的主要内容结构示意图
备注：		

举例分析

《网络动画》项目策划书

序 号	内 容	要 求
1	作品形式	多媒体课件
2	题材类型	教育
3	作品名称及含义	《网络动画》
4	选题背景	随着信息时代的飞速发展，网络动画是目前较新的一种动画形式，通过进一步学习网络动画，对多媒体动画的具体应用和社会意义将更加理解，并且能够独立设计、制作更加复杂的多媒体动画作品，为今后走向社会成为独当一面的动画设计师提供良好的铺垫
5	产品的主题	改变了我们传统的课堂教学形式，具有形式新颖、表现丰富、资源共享等教学优点
6	产品的风格	在界面的布局上活泼新颖，采用生动活泼的“小蜘蛛”形象引导整个课件的过程，吸引力强。在色彩上采用灰低度色调，视觉效果舒适，使眼睛在长时间注视的情况下也不会疲劳。在图、文、音、画的结合上充分展示出网络动画的优势
7	产品特色	在课件的设计和制作上除了具有较强的互动性之外，还要有较高的艺术性和技术性，该课件操作方便、灵活，其人性化的界面设计、统一的表现风格、和谐的色彩搭配，具有很强的吸引力，能够激发学生学习的兴趣，提高教学质量，充分体现出了本门课程的专业特点
8	技术支持	已掌握的多媒体编创技术，相关技术将在老师的指导下完成

续表

序　号	内　容	要　求
9	素材及材料来源	书籍、网络
10	主题结构图	作品的主要内容结构示意图如图 3-1 所示

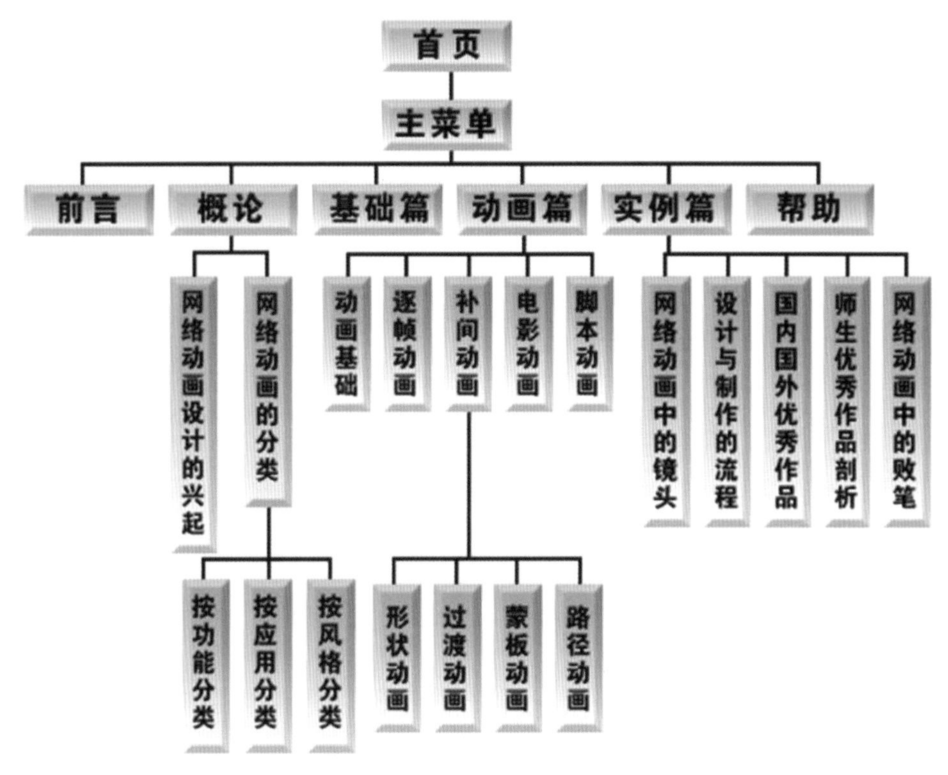

图3-1　网络动画课件内容结构示意图

3.1.2 互动媒体产品脚本设计

（1）脚本设计的作用及特点

互动媒体产品的脚本如同电影的剧本，它决定了一部作品的结构、流程，体现了作者的思路和意图，完善的脚本设计可以最大限度的避免遗漏、差错、前后矛盾、可实施性差等问题，特别是需要很多人合作的团队项目，完善的脚本设计是保证产品设计顺利进行的前提。

（2）脚本的分类

① 以内容为中心的脚本。

内容结构系统是用图表来表示作品内容的主题版块构架，反映了作品的中心内容和内容的结构层次、结构关系，如图3-2所示。

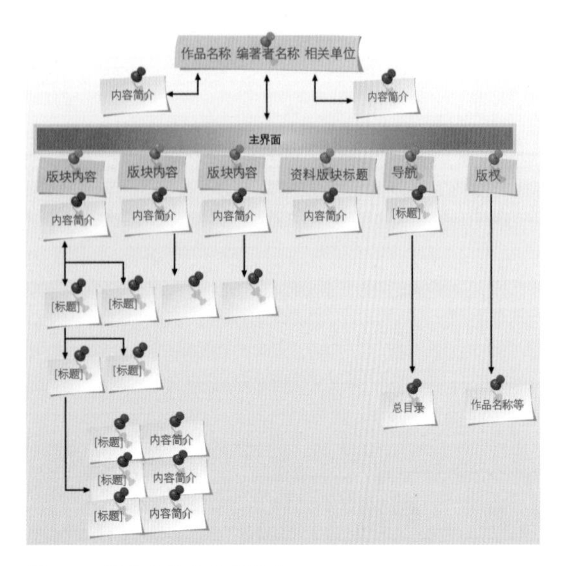

图3-2 以内容为中心的脚本

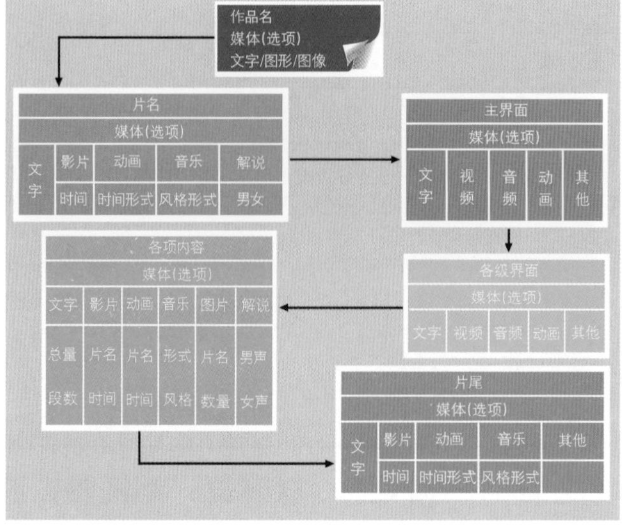

图3-3 以媒体为中心的脚本

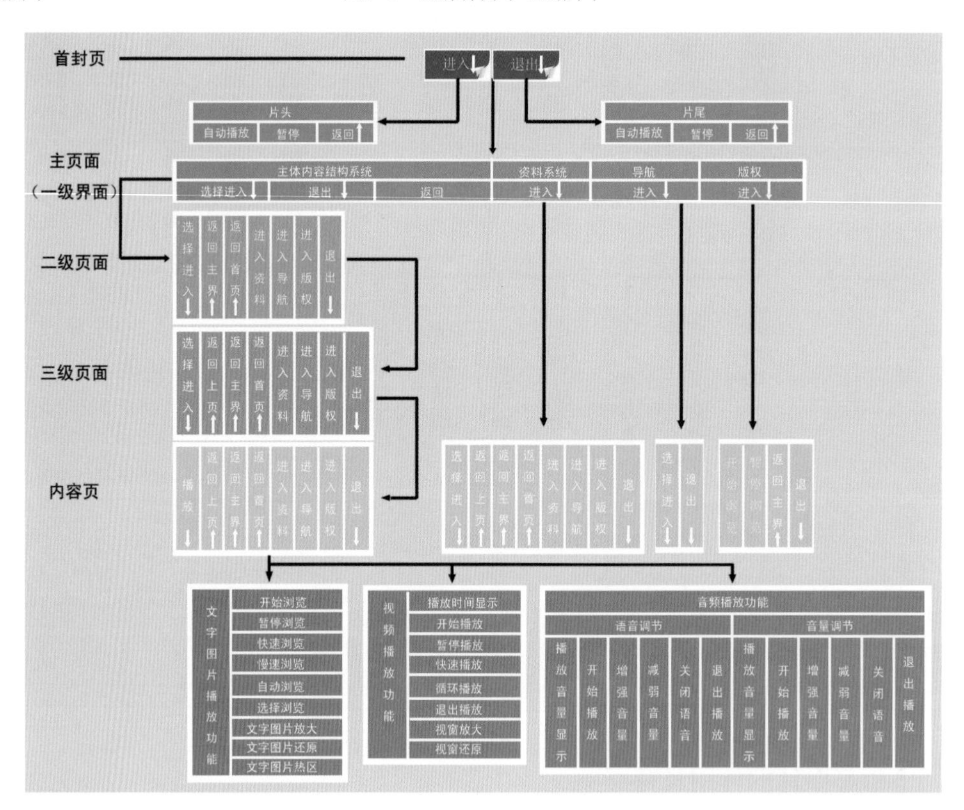

图3-4 以交互为中心的脚本

②以媒体为中心的脚本。

媒体结构系统是用图表来表示的作品媒体构架，反映了媒体在作品中存在的形式和结构关系，如图3-3所示。

③以交互为中心的脚本。

交互结构系统是用图表来表示作品具有的功能主题构架，反映了作品中的功能结构体系及交互层级，如图3-4所示。

（3）脚本的创意设计

创意，英文为Originality，是指“构思”或“意念的创造”，它泛指一切带有创造性的、与众不同的认知与想法，一般是指创造性的思维或想法。创造性思维是创意的核心，用于互动媒体产品设计中，简言之，就是独特的构想、新奇的点子。创意离不开思考，离不开创新思维，是艺术作品的生命之源。

创造性思维不同于常规思维。它是创意的核心，是人类思维的一种最高表现。它既具有常规思维的特点，又具有自己的特殊性。创造性思维要解决的是前人未曾解决过的新问题。人们通常把科学技术上的发明，科学认识上的新概念、新假设和新理论的形成，以及新的艺术作品的创作思维活动，称为创造性思维。创造性思维产生的创意是社会进步、发展的原动力。创造性思维必须具有独创性和新颖性，它是没有现成答案可以遵循的、探索性的活动过程。也就是说，“新颖性和独特性”是创造性思维的根本特征，否则，就不能称为创造性思维活动。进行创造性的思维活动需要具备以下方面的积累：

① 广博而全面的知识积累。

如果一个人的大脑中没有一定的知识储备，是不可能谈到创造性思维开发的。一个人的信息存储量越广博，他的思路就会越开阔。所以，一定要善于全方位地获取各方面的信息，获取信息的面还要全，包括文化、艺术、科学、心理学等，知识面越广泛越好。

② 善于发现生活中细节。

人们每天接触大量的信息，据统计，每个人每天接触的信息量在两千条以上。但是我们没有必要把所有接触到的信息都储存在大脑中。我们需要的是在大量的信息中敏感地发现、鉴别出对自己有用的信息，把这一类信息储存在大脑中，留待后用，这是最重要的。很多设计的灵感来源于对生活细节的挖掘，善于发现细节并将其利用到设计中是创造性思维活动的重要基础。

③ 联想力的培养。

联想力是指一个人由此思彼的能力。它受三条规律支配：相似规律、接近规律、对比规律。联想在创造性思维的开发中所起的作用是非常重要的，存储信息元素的提取、信息元素之间的连接、解决问题方案的选择都离不开联想的作用。

④ 想象力的培养。

想象力是指一个人在头脑中构造新形象的能力，例如善于想象各种可能的交互行为、方式和载体，它是思维中最富有创造性的思维方式之一。

⑤ 发散思维的培养。

创造性思维的基础是解决前人没有意识到的或者还未解决过的问题，这一基础决定了创造者没有现成的办法或模式可以照搬，惟一的途径只能是靠创造者把自己的思维发散至四面八方，去摸索着寻求各种可能的答案。可以说，发散性思维是创造性思维的基点。对于任何一种答案要经常抱有怀疑的态度，不停地去思考是否还有其他的解决问题的方案。“一切皆有可能”的思想要经常在脑海中浮现。

⑥ 脚本创意的误区。

大多数初学者认为，技术在互动媒体设计中更重要一些，因此盲目崇拜技术，认为只要掌握了各种多媒体的制作软件，就能做出好的作品。然而，事实并非如此，任何的软件和技术手段都只是实现你创意的一种工具而已，最终体现作品内涵的还是你的创意。一件作品，最能打动人的是它的内在和创意，而不是技术手段的先进与否，视觉效果的绚丽与否。换言之，一件作品即使画面再精美，如果内容组织单调，还是会使读者觉得索然无味。

目前，在互动媒体产品设计行业存在以下误区：

a．认为只要作品中资料丰富、分类细、信息量大，就是好作品。多媒体虽然有存储海量信息的特点，但是如果信息没有得到很好的组织，对广大用户就没有吸引力。

b．盲目追求强大的技术支持和很好的功能性表现。技术和功能都是为创意服务的，孤立的追求技术和功能反而会影响创意的实现。

c．盲目追求绚丽的互动及视听效果。作品缺乏艺术性，仍然不能去吸引、感染和打动读者。很多初学者经常先找一些绚丽的效果，然后再想可以用到哪个创意中去，创作思路正好反了，应该先有了整体的创意，再去研究效果实现的手段。

⑦ 脚本创意的原则。

美国著名的DDB广告公司列举了创意的三个原则：相关性、原创性和震撼力。同样的原则也适用于互动媒体产品的创意设计。

a．所谓相关性，指信息要在合适的时间将合适的信息传达给合适的人。如果不能将正确的信息在正确的时机与正确的受众连接，那么这个构思就是无效的。脚本内容设计应抓住特色，突出主题。适当加入一些小技巧，丰富作品的味道，巧用形式，表现内容，交互形式用来为内容服务。

b．所谓原创性，是指一个产品的创意必须是独创的、意外的、不同寻常的。创意构思的精髓就在于还没有人想到过，而原创性的点子只有一个人才能想出来，要善于寻求产品设计的空白区，这是形成创意的空档。

c．只有好的创意才能衍生出具有震撼力的作品，才具有足够的力量改变人们的行为和生活方式，改善城市环境。

思考与练习

- 提高联想力的练习：确定一个词语或物品，然后由这个词语出发，联想其他更多的词语或物品，在规定的时间内，将联想的词语或物品作发散思维的分析。
- 根据兴趣爱好，选择一个乘坐飞机时的娱乐交互主题，搜集相关素材，做一份互动媒体产品设计项目策划书。

3.2 互动媒体产品项目教学学习指导书

3.2.1 课程定位

本课程是互动媒体设计专业方向课程体系中的核心课程之一，处于第4学期的仿真项目教学阶段，根据教学需要和项目来源情况，也可以适当进行真实项目教学。在《互动媒体产品艺术设计（一）》中，学生通过案例教学，已经掌握了整体界面设计的方法、交互多媒体编创软件的应用及互动媒体产品项目运作的流程等。在本课程的“仿真项目教学”阶段可以让学生参与到真实的行业职业工作过程中，在由专业人员组成的项目团队带领下，以“生产—教学（A—B）双轨交互并行”的教学方式，完整经历项目的全过程。学生在真实的工作体验中，切实掌握项目的运作流程，同时进一步提升其承担职业工作应具备的能力，例如艺术设计与技术相结合的工作能力，能与客户进行良好沟通的能力，根据客户要求完成整个互动媒体产品的策划、设计制作、包装、推广等，并能熟练运用各种不同类型的设计表现形式，准确传达信息。

3.2.2 职业能力目标

通过仿真项目教学可使学生置身于模拟真实创造的从接单时的客户沟通到提交完成品的完整行业工作情境，在专业人员组成的项目团队和专业教师的示范和引导下，以“准员工”的身份，在规定的岗位上，完整体验和承担符合学生接受度的“仿真项目”工作任务。在这样的学习过程中，学生将掌握典型的项目运作流程，进一步提升专业能力，初步具备“准职业人”的工作方法和社会适应能力。

（1）专业能力

① 熟悉多媒体项目开发流程，有与客户沟通的良好能力；
② 具备项目分析的能力，有项目规划、总体框架设计、模块划分的能力；
③ 具备根据客户需求，对可用技术方案选取的能力；
④ 具备根据项目内容，对产品界面总体设计的能力；
⑤ 具备信息结构分析及信息构架的能力；
⑥ 在同一平台上整合多种媒体的能力；
⑦ 具备与程序员沟通及协调解决问题的能力；

⑧ 具备产品可用性分析、评估及迭代设计的能力；
⑨ 具备认真负责的工作态度、吃苦耐劳的精神及较强的实践动手能力。

（2）方法能力

① 能够对相关资讯和素材进行收集、整理、分析与借鉴；
② 能够策划、撰写与清晰阐述方案；
③ 能够通过头脑风暴的方式激发创意；
④ 能够综合与灵活运用专业知识和经验；
⑤ 能够掌握与运用相关行业规范；
⑥ 能够进行创意性思维；
⑦ 能够合理制订工作计划和对进度进行有效管理；
⑧ 具备观察与逻辑思维能力；
⑨ 能够在工作过程中自主学习。

（3）社会能力

① 能够及时和充分理解工作相关的口头和文字信息；
② 能够利用语言和文字清晰并有说服力地表达工作相关的意见与建议；
③ 能够有效地与团队进行合作（沟通、包容、互补、激励）；
④ 能够合理地组织与协调，并有效执行工作任务；
⑤ 能够适应工作任务的各种不同需求；
⑥ 具备一定的竞争意识；
⑦ 具备职业道德和敬业精神。

3.2.3 项目概述

教学过程中根据项目的来源确定具体实施项目。主要项目类别有如下两种：
（1）互动媒体光盘设计
（2）电子出版物设计
（3）App产品策划及设计
（4）物理交互设计
（5）互动媒体产品真实项目实训（项目1~项目N）
① 项目载体：
a．软件界面设计及产品演示设计；
b．手机界面设计及产品演示设计；
c．数字博物馆设计与制作；
d．互动商业装置设计；
e．互动式全站设计；
f．App应用设计。

说明 以上列出的为可以承接的项目种类，根据具体项目来源情况而定。

② 学习内容：

a. 前期方案策划及脚本设计；

b. 素材处理（图片、文字、音频、视频、动画）；

c. 信息构架分析及总体框架设计；

d. 界面设计及交互脚本设计；

e. 动画及各个栏目导航动画设计制作；

f. 设计制作各个模块的交互内容；

g. 根据项目选取合理的技术方案，并根据项目要求与程序员进行沟通合作；

h. 项目的测试与维护更新；

i. 其他项目相关信息，详见“创意简报”等项目文件。

3.2.4 课前知识、能力准备

（1）在前面案例教学过程中多搜集经典、优秀的互动媒体产品案例，搜集的过程中从结构、交互、体验、视觉内容等方面剖析其优缺点，培养对互动媒体产品设计整体的认识。

（2）多访问一些专业的互动媒体设计论坛，如互动中国、宇风多媒体论坛、视觉中国等网站论坛，及时了解最新的业内设计动态。

（3）了解互动媒体产品应用的屏幕特点，例如屏幕不同区域的特殊功能，屏幕大小对设计的影响等。

（4）能够根据项目内容运用界面元素进行界面设计，已初步具备整体界面设计的能力。

（5）具备熟练使用Photoshop、Illustrator完成图形图像处理等实际设计工作的能力；使用视音频软件完成部分视音频的处理；使用Flash完成片头、片尾动画设计及使用AS编程语言完成交互动画设计的能力；使用Director完成多种媒体整合到一个平台上的能力。

（6）了解lingo语言和ActionScript交互语言的综合应用，养成利用网络或工具资料自己学习语言代码的能力。

（7）具备多媒体综合项目的设计与制作能力，对市场和用户需求有一定的分析及处理能力。

（8）有一定的英语读写能力、认真负责的工作态度、吃苦耐劳的精神及较强的实践动手能力。

思考与练习

从事互动媒体产品艺术设计领域应掌握的专业能力有哪些？

3.3 综合实战项目：《灵感广告》宣传类互动媒体产品设计

委托开发单位：北京灵感广告有限公司
设计团队：金健、蔡金涛
北京电子科技职业学院艺术设计学院

3.3.1 项目分析

在分析阶段应该明确该项目的承载功能和开发目的，也就是要清晰地认知该互动媒体产品的用途，传递什么信息？采用什么样的手段？如何传递？

（1）定义目标

在目标分析的同时，还要确定整体多媒体项目的基本风格，想要传达的信息内容及表现形式。比如：以试图讲述一个故事来构思？项目的目标是宣传一个产品吗？还是传达一种理念？也就是一定要明确这个项目主要表达的要素是什么。

“灵感广告”互动媒体项目是北京灵感广告有限公司的互动媒体产品宣传光盘，通过多媒体交互的手段全面展示“灵感广告”的企业文化、艺术特色、经营理念等。作品虽然具有一定的商业特征，但在整体创意与设计风格上却有着较强的文化内涵，作品通过背景音乐、虚拟现实等技术与艺术相结合的手段也充分体现着人文情怀，意味着一种精神，一种风尚，具有新媒体艺术时代的特征。

作为一种传统文化与现代技术相结合的行为艺术表现，以多媒体光盘的形式进行展示，通过摄影、交互和虚拟现实相结合表现手段全面展示“灵感广告”的内容。如图3-5所示。

图3-5 《灵感广告》

（2）定义观众

这是一个具有商业特色的企业宣传光盘，因此项目的观众将是业内人士和具有较高艺术设计需求的商业用户以及少量进行艺术设计研究的专业人士。但最重要的是，我们想通过产品对这些典型的观众讲些什么，这些典型的观众能从这个产品中得到什么？他们的态度是怎样的？

（3）创建文本脚本

脚本是一个项目的主要轮廓，它以一个文档方式精炼的描述了该多媒体项目的设计构思、目标和屏幕布局等。把项目的描述和文本收集到一起，把它们按照在产品中出现的次序记叙在一个文档中。脚本中记录了文本、图像、动画、导航等内容，也注明了这些内容的组织架构及交互方式。

（4）明确内容

收集所需要的素材和内容，例如文本、数字声音、视频、图片等。然后制作内容清单，将所有的内容整理归类，并不断修改所需要的内容素材，其中包括整理文本、图形设计、动画制作、声音编辑、视频采集和压缩等。

（5）设计流程图

流程图设计是项目方案中关键的一步，它是信息架构组织和逻辑关系最直观的体现。为了达到项目的最终目标，并在这些目标的基础上组织信息，所以要将它们分层次排列，并画出每个主题之间的层级关系和交互行为。

3.3.2 设计构思

设计是指在结合内容和流程图的基础上，设计制作出各个用户界面、片头动画、导航按钮等，以及进一步明确每个用户界面的功能所显示什么内容。

（1）用户界面的设计

设计界面所采取的方式取决于项目的目标，功能的设计是所有互动媒体项目最常见的目标，易于使用是这个目标的关键，用户喜欢在计算机中直接控制和操纵屏幕上的各个对象，因此，首先将界面设计的风格定位为简洁；其次，需要保持界面设计的一致性，特定的按钮应该总是具有特定的功能，并且位于相同的地方，不应该突然消失或突然进行了其他的行为；再次，为给浏览者营造一个身临其境的气氛，直观了解公司的环境，设计360°全景浏览导航。确定风格特征是界面设计的关键目标，风格的确定将引导你有一个明确的设计方向。如图3-6所示。

① 360°虚拟场景的导航应用充分体现了互动媒体产品的交互特征，使观者以第一视角的位置参与到项目中，把观者的注意力引向信息的重要部分。如图3-7所示。

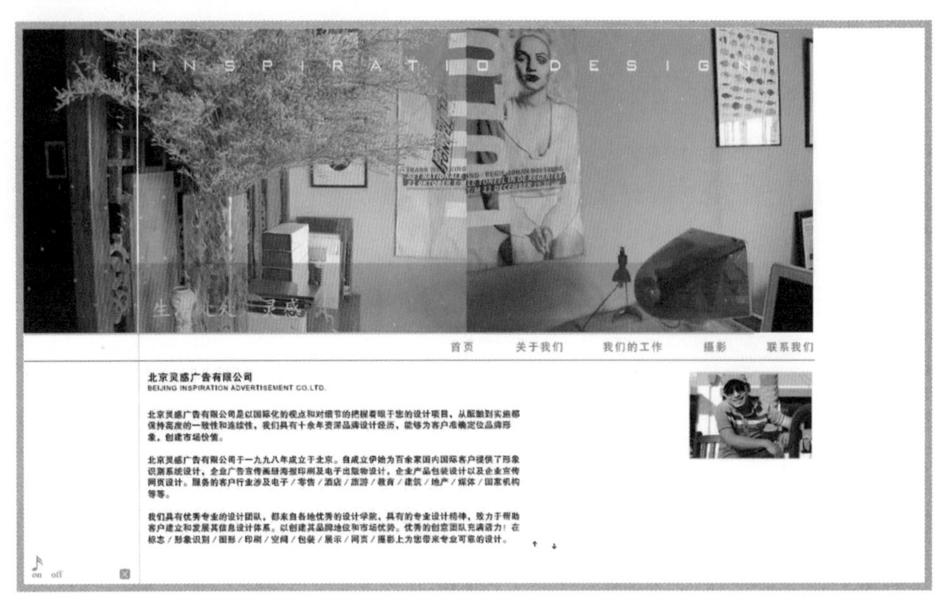

图3-6 界面设计

图3-7 虚拟现实技术的应用

图3-8 界面设计

② 次级页面保持交互功能的一致性，并使重要的信息显而易见，让重要的信息处于屏幕明显的位置，方便用户查找，减轻用户认知负担。如图3-8所示。

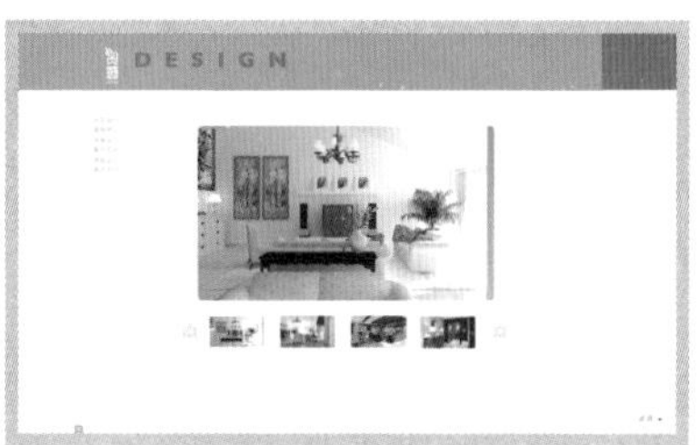

图3-9　界面设计

③ 风格要统一，主体风格明确之后，所有用户界面的设计应围绕该主题进行颜色、字体、图像、声音等内容的协调匹配，做到界面之间富有变化又协调统一。如图3-9所示。

（2）导航和交互设计

影像产品是线性的，观看者通常没有选择，只是一屏一屏的观看内容，但多媒体允许用户选择看什么或交互什么。互动媒体技术能够设计带有多层信息的应用，每个信息层都可以通过导航工具访问。

在每一个屏幕上，用户都应该准确知道自己在网站中的位置。可以去哪里？采取哪种方式达到那里？导航的设计应该简单而直观。信息在项目中显示的深度也是一个需要注意的问题。用户要到达任何一个界面是否需要三次以上的点击？是否还需要更多？导航超链接的方式也非常重要，从功能上考虑，采用形状的超链接方式是最佳的选择。如果用户跳转到了某个界面，在需要进一步跳转到另一个界面时，它不应该后退到原点再选择。形状超链接的方式就是将项目首页中的主导航设计到其他子级用户界面中，以体现一种更人性化的导览设计。确认每一个按钮和控件的功能都十分清楚，下图是进入主界面的导航部分。如图3-10所示。

图3-10　主导航设计

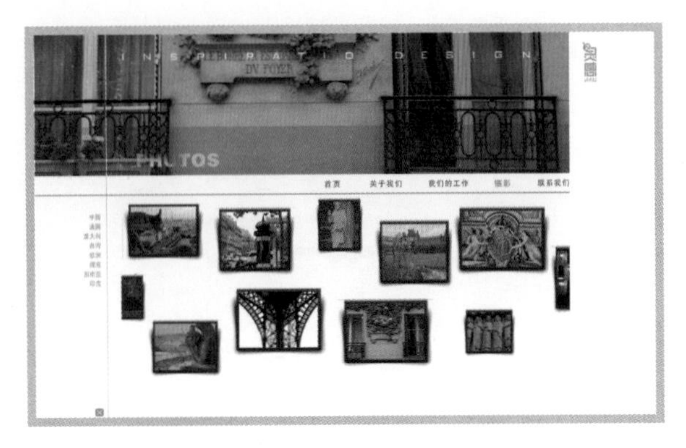

图3-11 次级页面导航设计A

图3-12 次级页面导航设计B

在虚拟现实的交互中，次级界面的关键导航通过色彩对比的方式加以提示，也为用户当前浏览内容提供了一个很好的提示，使浏览者在操作过程之中一目了然。如图3-11、图3-12所示。

在不同的二级用户界面中，清晰、明确的导航既在风格上统一，又有不同的形式变化。

3.3.3 实现与测试

在实现阶段，通过脚本语言、设计流程图和Director等编创平台来创建项目。在项目的创建过程中，要随时进行各个阶段的测试。及时进行测试能够暴露出设计构思和实现过程中的缺陷，能使它们在以后不会成为真正的大麻烦。项目具体制作过程如下：

（1）素材准备

① 整体界面设计：根据项目特点和风格设计互动媒体产品整体界面及分页面界面，通过反复与客户沟通定稿。

② 片头动画设计：用Flash软件完成片头动画设计。

③ 分页面的动态按钮及返回按钮设计：用Flash软件完成按钮设计。

④ 分页面中的动画设计：用Flash软件设计完成所有分页面中的动画元素及转场动画；设计制作多媒体项目导航中所涉及的按钮交互动画。如图3-13所示。

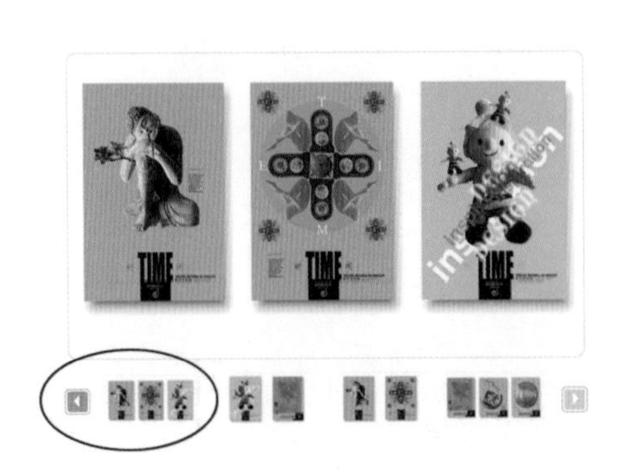

图3-13（1） 鼠标点击按钮前的按钮状态

图3-13（2）鼠标点击按钮过程中的按钮展开状态

（2）三维全景虚拟现实设计

虚拟现实是利用计算机技术模拟出来的虚拟世界，这个虚拟世界可以来自实际存在，也可以来自于想象中的。虚拟现实必须能够给使用者身处实境的感觉，提供视觉、听觉甚至触觉、嗅觉的模拟。

三维全景虚拟现实（也称实景虚拟）是基于全景图像的真实场景虚拟现实技术。全景（英文名称是 Panorama）是把相机环360°拍摄的一组或多组照片拼接成一个全景图像，通过计算机技术实现全方位互动方式观看的真实场景还原展示方式。在播放插件（通常Java或Quicktime、activex、flash）的支持下，使用鼠标控制环视的方向，可左可右可近可远，使用户在一个三维的环境中浏览景物。

本案例中的三维全景虚拟现实是通过三维全景套装软件设计完成的，三维全景套装软件包括“造景师”自动三维全景拼接软件、“漫游大师”虚拟漫游制作软件和“造型师”三维物体制作软件三部分。

① 首先通过摄影的方式制作虚拟现实所需要的场景素材。初学者最好先从“柱型全景”开始创作实践，拍摄远景，对镜头同轴转动的要求不高，因此可以不使用云台。但是尽可能使用三角架，因为三角架可以保证同一组照片视角高低一致。

② 专业全景摄影对相机、镜头、三脚架、云台的要求很高，具体配置如下：

a．全景相机和鱼眼镜头。全景相机有转机和狭缝扫描曝光式，可配合各种专业镜头，使用135、120等规格胶片拍摄高清晰度全景照片；数码相机也可以分帧拍摄，然后使用软件将原始单帧照片连接成一幅全景照片。28毫米以上镜头拍摄“柱形全景”，18毫米以下拍摄“准球形全景”，鱼眼镜头拍摄“整球形全景”。

b．三角架和云台。采用普通相机分帧拍摄的方法，必须使用三脚架固定相机，并以云台保证镜头的水平和机身的垂直。由于采用分帧拍摄，则特别要保证分度的准确，尤其是“双半球合成”软件要求其180°转角的精度。如图3-14所示。

图3-14

图3-14 虚拟导航场景

③ 对场景进行超角360°的完整视角展示。具体操作就是先通过相机捕捉整个场景的图像信息，然后打开“造景师”软件进行合成，把二维的平面照片模拟成真实的三维空间，并用专门的播放软件进行播放，呈现给观赏者。同时赋予观赏者操作图像（放大、缩小，改变视角）的功能，以求再现真实场景的效果。如图3-15所示。

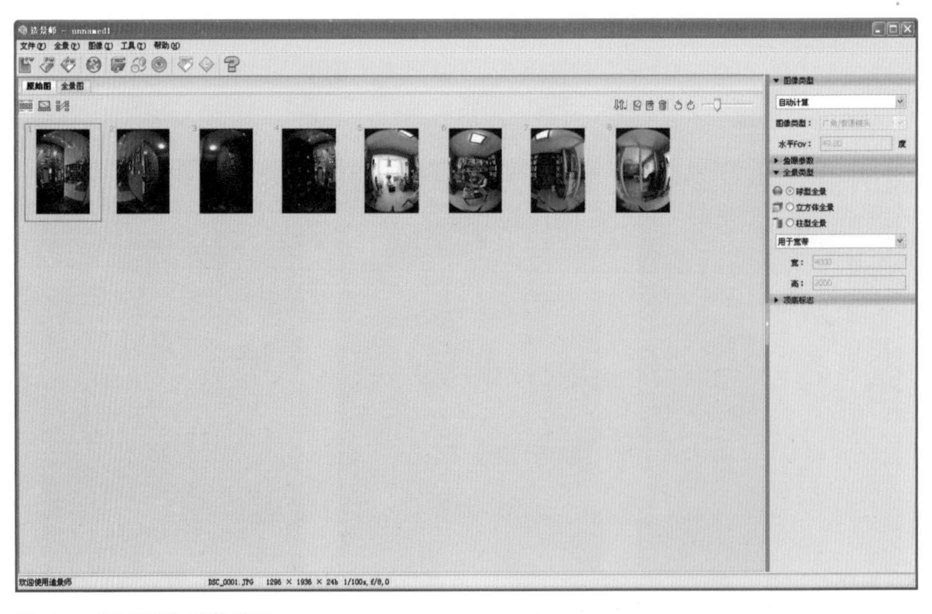

图3-15 “造景师”软件界面

④ 使用批处理功能全自动的进行批量全景拼合、批量发布、批量图片转换。如图3-16所示。

图3-16　制作虚拟场景动画

⑤“造景师”软件里也可以对单个的场景添加热点，实现弹出一个图文介绍或者打开一个网页。如图3-17所示。

软件支持Flash、html5多种发布样式，除了可以拼接三维全景图，还可以发布flash、html5等多种格式适应在不同的设备上观看。

图3-17　创建热区

图3-18 导入素材

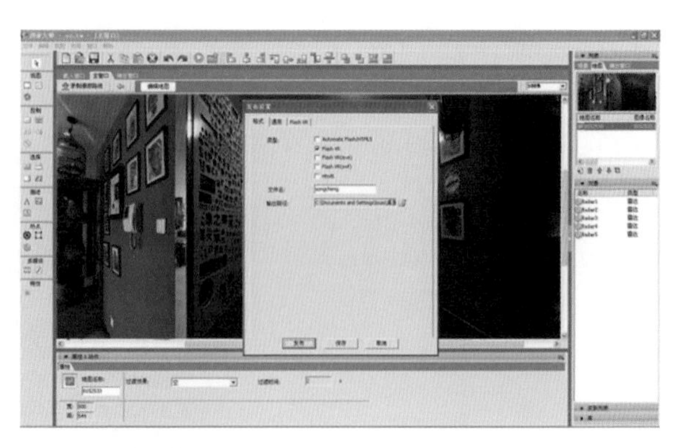

图3-19 导入素材

⑥ 运用“漫游大师”虚拟漫游制作软件制作一个虚拟漫游动画。

将前期已经准备好制作虚拟漫游需要用到的素材，由“造景师”软件拼合得到的全景图或者建模渲染的全景图，如柱形全景、立方体全景等。

a. “漫游大师”软件中添加皮肤和场景，如图3-18所示。

b. 通过“漫游大师”软件进行发布，如图3-19所示。

（3）Director交互设计整合

① 打开Director编创软件，通过菜单File—Import命令将之前准备好的所有素材导入到Director编创平台之中，创建Cast演员表，如图3-20所示。

② 将该项目中所涉及的素材分别置入到舞台，按照设计脚本制作首页。

a. 按照事先策划的先后顺序在时间线上首先调整Flash片头动画界面，如图3-21所示。

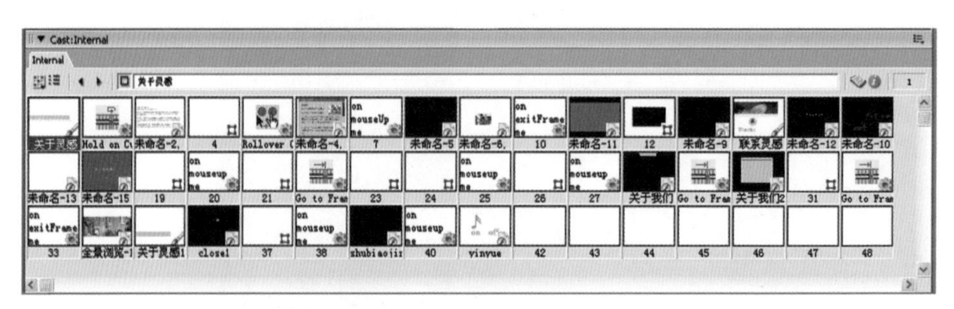

图3-20 导入素材

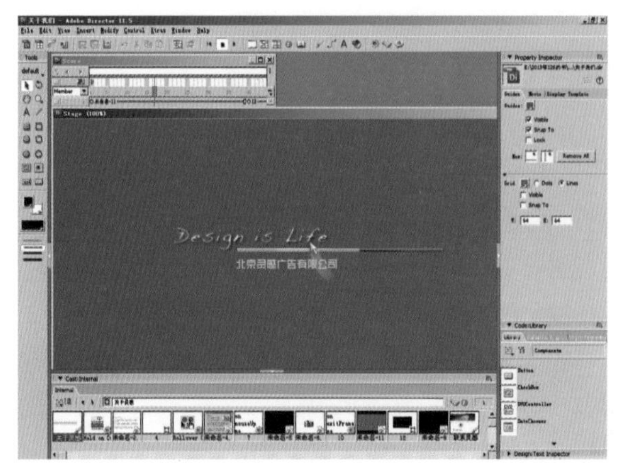

图3-21 首页中的片头入场动画

b．Flash片头动画结束后自动进入到首页导航界面，在时间线上，将首页导航界面排列在Flash片头动画之后，如图3-22所示。

③ 为整个项目添加行为语言，包括自动控制多媒体播放的行为语言和用于用户操作的转场及按钮图标上的行为语言等。

a．在行为通道的关键帧上双击鼠标打开行为面板（Script），根据各个界面的功能、特点及播放要求，分别为各个界面添加多媒体播放和停顿的行为。根据项目的交互设计要求，创建一个新的“停止”行为脚本，用于完整展示首页导航界面及其他各个二级用户界面。行为语言如下：

```
on exitFrame me
  go to the frame
end
```

如图3-23所示。

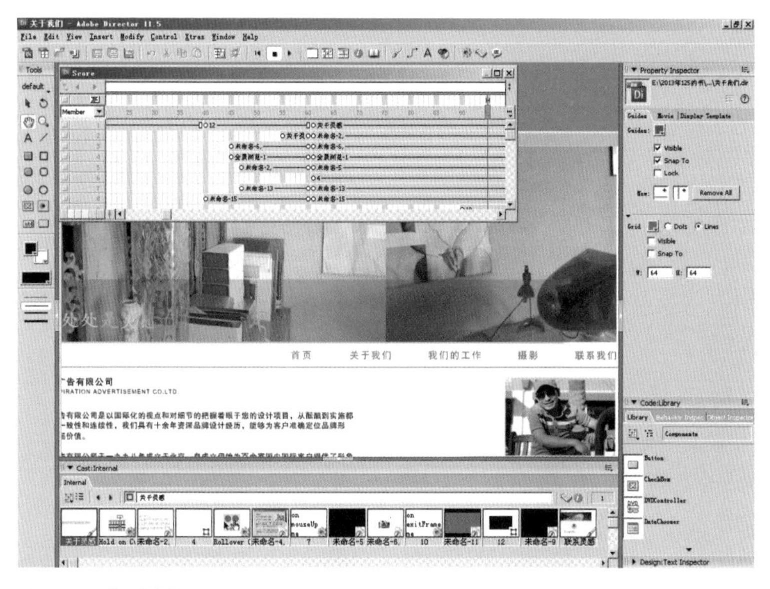

图3-22　首页导航界面

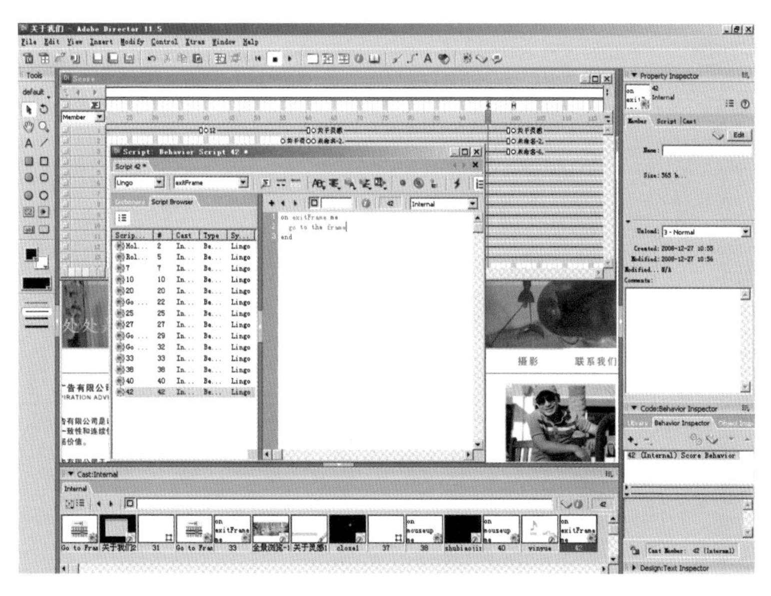

图3-23　时间线中行为通道上的行为语言描述

b. 在舞台中，为用于用户操作的转场及按钮图标添加行为语言，选中首页中的主题广告图片，点击鼠标右键打开行为面板，根据项目的交互设计要求，创建一个新的行为脚本，用以激活虚拟现实全景动画。行为语言如下：

```
on mouseUp me
  Open "full"
end
```

说明 "full"是360°全景导航导出文件的命名。

如图3-24~图3-26所示。

c. 用户在首页主题广告图片上点击鼠标后，直接打开三维虚拟现实全景动画的可执行文件。如图3-27所示。

④ 在场景界面导航与二级页面之间加入转场动画，使得交互设计更生动。将转场动画单独放置一层，并给第一帧加载标记。导航加载的代码如下：

```
on mouseUp me
  go to "转场动画所在的标记名称"
end
```

如图3-28所示。

图3-24 首页中的虚拟场景导航元素添加行为语言

图3-25 舞台中首页主题广告图片上的行为语言描述

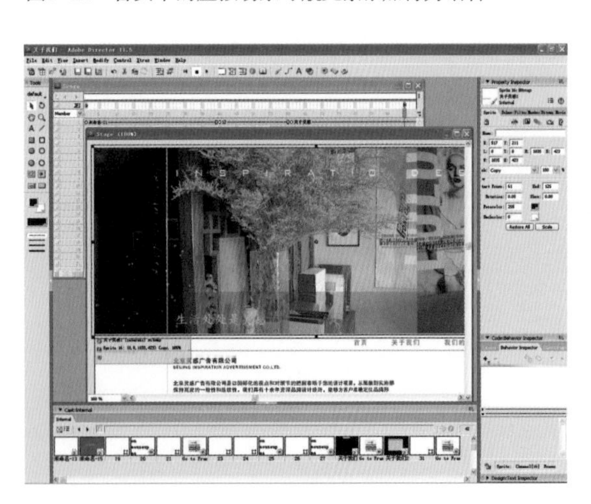

图3-26 以添加行为语言的首页主题广告图片

图3-27 全屏显示的三维虚拟现实全景动画

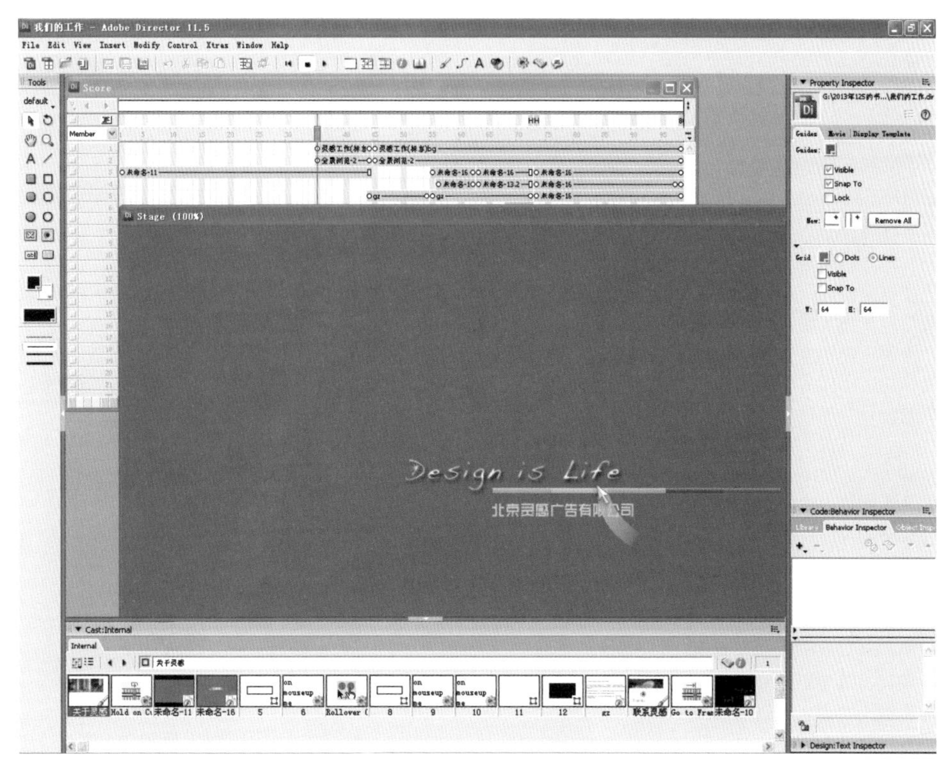

图3-28　转场动画

⑤ 在多媒体项目的首页导航界面中，为主导航按钮图标添加超链接的交互行为语言，使用户点击鼠标后进入到二级用户界面中。

a．在“关于我们”导航按钮图标上，点击鼠标右键打开行为面板，为其添加超链接的行为语言，以实现其交互效果。行为语言如下：

```
on mouseUp me
  go 100
end
```

如图3-29和图3-30所示。

b．通过Flash补间动画和遮罩层动画设计制作项目中“关于我们”二级弹出窗口的用户界面效果。如图3-31所示。

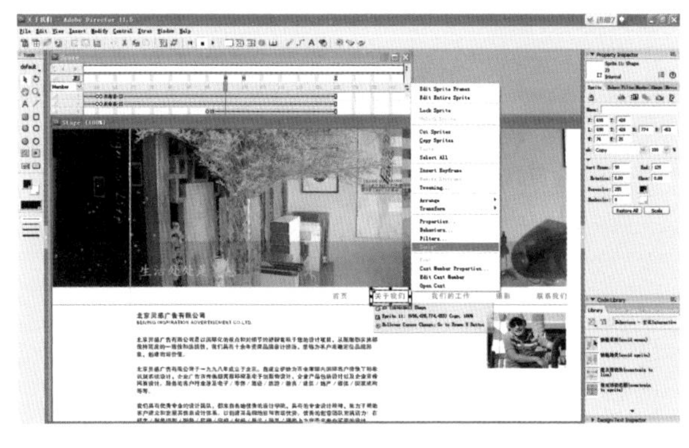

图3-29　为按钮图标添加行为语言

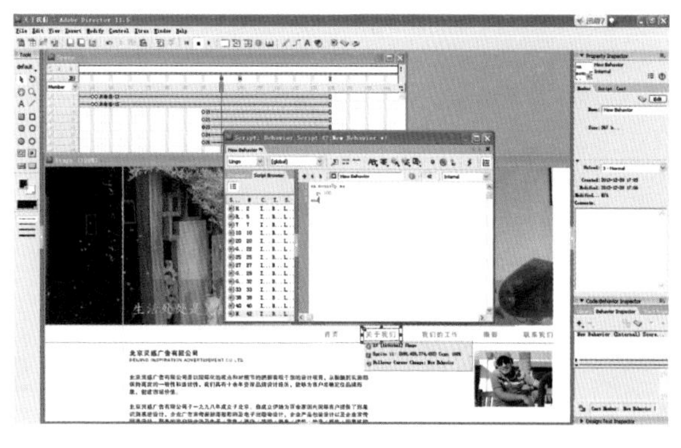

图3-30　导航按钮图上的行为语言描述

ABOUT US 

关于我们

北京灵感广告有限公司是以国际化的视点和对细节的把握着眼于您的设计项目，从酝酿到实施都保持高度的一致性和连续性，我们具有十余年资深品牌设计经历，能够为客户准确定位品牌形象，创建市场价值。
北京灵感广告有限公司于一九九八年成立于北京。自成立伊始为百余家国内国际客户提供了形象识别系统设计，企业广告宣传画册海报印刷及电子出版物设计，企业产品包装设计以及企业宣传网页设计。服务的客户行业涉及电子／零售／酒店／旅游／教育／建筑／地产／媒体／国家机构等等。
我们具有优秀专业的设计团队，都来自各地优秀的设计学院，具有的专业设计精神，致力于帮助客户建立和发展其信息设计体系。以创建其品牌地位和市场优势。优秀的创意团队充满活力！在标志／形象识别／图形／印刷／空间／包装／展示／网页／摄影上为您带来专业可靠的设计。

工作理念
灵感广告有限公司是一家专业设计平台，它的目标是激发设计师团队的创造力，使设计具有国际化的视野帮助客户在观念／形象／服务的拓展中被系统，全面有效地利用和实施，确保企业对公众信息传达的一致性和鲜明的个性。增加其在市场销售经营等商业活动中的竞争力和品牌优势。我们设计团队通与世界上优秀的设计师交流学习，为客户提供完整的解决方案，使我们的客户受益无穷。

公司优势
1. 我们首创了完整的设计管理方法与针对设计的生产流程 。
2. 我们是跨领域的设计与营销人才。
3. 我们拥有广泛收集信息的激情与渴望。
4. 我们拥有一个团结稳定经验丰富的设计团队，是高质量服务和创意的保障。
5. 我们是学术气氛活跃的学习型设计机构。
6. 我们拥有相对固定的高端客户群。

图3-31 “关于我们”二级弹出窗口用户界面

c. 将“关于我们”二级弹出窗口用户界面导入到Director中，安置在时间线的第100帧位置，与“关于我们”导航按钮图标上的超链接行为语言相对应，以实现其弹出分页窗口界面的交互效果。如图3-32所示。

图3-32 “关于我们”二级弹出窗口用户界面的实现效果

d．在舞台的首页导航界面中，按照“关于我们”导航按钮图标的行为语言的添加方式，分别为各个主导航按钮图标添加超链接的交互行为语言；在每个导航按钮图标上点击鼠标右键打开行为面板，根据项目的交互要求添加用于用户操作的行为语言，以实现各个分页用户界面的交互效果。如图3-33所示。

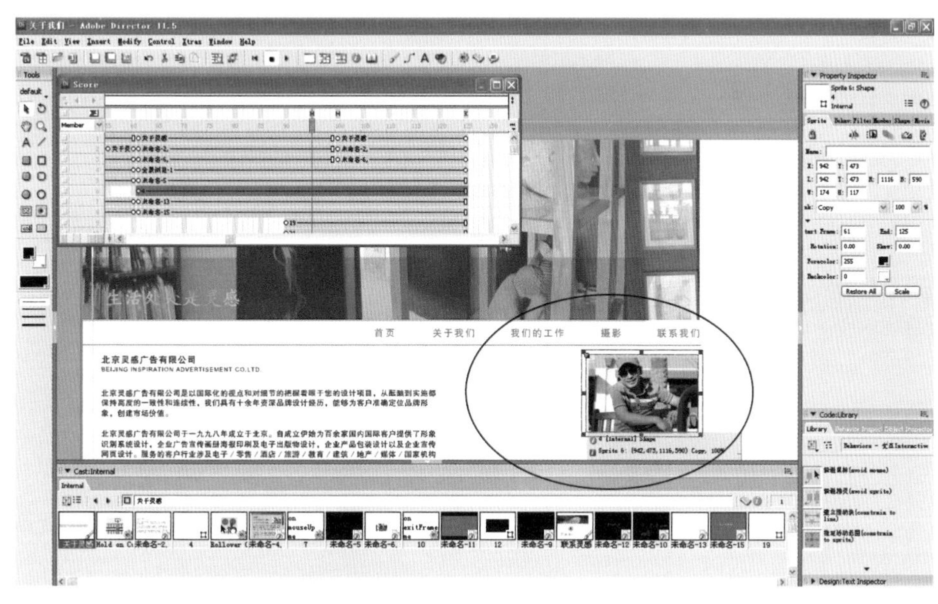

图3-33　为首页导航界面中的按钮图标添加行为语言

e．通过Flash软件设计制作其他二级弹出窗口的用户界面效果，并导入到Director中，安置在时间线的相应位置，与导航按钮图标上的超链接行为语言相对应，以实现其弹出分页窗口界面的交互效果。如图3-34所示。

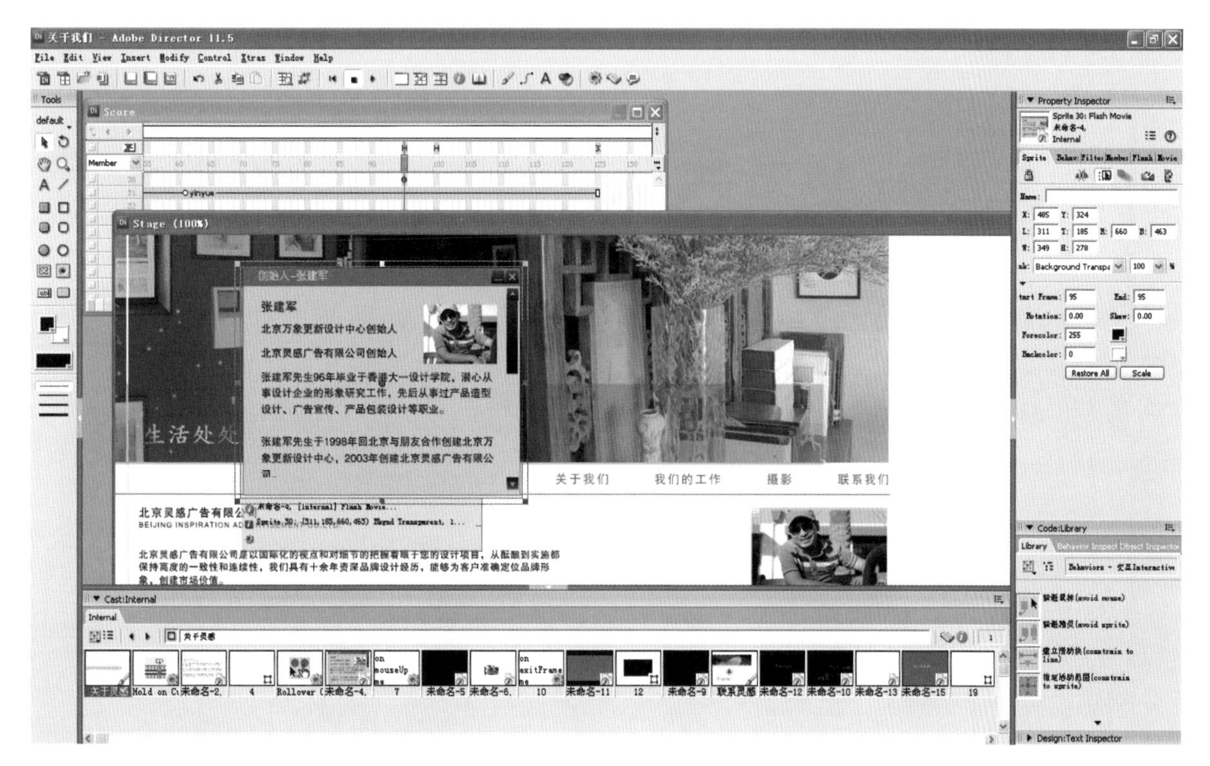

图3-34　其他分页界面的弹出窗口界面实现效果

f. 在首页导航界面中，继续为在“我们的工作”、“摄影”、“联系我们”导航按钮图标添加超链接的交互行为语言，使用户点击鼠标后进入到相应的二级用户界面中。如图3-35~图3-37所示。

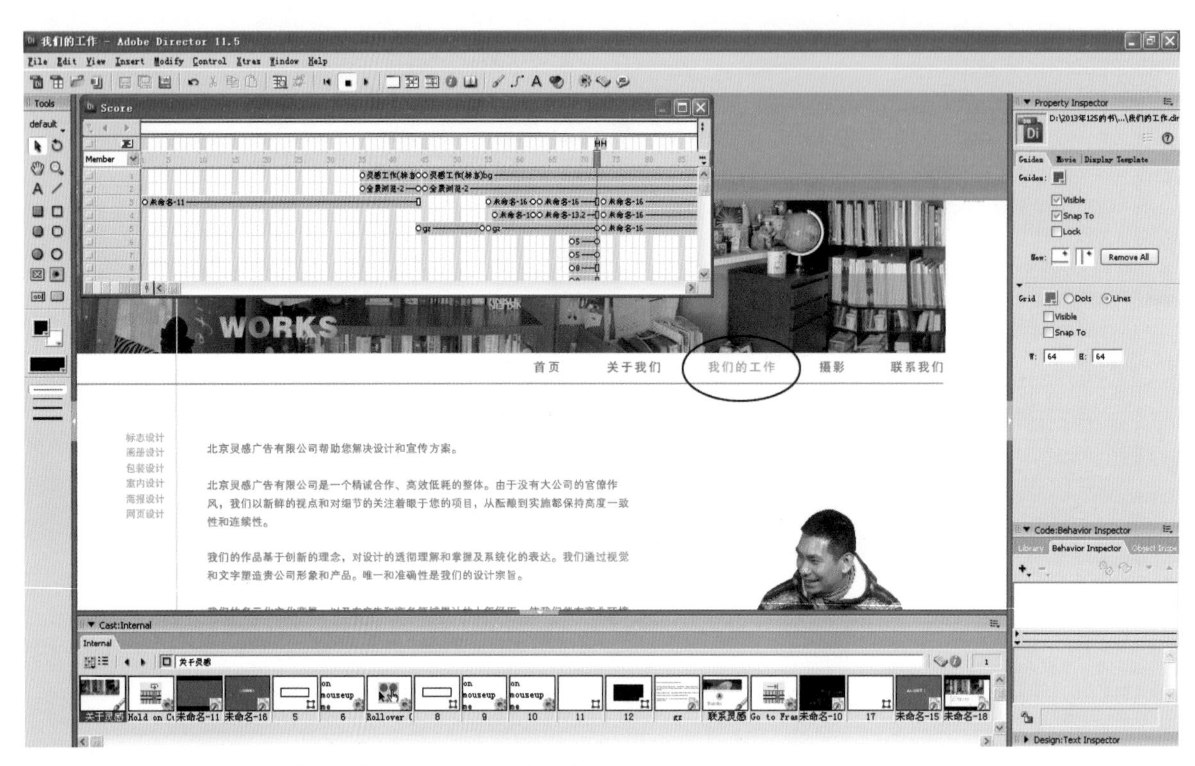

图3-35 添加行为语言的“我们的工作”二级用户界面实现效果

图3-36 添加行为语言的“摄影”二级用户界面实现效果

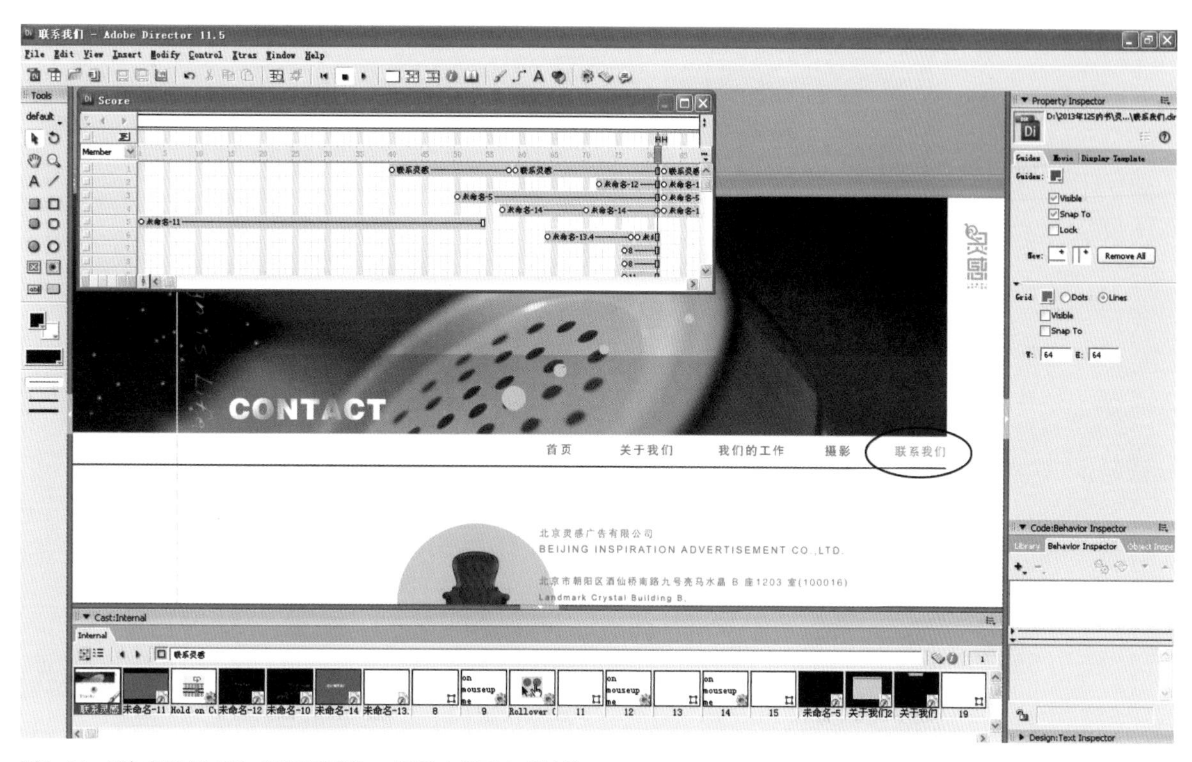

图3-37　添加行为语言的“联系我们”二级用户界面实现效果

⑥ 在二级用户界面中，根据项目的设计，在按钮图标上添加打开三级用户界面的行为语言。按照首页导航界面中按钮图标的行为语言添加方法，在二级用户界面的按钮图标上点击鼠标右键打开行为面板，为其添加打开三级用户界面的超链接行为语言，以实现其交互效果。如图3-38和图3-39所示。

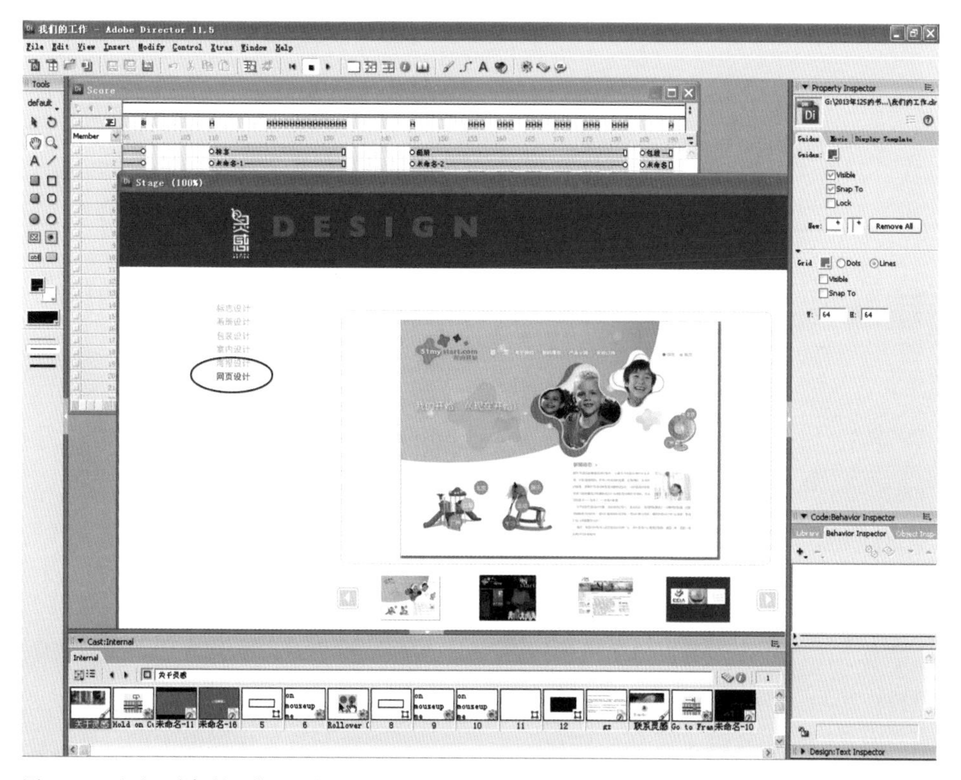

图3-38　通过“我们的工作”二级用户界面进入的三级用户页面

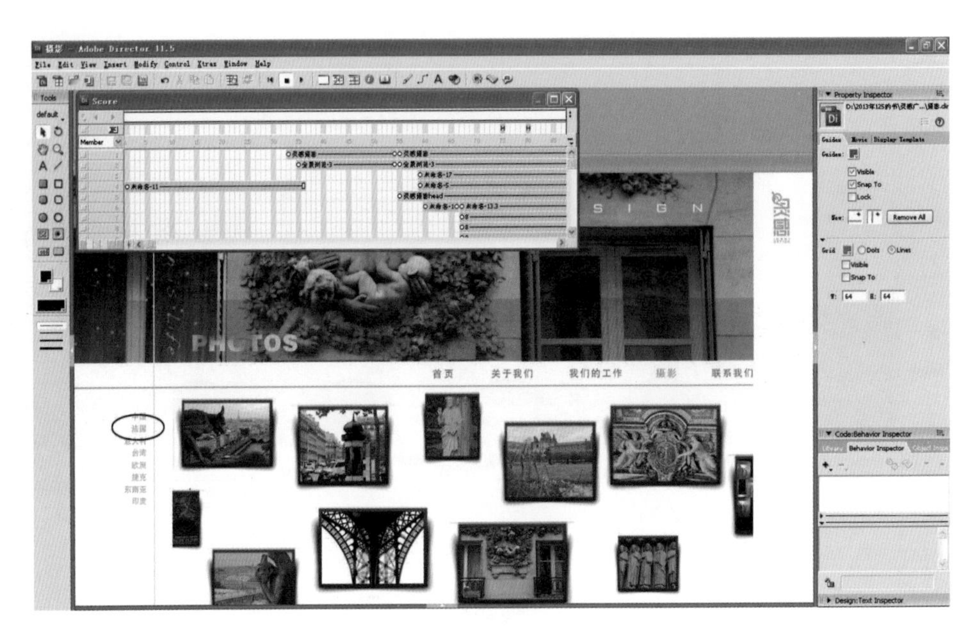

图3-39 通过“摄影”二级用户界面进入的三级用户页面

⑦ 整体交互功能设计整合及测试。

⑧ 为多媒体项目做安全备份，设计制作快速启动图标，做文件加密，压缩打包。

思考与练习

- 策划设计一部互动媒体产品的流程有哪些？
- 根据个人兴趣，自选主题策划、设计制作一部互动媒体产品。

3.4 综合实战项目：提醒喝水APP——iDrinkwater

设计者：苏 航

清华美院 信息系

3.4.1 项目背景

喝水，生活中再普通不过的一件事了。科学研究发现，一般而言，人体每天从尿液、流汗或皮肤蒸发等流失的水分，大约是1800~2000cc，健康成年人每天需要补充2000cc（8杯水）左右的水分。

但是，每天八杯水的量你是否喝够了呢？是否总是忘了定时喝水呢？是否所有的人都需要喝够八杯水呢？

生命体通过口腔摄入以补充自身细胞内的水分，喝水是生命体新陈代谢的重要一环，也是补充生命体和植物微量元素的方式之一。不同年龄、体质的人群对水量的摄入要求是不一样的。

现代人忙于奔波，没有太多时间顾及自己的健康，平时也是到了口渴的时候才会想起去喝水，并没有养成一个良好健康的喝水习惯。

3.4.2 设计构思

针对人们容易忽视喝水的问题，以及不知道如何规划自己喝水量和时间的问题，设计师设计了一款专门提醒全家人包括自己喝水的应用，其主要功能是针对不同年龄、不同体质的人群会生成个性化的喝水计划，并根据你的身体器官所需摄取的水分给予建议。产品中设置的时间会按时提醒用户不再忘记定时饮水，而且还能追踪到结果，并用图表的形式进行比较分析，提示人们关注健康。

3.4.3 市场同类产品分析

（1）爷您喝口水Hydro（Android平台）

该产品的主要功能：点击各种容器记录喝水量，通过设置界面，可修改各种容器的容积等数据，查看喝水记录图表，设置时间提醒用户别忘了喝水。整体信息内容比较全面，如图3-40所示。

产品的不足之处：信息架构模糊，层级之间信息浏览不够清晰；界面风格稍显呆板，图标设计比较粗糙。

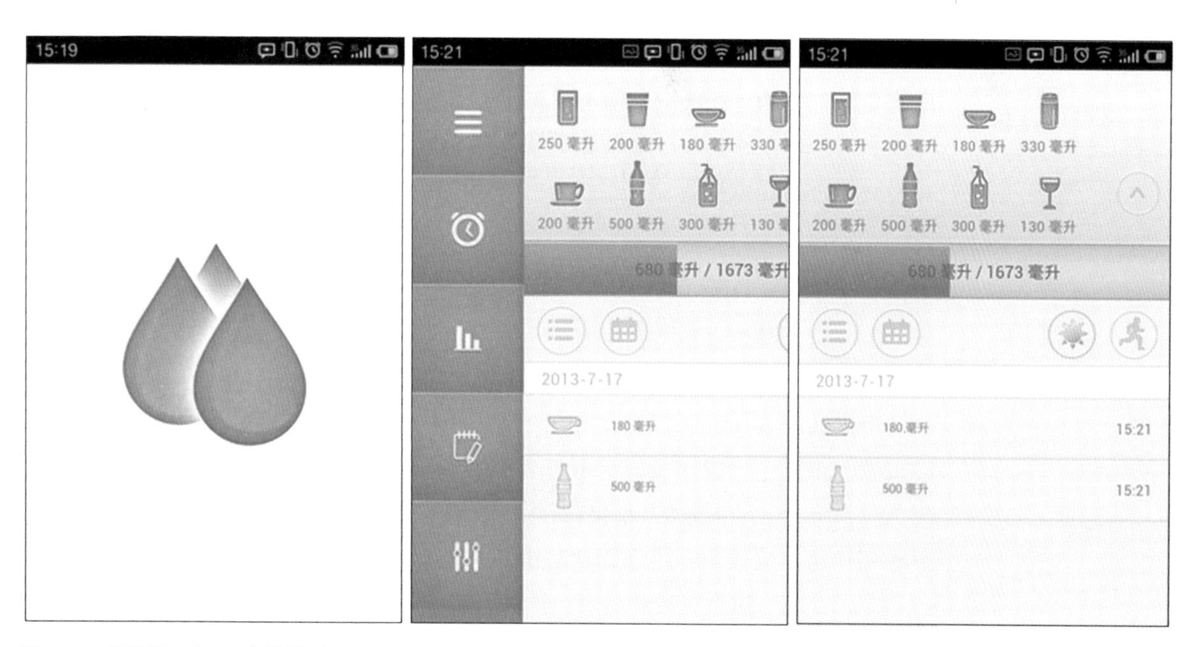

图3-40　爷您喝口水App产品界面

（2）爱喝水（IOS平台）

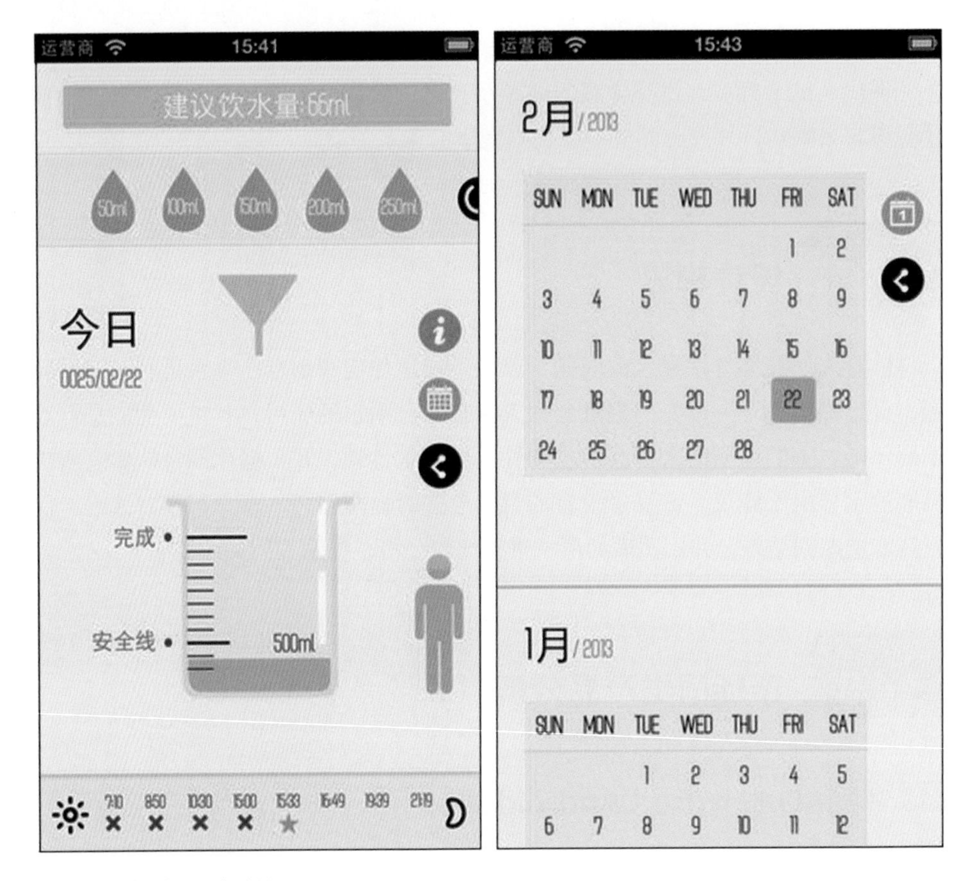

图3-41 爱喝水App产品界面

产品的主要功能：一款设计精美、功能独特的应用，提醒用户及时适量喝水。进入软件后，首先要填写性别、年龄、作息时间等资料，然后在主界面中即可看到每天每时每刻为大家安排好的喝水计划。界面设计采用流行的扁平化风格，以图形化语言生动直观地记录喝水状态，整体清新简约。如图3-41所示。

产品的不足之处：仅向使用者提示喝水，缺少一个良好的监督或者激励机制以及与用户的有效互动。

3.4.4 交互设计构思

根据功能和任务流程的分析，在首次使用产品时，需要输入个人资料及时间的设置，依据个人身体情况，系统会提供所需水份的参考。每当喝完水，摇一摇界面，系统会自动记录用户的数据并直观地呈现在屏幕上，及时给用户反馈信息，显示用户已完成任务，增强用户的信心并建立对产品的信任。该产品将根据用户的年龄、身高、体重、运动量及体质特征个性化定制喝水计划并给予及时地提醒，同时，关注家人健康，也可为家人定制喝水计划。

3.4.5 界面信息框架图

针对App想解决的问题和它的功能，主要围绕“定时提醒”“摇一摇自动记录”“为全家人量身定制喝水计划”等核心功能整理信息架构图。如图3-42所示。

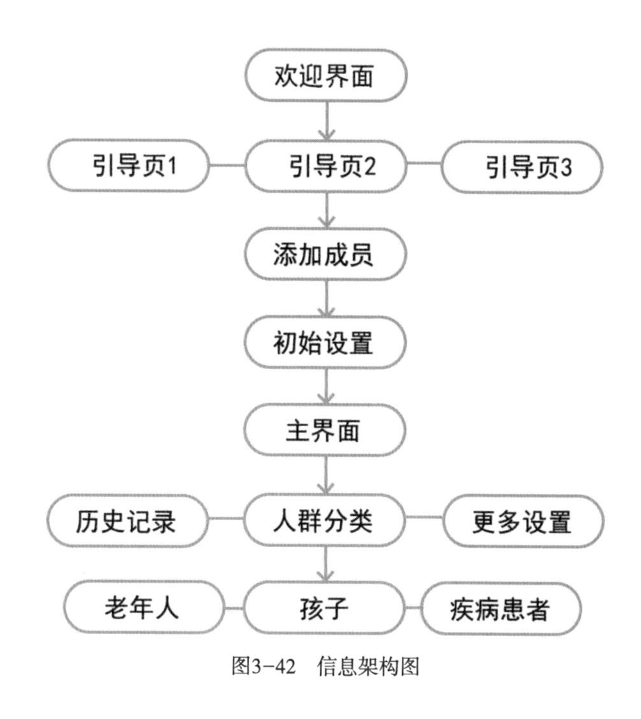

图3-42　信息架构图

3.4.6 界面设计草图

在分析完信息结构之后，开始使用纸上的快速原型，尝试各种内容与功能的组织、呈现形式，确立整体界面是比较清新自然的风格，希望增强对用户的亲和力，传递一种健康生活的理念，建立起高品质、轻松易用的形象。反复推敲界面布局、Icon风格、造型，绘制整体界面草图。如图3-43所示。

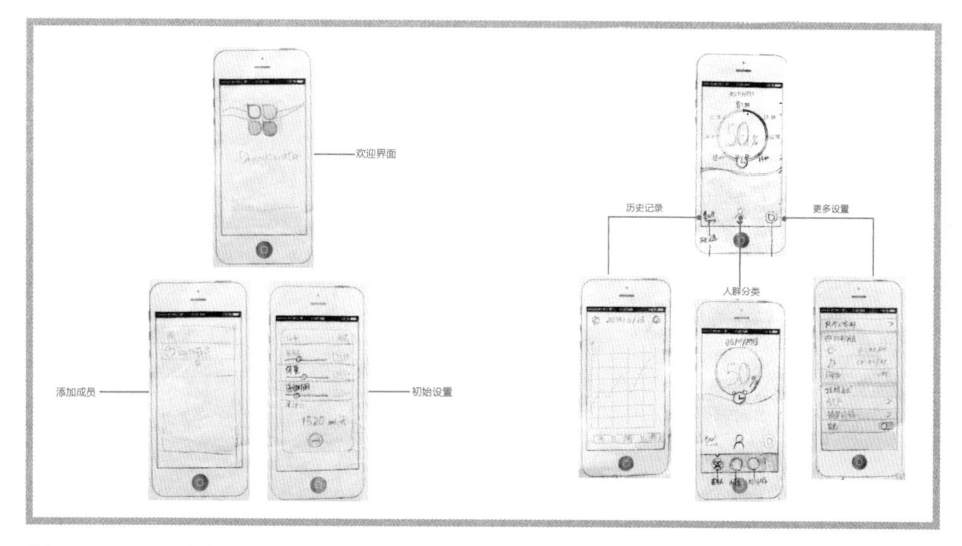

图3-43　界面设计草图

3.4.7 界面视觉元素标准

针对App界面设计中出现的众多视觉艺术元素，结合各种界面（包括起始界面、跳转界面、各种分界面等）和交互方式（选项卡设计、对话框设计、输入框、长按及多选操作等）对视觉艺术元素中的文本、色彩、图形、版式布局等要进行统一的规范，参照不同平台的开发要求，形成一套自己的视觉元素标准。建立标准后，用户使用起来能够建立起精确的心里模型，使用熟练了一个界面后，切换到另外一个界面能够很轻松的推测出各种功能。用户操作感统一，增加用户的愉悦感和支持度，便于用户学习。以下案例是在做界面设计的时候确立的一系列规范，包括字体、字号、颜色、图标等，如图3-44所示。

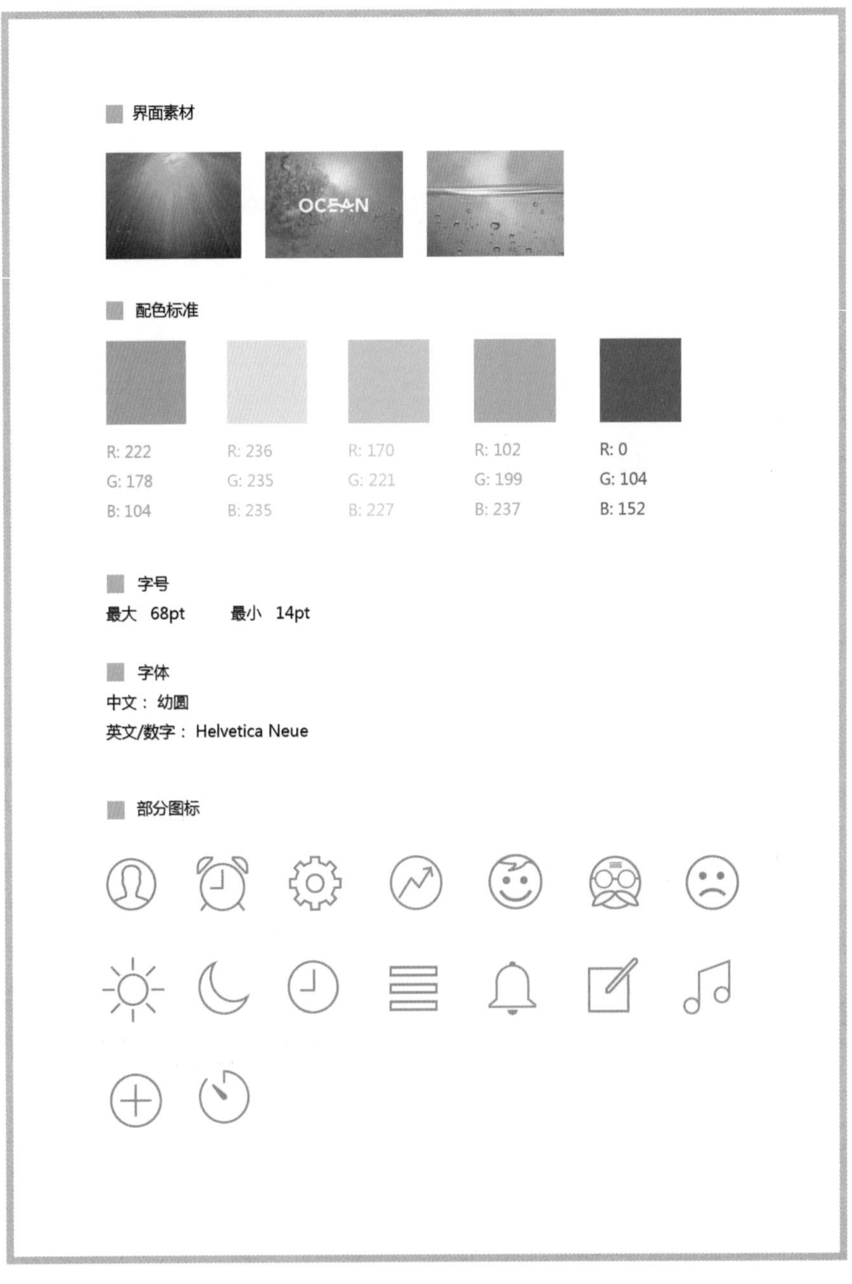

图3-44 App界面视觉元素标准

3.4.8 典型界面展示（图3-45）

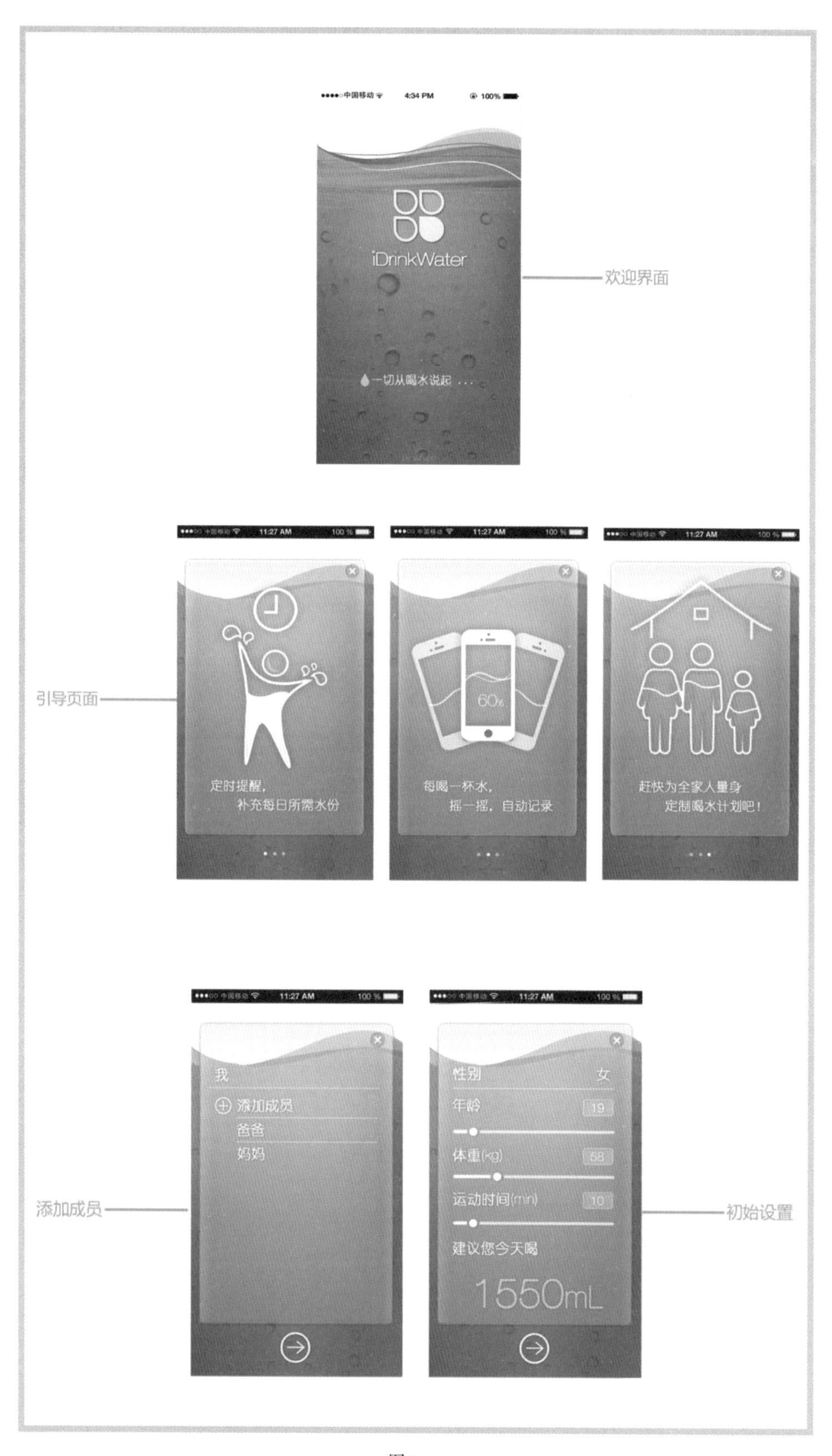

图3-45

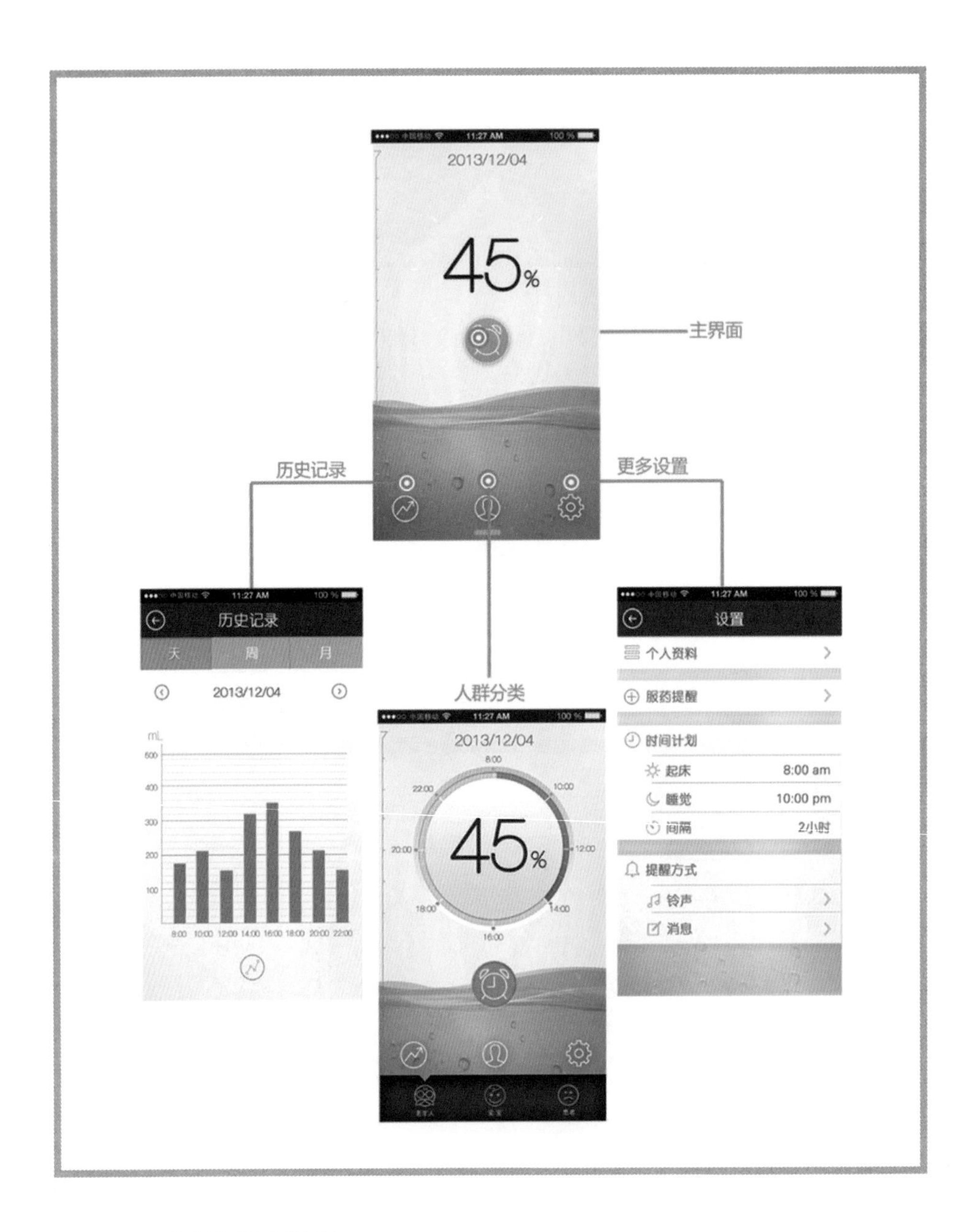

图3-45 App典型界面及功能展示

3.4.9 产品Demo展示（图3-46）

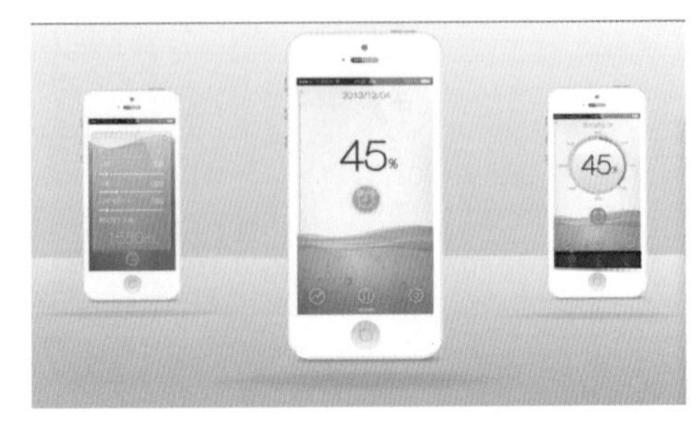

图3-46 App产品demo展示截图

3.4.10 产品的创新性与可用情境延展

本产品是一款关注健康类的应用产品，不仅提示自己多喝水，也可以给家人朋友根据不同年龄不同体质的需求，指定一系列个性化的喝水方案，体现亲情关怀。此外还可以解决一些日常生活中特殊人群的不便，例如中老年人可以根据需要添加定时提醒服药的功能。

依据相关部门统计，目前市场上的App产品中，份额最大的依然是游戏和娱乐，但是健康类App产品的份额每年剧增。随着越来越多的人关注健康，此类App产品的设计与开发将会有良好的发展前景。在本产品开发的基础上，通过物联网的技术将这款App和水杯直接联系起来也是将来可能延展的方向。其中一种可能实现的情景是水杯上会有感应区，喝水后通过水杯可提示用户水量大小及温度，并可与移动终端内容互动，实现与微信、人人等社交平台互动，构建一个关注健康的交友平台。

通过对App产品项目完整的设计，可见在整个互动产品项目研发中，概念设计是很重要的，有了明确的产品概念设计才会有后期的交互、结构及视觉设计。概念设计阶段我们总是想赋予一个产品太多的内容和太高的理想，而这恰恰是应该在产品设计概念构思阶段尽量规避的，抓住产品的核心内容即可。在前期的构思阶段就要根据内容和功能进行大致的交互结构规划，对主要的视觉设计要素比如色彩、版式、字体的风格定位要有所规划。到了后期，需要在保持创作激情的同时，还要有一个严谨的态度，以细密的心思揣摩每个设计要素的合理性和准确性，从而激发用户使用的兴趣。

另外，在设计过程中建立完善的界面规范是很有益的，能更加有效地处理各个设计环节，在过程中不仅要考虑一种状态下的界面，还要考虑所有可能状态下的界面。而界面元素的布局应以“易用”为原则，根据用户操作的不同而发生相应的变化，提供给用户最大的操作空间。总之，整个设计过程是综合展开的，交互设计、视觉设计和可用性设计在互动媒体产品设计中不是彼此孤立的，它们相互影响又相互促进，需要反复进行评估调整才能得到最好的结果。

思考与练习

- 设计开发一款基于移动终端的健康类App产品。
- 提交一份具备概念设计、交互设计、结构设计、视觉界面、产品展示的Demo。

3.5 综合实战项目：“绿萝缺水啦！”物理交互设计

设计者：孟宪竹
清华美院 信息系

3.5.1 项目背景

买了很多植物，决心好好养它们，但是，到最后连仙人掌都死掉啦！

“工作太忙啦！”“事情太多啦！”“我还要照顾孩子呢！”各种理由让你忽略了它们。

植物的生命也很珍贵，并且它有感情，有喜怒哀乐，当你善待它的时候，它会释放出氧气，让周围的空气清新美好。所以，关注植物吧，给它关怀，给它装扮。

它们都是生命，它们在呼吸，但由于忙碌，却往往让一个个生命枯萎！

“我也不希望植物死掉啊……”但是确实掌握不好应该什么时候浇水，什么时候不应该浇水。

你可能会想，要是有个浇水提醒装置就好啦！

3.5.2 设计构思

以类似绿萝等水培植物作为研究的对象，设计一款为水培植物提醒浇水的互动装置系统。该装置由两部分组成，一部分是感应装置，插入培养水中；另一部分为警报装置，以提醒人们来浇水。当水少到一定程度时，警报装置就会响应，提示人们该给绿萝浇水了。将植物与声、光结合，用声、光表现植物的生命力，让人们关注植物，关注绿色，关注它们的情感和健康状况。

3.5.3 交互方式

用水作为导电介质，当水位少到一定程度时，电流中断，灯会灭掉，象征着植物生命力的衰竭，并且会发出“喵喵喵”的叫声，提醒植物饿了。

当水位达到一定程度时，会通电，好像萤火虫一样的很多小灯亮起来，很美丽，象征着植物顽强美好的生命。如图3-47、图3-48所示。

图3-47　不缺水状态

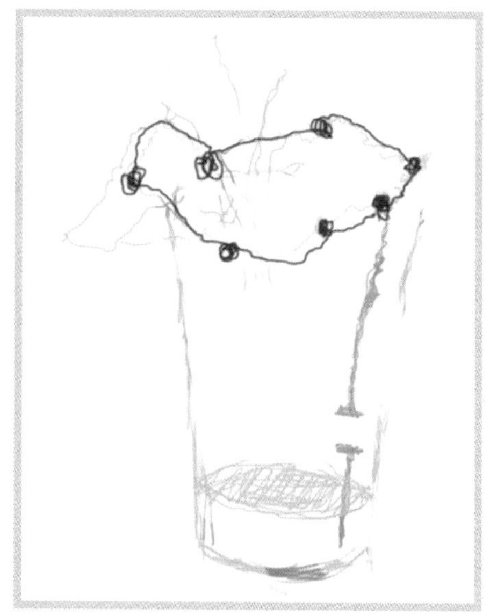

图3-48　缺水状态

3.5.4 输入与输出的设备功能

输入设备：通电开关，相当于水位传感器。当水位淹没过开关，则通电；当水位低于开关，则断电。

输出设备：声音装置会发出“喵喵喵”的叫声，表示植物饿了需要喝水的声音状态。

光源装置会发出萤火虫般的光，表示植物不缺水的灯照状态。

如图3-49所示。

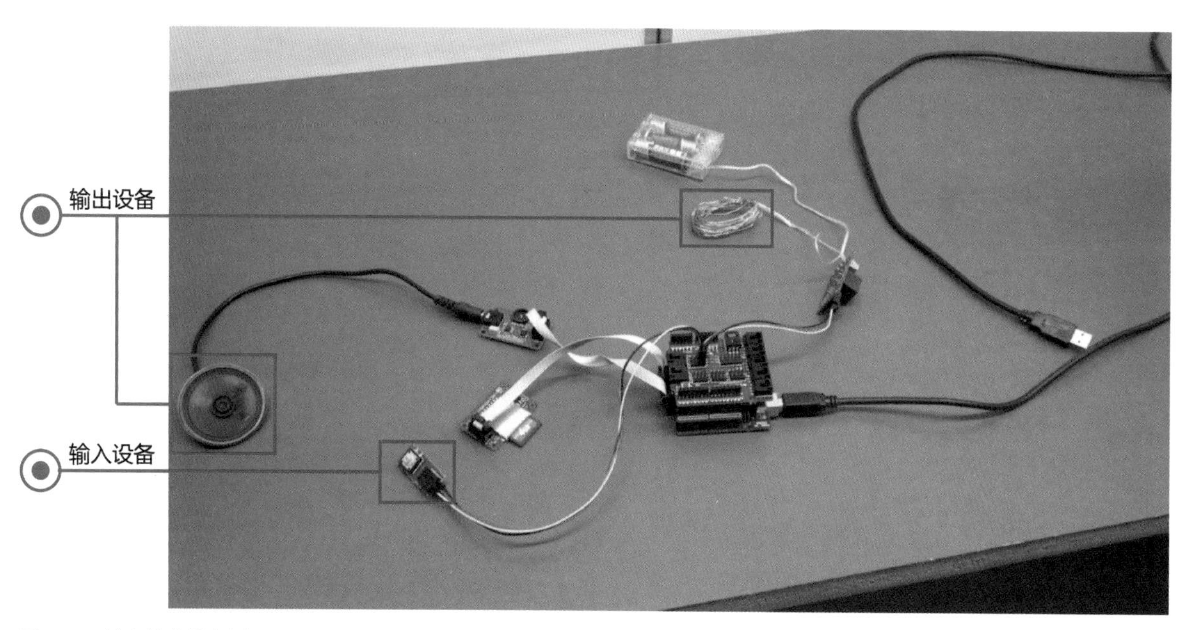

图3-49　输入输出设备图

3.5.5 Arduino 代码实现（图3-50）

开关（水位传感器）设置

声音设置

灯亮设置

声音循环设置

灯灭设置

```
int _ABVAR_1_playCount = 0 ;
SDWavPlayer player;

void setup()
{
        pinMode( 2 , INPUT);
        player.load("mao.wav");
        _ABVAR_1_playCount = 0 ;

        pinMode( 3 , OUTPUT);
}

void loop()
{
        if ((( digitalRead( 2) ) == ( HIGH ) ))
        {
                player.stop();
                _ABVAR_1_playCount = 0 ;
                digitalWrite( 3 , HIGH );
        }
        else
        {
                if ((( player.isPlaying()
 ) == ( false ) ))
        {
                if ((( _ABVAR_1_playCount ) < ( 3 ) ))
        {
                player.play();
                _ABVAR_1_playCount = ( _ABVAR_1_playCount + 1 ) ;
        }
        }
                digitalWrite( 3 , LOW );
        }
}
```

图3-50 Arduino代码

3.5.6 交互产品原型（图3-51）

图3-51 交互装置材料

3.5.7 产品展示（图3-52）

缺水状态灯灭并发出“喵喵”叫声

补水后状态灯重新亮起

图3-52 产品展示图

3.5.8 产品的实现与延展

该作品可以开发成为一个检测植物湿度、营养健康度和提醒主人定期护理植物的仪器，装置可以安装在任何植物上，检测植物的情感状况，使人们更加合理地照顾自家植物。

情境描述：路路早上起床，准备洗漱梳妆，路过客厅，突然发现植物上那一直闪亮的美丽小灯灭掉了，并且植物发出了“喵喵喵”的叫声，绿萝饿啦！“嗯，我的绿萝该浇水了，水确实少了很多。”于是，路路取来一瓶水倒入花瓶中，小灯重又回复光彩，不论白天夜间都闪着美丽的光，好像围绕着植物的萤火虫，保护植物健康成长。同时，在此装置开发的基础上，结合粉尘传感器可实现对环境的可吸入颗粒指数检测。

小结

Arduino 是一款便捷灵活、方便上手的开源电子原型平台，包含硬件（各种型号的Arduino板）和软件（Arduino IDE），适用于艺术家、设计师、爱好者和对于"互动"感兴趣的同学们。

Arduino能通过各种各样的传感器来感知环境，如空气质量传感器，可实现对光、声音、磁力、温度、压力、影像感触等控制，或通过一些其他的机械装置来反馈，并影响环境。

Arduino也可以独立运行，并与软件实现交互，如Flash、Processing、MaxMSP等。Arduino以相对比较低廉的成本、跨平台应用、简易的编译程序、软件开源并可扩展等优势为互动媒体产品设计者提供了一款快速互动概念成型的平台。

想详细学习 Arduino 的读者可登录http://www.arduino.cn/forum.php进行深入学习。

思考与练习

▶ 设计开发一款实际解决人们日常生活问题的互动装置。要有一个完整的故事或应用情境，传达一个概念或理念。

3.6 综合实战项目：交互式网络视频设计制作

项目提供者：百度阳光公益组织

3.6.1 项目分析

分析的目的是明确研发的目标，也就是要让这个产品做什么，传递什么样的信息，并且确定开发的手段。

（1）定义目标

本作品是为了更好地集中、严厉打击互联网不良及虚假信息，维护广大网民的合法权益，保障社会的和谐安宁。百度于2010年12月发起旨在"打击互联网不良信息、共建和谐网络环境"的"阳光行动"，本作品是发布在互联网上的一款网络视频广告，作品以幽默、夸张的手法策划、拍摄、编辑，以交互电影的方式使用户非线性的观赏视频广告。

下面是网络视频的片头界面，充分展示了该网络视频的交互特点和夸张、幽默的设计风格。如图3–53所示。

（2）定义观众

这是一个具有商业特色的网络交互视频广告，作品的观众既不具有年龄限制、

图3-53 《网络骗子刑审会》片头交互界面

也无职业特征，应当是互联网上的普通大众，旨在宣传和提醒人们具有维权意识，警惕网络诈骗。

（3）脚本设计

脚本是一个项目的主要轮廓，在拍摄广告宣传片的前期首先要写广告宣传片的脚本，这是为了按照设计好的流程将脚本拍出广告，同时也是为了节省时间及节约成本。在整个宣传片的制作中，设计和撰写广告宣传片脚本是最重要的前提，也是必不可少的一项。如图3-54所示。

针灸：

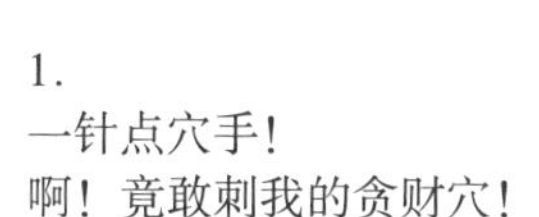

1.
一针点穴手！
啊！竟敢刺我的贪财穴！

2.
两肋插针掌！
别太给力呀！

3.
狂风暴雨针！
好汉饶命！

定帧：我招！其实我是一名兽医！

鞭子：

1. 霹雳啪啦鞭！
别打了，给你打折哦亲！

2. 嗖嗖啪啪鞭！
啊！

3. 啪啪啪啪鞭！
啊啊啊啊啊！

定帧：明天我就买火车票回家！

图3-54

拳击：

1. 还你勾勾拳！
谁下的黑手？

2. 大力金刚拳！
您是学泰拳的吗？

3. 无敌连环拳！
Hold不住啦！！

定帧：再也不乱忽悠了！

图3-54 《网络骗子刑审会》脚本分镜头设计

（4）拍摄要求

① 演员服装不能有绿色或者蓝色，服装不能太飘逸，或者薄透。演员的头发不能凌乱，胡须尽量整齐。不能有反光面料。

② 绿背景最好是刷绿墙拍摄，一直延伸到地面。演员拍摄离背景墙稍远。需要考虑笼子是否是金属材料，以及会不会反光。

③ 平面拍摄要求：单独预备一片白墙摄影区域出来，或者准备一块背景纸铺地面，拍摄人物全景照片。

3.6.2 风格设计

风格设计是指结合内容设计制作出各用户界面的初步视觉效果，并且进一步明确每个用户界面的功能所显示内容。如图3-55所示。

图3-55 《网络骗子刑审会》中的演员在银幕上的设计效果图

3.6.3 剪辑与制作

（1）前期拍摄

经过调研、策划与商讨制作方案后，由专业拍摄机构针对项目的创意脚本和片子文案就广告影片拍摄中的各个细节做详细说明，包括制作脚本（相当于电影的剧本）、导演阐述、场景灯光、影调、音乐样本、堪景、布景方案、模特演员试镜、化装造型、道具、服装等，有关广告片拍摄的所有细节部分进行最终一一确认，以求达到预期的效果。在安排好时间、地点后，由摄制组按照拍摄脚本进行拍摄。为了对创意负责，除了摄制组之外，影视制片人员负责联络有关创作人员参加拍摄。

（2）剪辑与后期编辑

经过前期的拍摄，将视频原素材进行初步的删减、段落顺序重组、历史素材并入、相关素材引入组合等处理。根据要求，按脚本进行突出某主题内容的剪辑制作，包括段落增减、增加LOGO、上字幕、配音、蒙太奇效果、专业调色处理、视频各个格式转码等，以及根据自主化要求剪辑制作。如图3-56~图3-58所示。

图3-56 《网络骗子刑审会》中的“网上求医陷阱”视频剪辑

图3-57 《网络骗子刑审会》中的“打折机票圈套”视频剪辑

图3-58 《网络骗子刑审会》中的“彩票连环骗局”视频剪辑

（3）将视频导入Flash进行编辑

将经过视频格式转码的素材通过Flash软件平台进行个性化的交互行为设计与制作，并添加动态交互按钮。

① 将经过视频格式转码的素材导入到Flash软件中，并根据项目要求对作品中的主人公做进一步的整合、编辑与增加特效，并分别独立导出为“movie1.swf”“movie2.swf”和“movie3.swf”动画文件。如图3-59~图3-61所示。

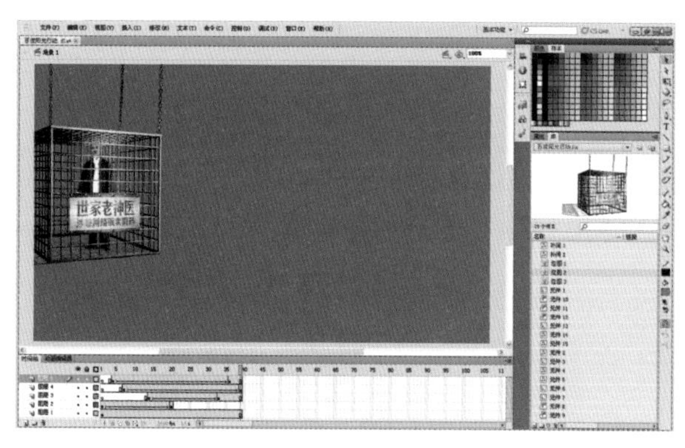

图3-59 “movie1.swf”的“网上求医陷阱”视频界面中主人公在Flash中的设计制作

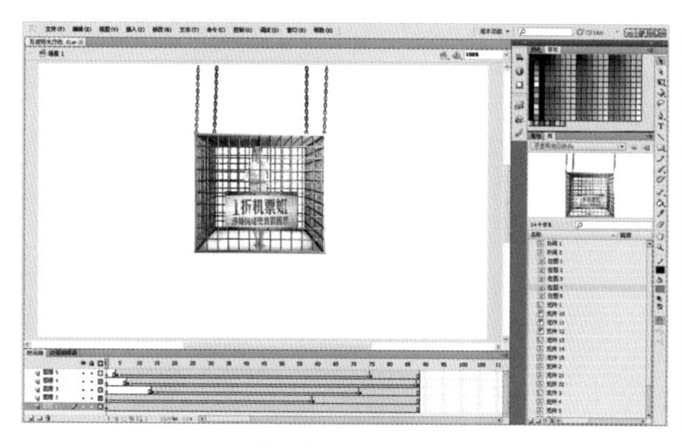
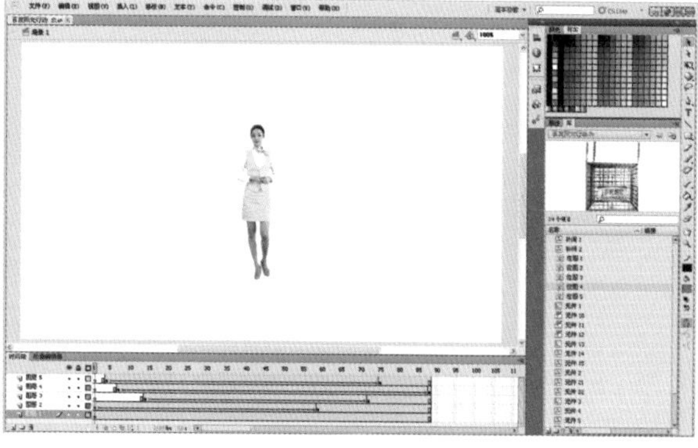

图3-60 “movie2.swf”的“打折机票圈套”视频界面中主人公在Flash中的设计制作

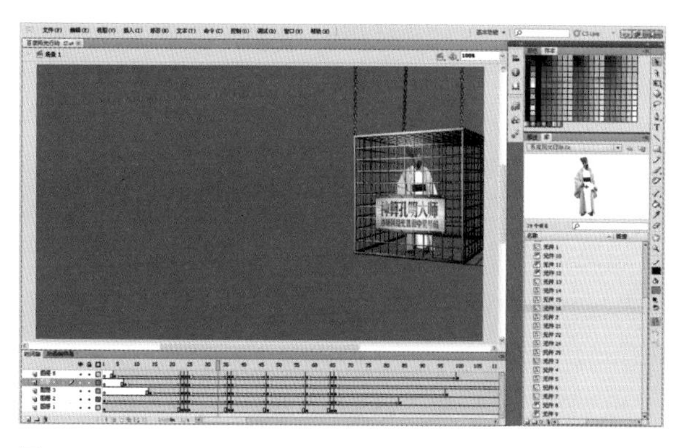
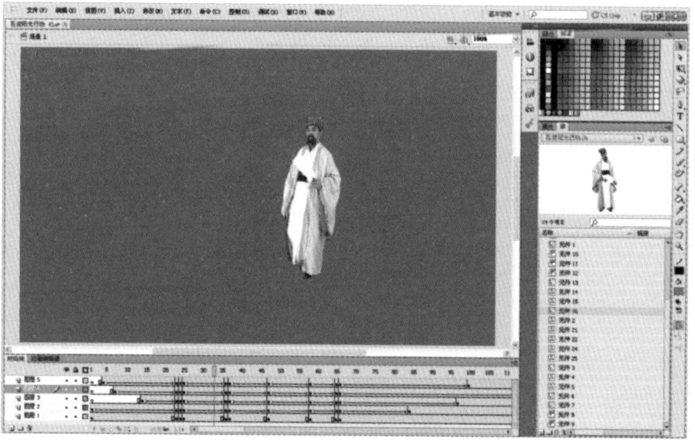

图3-61 “movie2.swf”的“彩票连环骗局”视频界面中主人公在Flash中的设计制作

② 配合每个主人公的表演，分别在视频情节场景中设计与添加交互效果和动态游戏按钮及返回按钮，并运用Flash软件完成按钮的设计，已达到用户观赏过程中的互动操作和体验不同结局的情感。如图3-62~图3-64所示。

图3-62 “网上求医陷阱”的主人公在Flash中夸张的交互设计与动态游戏按钮制作

图3-63 “打折机票圈套”的主人公在Flash中夸张的交互设计与动态游戏按钮制作

图3-64 “彩票连环骗局”的主人公在Flash中夸张的交互设计与动态游戏按钮制作

说明 影像产品是线性的，但通过交互界面可以将线性的视频进行非线性的跳转观看，能够带给用户多层信息的观赏，每个信息层都可以通过导航工具访问。Flash软件就提供了整合视频、编辑视频播放器的功能，可通过Flash软件中的“组件”功能进一步组合视频展示内容。

③ 在Flash软件中创建新的工程文件，并根据项目要求与将经过视频格式转码的F4V视频素材保存在同一文件夹中。

④ 在Flash软件的“窗口”菜单中打开“组件面板”，将面板中的“FLVPlayback”组件直接拖拽到舞台中。如图3-65所示。

⑤ 在Flash软件中打开“属性面板”，在面板中的“conterntPath”参数上添加视频外部调用的超链接。如图3-66、图3-67所示。

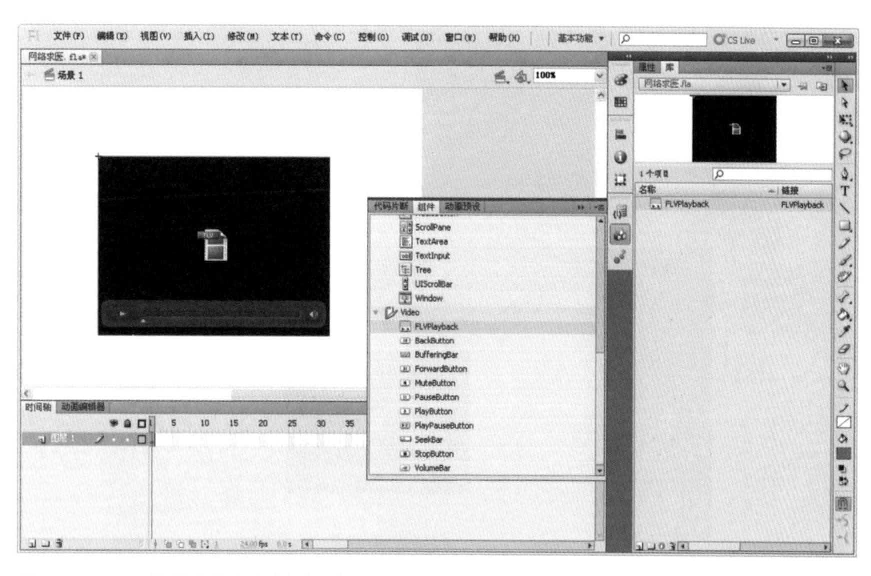

图3-65　Flash软件中的视频播放组件窗口

图3-66　Flash软件中的视频外部超链接设置

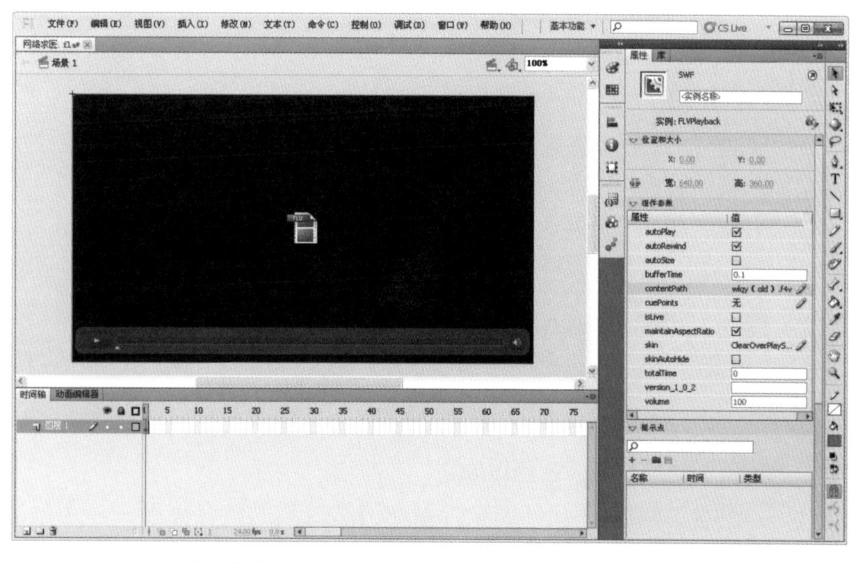

图3-67　Flash软件中的外部视频设置后效果

⑥ 在Flash软件的“属性面板”中，为外部调用视频的播放器组件选择个性化“皮肤”。如图3-68、图3-69所示。

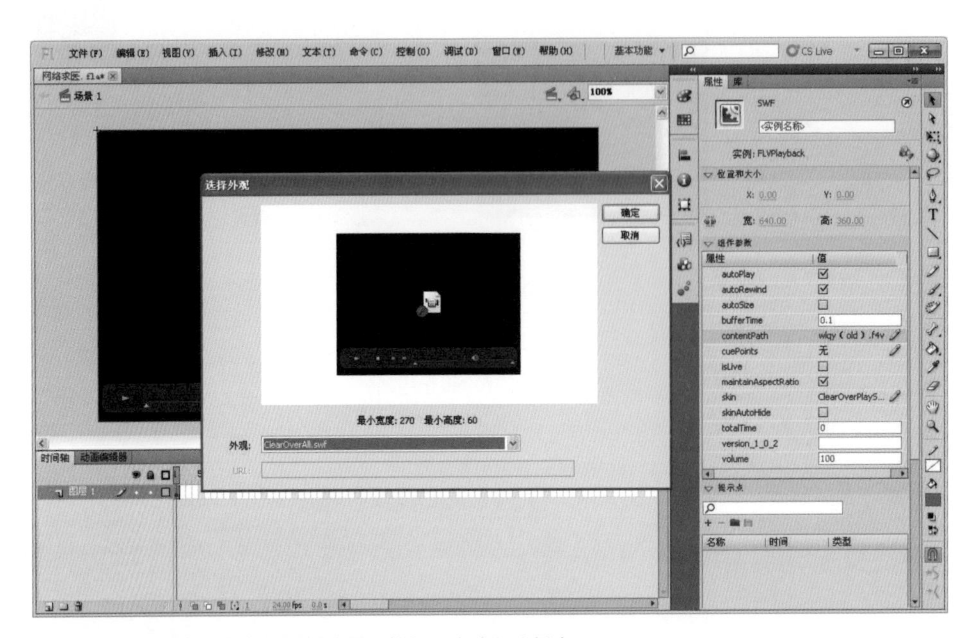

图3-68 Flash软件中外部视频播放器组件的“皮肤”选择窗口

图3-69 Flash软件中外部视频播放器组件的播放效果

3.6.4 整合与综合调用

经过素材的独立设计与处理，已经达到了项目的初步要求，下面进行网络视频项目的整合与综合调用处理。

（1）在Flash软件中设计制作网络视频的整合界面，分别创建3个“影片剪辑”元件，并将其安置在舞台上方，并为每个影片剪辑元件命名为“movie1”

图3-70 在Flash软件创建影片剪辑元件，并为影片剪辑元件命名

“movie2”“movie3”。如图3-70所示。

（2）在关键帧上添加调用各个视频元素的脚本语言，其脚本语言如下：

“loadMovie（"movie1.swf"，_root.movie1）;”

“loadMovie（"movie2.swf"，_root.movie2）;”

“loadMovie（"movie3.swf"，_root.movie3）;”

如图3-71和图3-72所示。

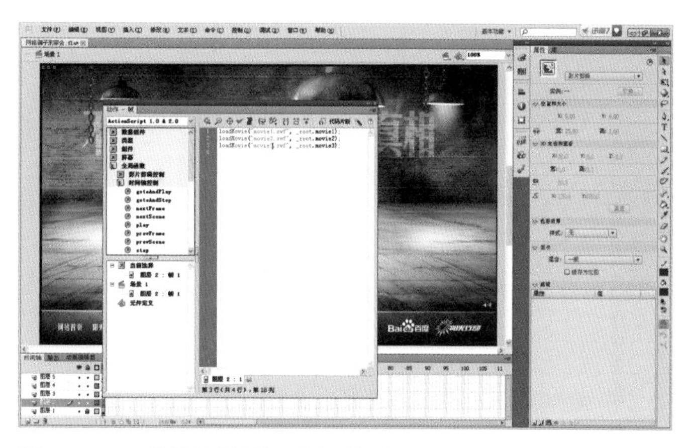
图3-71 Flash软件中关键帧上的行为语言描述

图3-72 Flash软件中经过调用素材后的整合界面预览效果

（3）在整合界面中的动态按钮上单击鼠标右键，打开【动作】面板添加脚本语言，分别完成每个分页界面的交互控制。如图3-73所示。

（4）完成分页界面中的视频设计：用Flash软件设计完成所有分页界面中的动画元素及视频的综合调用。如图3-74~图3-77所示。

（5）整体交互功能设计整合及测试。为多媒体项目做安全备份，设计制作快速启动图标，做文件加密，并压缩打包。

图3-73 Flash软件中为动态按钮添加脚本语言的操作

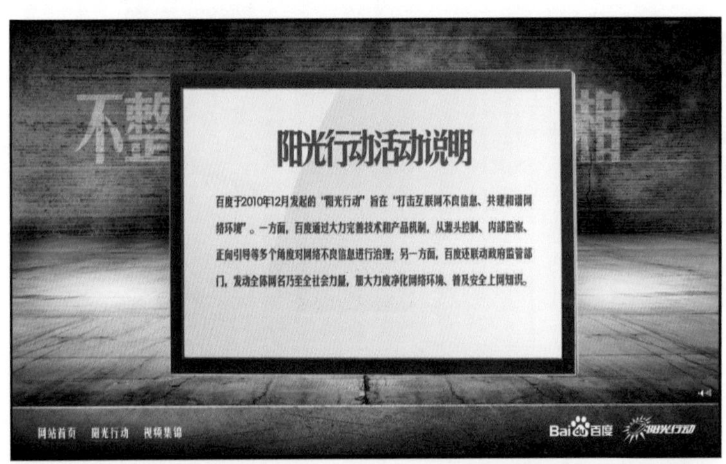

图3-74 “阳光行动”和“视频集锦”分页界面的效果

图3-75 “网上求医陷阱”分页界面中的“视频集锦”调用效果

图3-76 “彩票连环骗局”分页界面中的“视频集锦”调用效果

图3-77 “打折机票全套”分页界面中的“视频集锦”调用效果

思考与练习

- 策划设计一部交互式网络视频产品的流程有哪些？
- 根据个人兴趣，自选主题策划、设计，制作一部交互式网络视频产品。

参考文献

[1][美]唐纳德·A. 诺曼. 设计心理学[M]. 北京：中信出版社，2003.

[2]王凯. 信息可视化设计[M]. 沈阳：辽宁科学技术出版社，2013.

[3]腾讯公司用户研究与体验设计部. 在你身边，为你设计：腾讯的用户体验设计之道[M]. 北京：电子工业出版社，2013.

[4]严晨. 多媒体界面设计[M]. 北京：电子工业出版社，2011.

[5]王佳. 信息场的开拓：未来后信息社会交互设计[M]. 北京：清华大学出版社，2011.

[6]三采文化. 学设计，非去不可[M]. 北京：中信出版社，2010.

[7][美]Saffer，D. 交互设计指南（原书第2版）[M]. 北京：机械工业出版社，2010.

[8][美]Ben Shneiderman. 用户界面设计——有效的人机交互策略（第三版）[M]. 北京：电子工业出版社，2005.

[9]谷时雨. 多媒体艺术[M]. 北京：文化艺术出版社，2005.

[10]万延，万蓉、陈少华. 多媒体网络艺术[M]. 重庆：西南师范大学出版社，2007.

[11]刘惠芬. 数字媒体设计[M]，北京：清华大学出版社，2006.

[12][美]ALAN COOPER、Chris Ding. 交互设计之路——让高科技产品回归人性[M]. 北京：电子工业出版社出版，2006.

[13][美]库珀. 软件观念革命——交互设计精髓[M]，北京. 电子工业出版社出版，2005.

[14]权英卓，王迟. 互动艺术新视听[M]. 北京：中国轻工业出版社，2007.

[15]杨华. 新媒体艺术之互动影像装置艺术[M]. 济南：山东美术出版社. 2009.

[16]游泽清. 多媒体画面艺术设计[M]. 北京：清华大学出版社，2009.

附录

多媒体设计与制作（互动媒体方向）课程体系简介

多媒体设计与制作专业（互动媒体方向）集数字技术应用与艺术创作为一体，培养具有民族文化传承与创新意识，具有扎实的数字媒体技术应用和艺术理论基础，掌握数字技术在网络媒体艺术、互动媒体产品艺术设计领域中的应用技能，能够利用传统与现代素材进行跨终端跨平台创作与开发；具有网络媒体艺术设计、互动媒体产品艺术设计、动画元素创作、数字影视制作，并致力于非物质文化遗产从平面传播保护向互动式立体化传承、主动式创新转化的；具有良好职业道德的高级技术技能型人才。

1.1 了解企业相对应的岗位及岗位群

互动媒体设计与制作专业面向的职业岗位群包括：网站设计和交互多媒体产品设计为主营业务的服务性企业的销售和策划、设计与制作、维护与售后服务等岗位，还包括企事业单位为建立和维护企业自己的网站、设计制作交互多媒体产品而设立的相关策划、设计制作和后期维护等岗位，如附图1所示。《互动媒体产品艺术设计》是交互多媒体产品方向的核心课程。

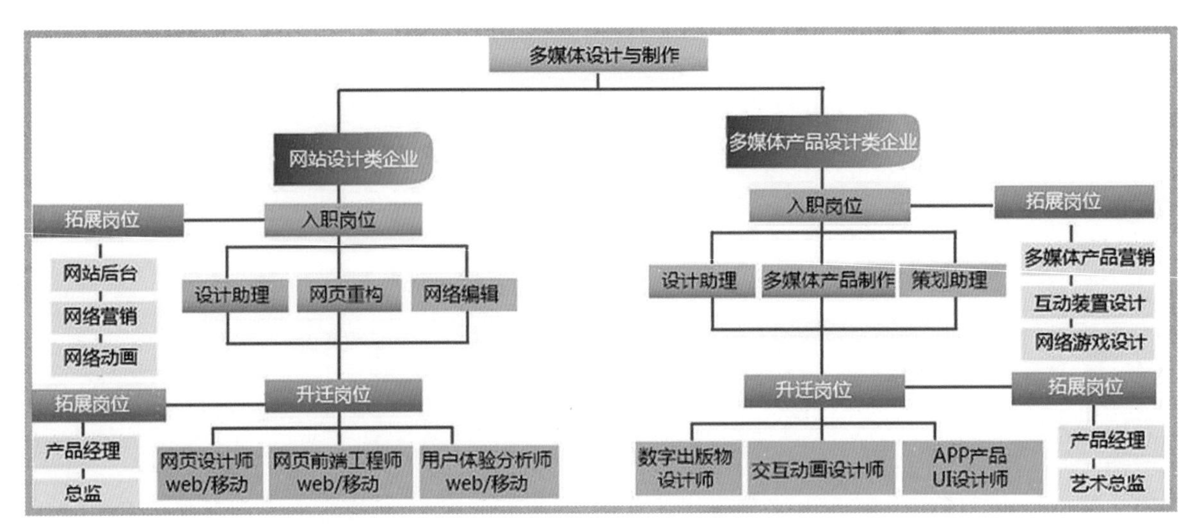

附图1 多媒体设计与制作专业就业岗位图

1.2 学习领域与典型工作任务、流程

(1) 交互多媒体设计的典型工作任务及流程

互动多媒体设计领域的典型工作任务主要为互动媒体电子出版物设计、互动媒体产品光盘设计、数字视音频设计、移动终端App产品开发、数字博物馆演示设计、物理交互装置设计。课程体系的设计源于对企业典型工作任务的调研及学生掌握知识情况的分析。根据典型工作任务的具体内容转化为课程。具体的典型工作任务包括：项目策划、项目信息结构设计、视觉元素设计（图、文、声、像等）、

互动媒体界面设计、交互动画及影视设计、互动媒体产品形象设计、产品营销一系列关键工作环节。各个工作环节之间紧密联系，最终组成完整的工作项目。在各个工作环节的进行过程中，必须按照典型工作任务的需求严格进行，最终以商家及客户的认可作为合格标准。学生通过在典型工作任务中各个环节的学习与实践，充分体验到在职业岗位中的特性与技术性，并以此构建起专业核心技术课程，推进校企合作，进一步探索工学结合的职业教育人才培养模式。

交互媒体设计师必须具有艺术设计与技术相结合的工作能力，能与客户进行良好的沟通，根据客户要求完成整个互动媒体产品的策划、设计制作、包装、推广等，并且能够熟练运用各种不同类型的设计表现形式，准确传达信息。具体工作流程如下：

① 前期方案策划，脚本（方案）设计。

② 素材准备及创意设计。

③ 交互媒体界面设计。

④ 交互设计整合。

⑤ 整体测试及相关包装印刷。

（2）典型工作任务及对应的职业能力

序号	典型工作任务	职业能力要求
01	项目策划	1. 能对不同的互动媒体产品设计风格和功能进行区别与分析 2. 对行业最新趋势、分类特点、行业广告行为习惯以及行业互动需求特点的分析能力 3. 具有客户分析能力 4. 能利用各种资源进行资料的搜集、整理与分析 5. 能设计、撰写提案 6. 能在前期与客户进行有效沟通 7. 能对客户推介所做提案，并使客户最后采纳 8. 能通过分析目标，明确所需的信息，并了解信息获取的渠道，列出信息资源的优先顺序 9. 能遵守版权和保密规定，收集反馈信息，评估信息应用效果 10. 能整合信息，开发形成目录、索引、文摘、简介 11. 具备创新能力和自主学习能力 12. 具备一定的英语交流能力，能进行一般专业英文资料阅读 13. 具有一定的人文素质，能运用各种方法分析问题和解决问题，具有较强的工作能力和学习能力 14. 能具体运用图表、文稿等形式或借助多媒体进行表达 15. 能根据合作状况，调整工作进度，改进工作方式，不断促进和改善合作关系 16. 具有良好的思想道德素质，正确的世界观和人生观，严谨务实，诚实守信，爱岗敬业 17. 熟悉多媒体项目开发流程
02	互动媒体产品信息架构策划	1. 能对用户习惯和信息结构进行分析 2. 具备交互功能的基本策划能力 3. 能对交互产品项目进行分析 4. 能够选取交互技术方案 5. 具备客户分析能力 6. 能利用各种资源进行资料的搜集、整理与分析 7. 具备策划案的构思、撰写与设计能力 8. 具备资讯调研与分析能力

续表

序号	典型工作任务	职业能力要求
03	互动媒体产品界面艺术设计	1. 具备信息结构分析及信息构架能力 2. 能根据项目（客户）需求灵活运用计方法与技巧 3. 能对产品界面进行总体设计 4. 能综合灵活运用中英文版界面设计制作软件 5. 具备专业知识与经验的综合及灵活运用能力 6. 具备项目计划与进度管理能力 7. 具备创新能力和自主学习能力 8. 能根据实际情况，运用恰当的交流方式 9. 能具体运用图表、文稿等形式或借助多媒体进行表达 10. 能根据团队需要调整工作角色 11. 具有勇于创新的工作态度和质量、环保、安全意识
04	互动媒体产品动画设计制作	1. 能根据项目内容进行动画演示与表达 2. 具备动画设计与制作能力 3. 能对互动媒体产品进行包装 4. 能剪辑动画片并进行特效合成 5. 具有交互功能设计制作能力 6. 能转换数字视音频格式 7. 计划与进度管理能力 8. 具备理解与执行能力 9. 具备借鉴与创新能力 10. 能根据实际情况，运用恰当的交流方式
05	交互动画设计	1. 能策划交互动画内容，分析浏览者行为 2. 能合理选用和处理多媒体素材 3. 具有交互功能设计制作能力 4. 能运用 As 语言实现互动 5. 具备理解与执行能力 6. 能综合及灵活运用专业知识与经验 7. 具备项目计划与进度管理能力 8. 资讯调研与分析能力 9. 能遵守版权和保密规定，收集反馈信息，评估信息应用效果 10. 能整合信息，开发形成目录、索引、文摘、简介 11. 能根据交互内容与程序员合作解决交互问题 12. 能根据合作状况，调整工作进度，改进工作方式，不断促进和改善合作关系
06	动画及影视制作	1. 能设计制作 Flash 动画 2. 能进行影视后期剪辑制作 3. 能转换数字视音频格式 4. 能制作影视特效 5. 能够选取交互技术方案 6. 具备理解与执行能力 7. 具备借鉴与创新能力 8. 能综合灵活运用专业知识与经验 9. 具备项目计划与进度管理能力 10. 具有一定的人文素质，能运用各种方法分析问题和解决问题，具有较强的工作能力和学习能力 11. 能根据团队需要调整工作角色

续表

序号	典型工作任务	职业能力要求
07	整体交互设计	1. 具备 Lingo 语言、As 语言、Arduino 编程语言的运用能力 2. 能运用和整合综合媒体 3. 能根据用户要求对互动媒体产品项目进行调试 4. 能在同一平台上整合多种媒体 5. 能综合及灵活运用专业知识与经验 6. 具备项目计划与进度管理能力 7. 能遵守版权和保密规定，收集反馈信息，评估信息应用效果 8. 具有一定的人文素质，能运用各种方法分析问题和解决问题，具有较强的工作能力和学习能力 9. 能根据合作状况，调整工作进度，改进工作方式，不断促进和改善合作关系 10. 具备产品可用性分析、评估及迭代设计的能力

（3）学习领域课程

① 课程体系介绍。

本专业的课程体系分为基础教学、案例教学、仿真项目教学、真实项目教学和顶岗实习五个阶段。在这五个阶段中，案例教学、仿真项目教学和真实项目教学是工作室运行机制下基于工作过程的项目教学的核心：

a. 基础教学阶段：职业素质和职业领域认知的基础培训阶段。

此阶段的教学任务和目的是：帮助学生奠定此后职业生涯所需的社会责任感、职业道德，以及结构设计和艺术欣赏分析等职业相关的基础素质，并建立起对目标就业行业的专业定位、状况、职业能力要求及运作规律的直接而感性的了解及感受。

b. 案例教学阶段：专业能力初步掌握和方法、社会能力熟悉阶段。

此阶段的教学任务和目的是：在前阶段职业素质和行业认知培训的基础上，针对与目标就业岗位对应的各关键工作任务，分别设计和选取一至数个典型案例，通过教师的拆析、讲解和安排、指导，使学生在参照性或还原性的实训过程中基本熟悉和掌握规定的专业能力，同时，对未来实际工作所需的方法能力和社会能力有所了解和感受。

c. 仿真项目教学阶段：专业能力提升和方法、社会能力初步掌握阶段。

此阶段的教学任务和目的是：使学生置身于模拟真实创造的从接单时的客户沟通到提交完成品的完整行业工作情境。以“准员工”的身份，在规定的岗位上，全程参与承担数个专业相关的仿真项目工作。因为这是依循真实的工作流程、受到规定的工作进度限制和真实的行业运作准则和制度规范、约束的“实战演习”，所以，可使学生在专业人士和指导教师的示范和引导下，通过实际应用和切身体验，很好的巩固和提升前阶段初步掌握的专业能力，同时，开始熟悉和训练职业工作所需的，同样为职业能力组成部分的方法能力和社会能力。但此阶段的项目毕竟是“仿真”的，是定制的虚拟项目或特别选取的已经完成的项目，项目的要求难度和综合度也都较低，亦可保证对学生阶段性实际水准和接受度的适应性，以及训练的针对性、计划性和有效性。

d. 真实项目教学阶段：职业能力和岗位适应度提升至接近工作水准的阶段。

这一阶段的教学任务和目的，就是让学生以上阶段仿真项目的“演练”成果为基础，切实参与到“真实项目”的工作中。在专业人员组成的项目团队带领下，以A、B组双轨交互并行运作的方式，完整经历项目的全过程。通过与培养目标一致的各类综合、复杂程度的工作任务的实战锻炼，使职业能力接近目标就业行业专业人士的基本标准。

e．顶岗实习阶段：职业能力达标，实现从“准员工”到“职业人”转换的准就业阶段。

此阶段的教学任务和目的是：使学生在校外相关专业领域内的企业或校内实训基地的校企合作项目中，在企业部门领导及教师的管理和指导下，以就业的心态与员工执行同一的要求、规范，进入真实的工作岗位序列，直接实际独立承担相关专业任务，并通过顶岗实践，切实适应行业企业的工作环境和要求，开始实际工作经验的积累，使职业能力完全达到“职业人”的培养标准，从而实现从学校的学习与训练，到企业就业的过渡。

其中，《互动媒体产品艺术设计》课程跨越案例教学、仿真项目教学及真实项目教学三个教学阶段。

② 课程教学模式。

本课程采用案例教学与A、B“双轨交互并行”项目教学相结合的机制，在案例教学阶段，通过案例剖析、综合案例讲解等方法，学生掌握互动媒体编创软件的应用方法。在仿真项目和真实项目教学阶段，采用A、B“双轨交互并行”项目教学模式。

a．案例教学。

案例教学作为训练学生职业岗位综合能力的主要载体，有效地避免了传统的以讲授软件功能为主，忽视对学生整体项目设计能力培养的弊端，可以有效地培养学生的职业能力。综合项目的选取原则如下：

√ 经典性

√ 综合性

√ 趣味性

√ 来自企业的真实项目

√ 教师根据教学需要对典型案例进行拆析、再设计

√ 典型案例支撑的知识点的难易程度是进阶式的

b．A、B“双轨交互并行”项目教学。

在A组根据工作任务及进度要求，按照企业典型的运作流程执行项目时，根据教学设计，将B组学生根据项目特点和教学效果的考量分成小组，指定岗位。同A组设计人员一样接受工作任务，且严格按照同样的流程、规范和要求，完成各阶段的项目设计草案、初稿、修改稿，直至完成稿，如附图2所示。

根据项目运作流程，需要召开内部研讨会时，A、B组人员将同时参加。A组教师除在会上按照项目运作常规进行方案阐述、审议和其他相关工作研讨沟通外，还应根据预定程序，结合项目实际，对比A组方案，点评和指导学生的方案。通过互动的答疑和讲解，向学生传授相关专业能力和工作方法，

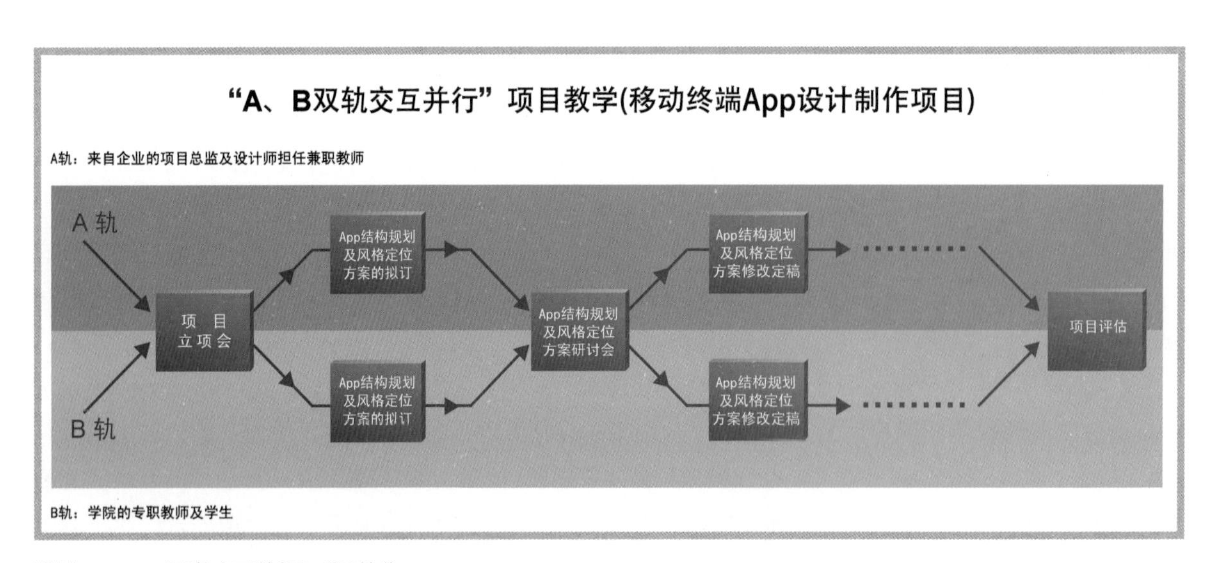

附图2 A、B“双轨交互并行”项目教学

介绍相关专业工作流程和规范。

在具体设计制作工作中，由B组教师负责学生设计制作实践的协调、辅导、工作态度、纪律的督导，以及进度、质量的监控，保证学生以近似正式员工的状态，切实去体验和适应课程预定的专业工作情境。A组项目负责人根据需要，向B组指导教师进一步说明B组学生的阶段性工作任务；流程员除监控A组专业团队的运作外，同时对B组各小组学生的进度及规范化运作进行检查与反馈，并根据B组学生“项目进度记录表”中阶段性的子任务时间结点，按时收集汇总B组学生的工作结果，交给A组主设计师，如附图3所示。A组主设计师如检查发现B组学生的阶段性工作结果有重大偏差，则及时向B组指导教师反馈，以便其指导学生更正。虽然学生们的设计方案在项目中被真正采纳的几率较低，这也不是此课程的目的，但教师仍应鼓励学生依照未来真实工作的职责和状态发挥各自的创意，并以此为依据去尽力实现。如确实有的学生的设计很有创意或制作技术接近工作水平，A组教师也应积极吸收和采用他们的创意思路，并和B组指导老师共同研讨确定，将该学生调入A组，作为设计师的助手进行“顶岗实习”。

采用“双轨交互并行”的教学方式有如下优点：

√ 避免纯粹由学生承接真实项目造成不能达到客户要求延误设计工期的弊端。

√ 学生在跟进项目的同时可以向设计师学习行业经验，为进一步顶岗实习奠定良好的行业基础。

√ 双轨指导教师在指导学生进行项目设计的同时，通过案例分析、启发引导、项目点评等方式，启发引导学生在做项目的过程中总结出设计方法及相关的设计理论。

√ 便于对学生进行形成性评价，推动教师点评、学生互评、行业参与评价的评估机制。

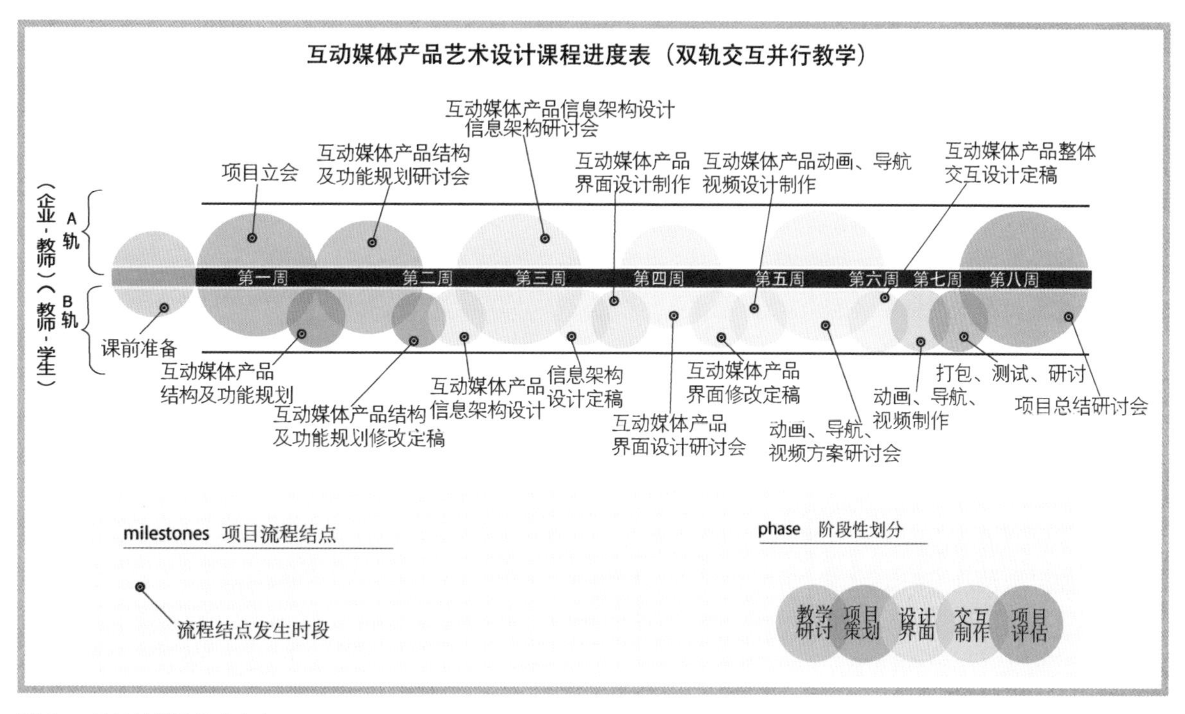

附图3 项目教学课程进度表

c．课程学习目标描述。

本课程的教学任务和目的，就是让学生以上阶段仿真项目的“演练”成果为基础，切实参与到“真实项目”的工作中。在专业人员组成的项目团队带领下，以A、B组双轨交互并行运作的方式，完整经历项目的全过程，通过培养与目标一致的各类综合、复杂程度的工作任务的实战锻炼，使职业能力接近目标就业行业专业人士的基本标准。

通过本课程的学习，使学生应达到：

● 专业能力

√ 能够领会和掌握客户及项目需求；

√ 能够进行信息结构的分析与光盘结构规划；

√ 能够对交互产品进行总体风格创意和风格把握；

√ 能够进行交互产品的界面设计；

√ 能够分析用户习惯（用户体验）；

√ 能够完成交互功能的基本策划和技术方案的选取；

√ 能够进行简单交互功能的设计制作；

√ 能够进行片头动画的创意、设计与制作；

√ 掌握互动媒体产品的数据整合方法；

√ 能够合理选用和处理多媒体素材；

√ 能够在同一平台上整合多种媒体；

√ 能够分析界面布局的合理性；

√ 能够综合运用设计工具、方法与技巧。

● 方法能力

√ 能够熟练掌握项目运作流程；

√ 能够对相关资讯和素材进行收集、整理、分析与借鉴；

√ 能够策划、撰写与清晰阐述方案；

√ 能够通过头脑风暴的方式激发创意；

√ 能够综合与灵活运用专业知识和经验；

√ 能够掌握与运用相关行业规范；

√ 能够进行创意性思维；

√ 能够合理制订工作计划和对进度进行有效管理；

√ 具备观察与逻辑思维能力；

√ 能够在工作过程中自主学习。

● 社会能力

√ 能够及时和充分理解与工作相关的口头和文字信息；

√ 能够利用语言和文字清晰并有说服力地表达工作相关的意见与建议；

√ 能够有效地与团队进行合作（沟通、包容、互补、激励）；

√ 能够合理地组织、协调，并有效执行工作任务；

√ 能够适应工作任务的各种不同需求；

√ 具备一定的竞争意识；

√ 具备职业道德和敬业精神。